职业教育**数字媒体应用**
人才培养系列教材

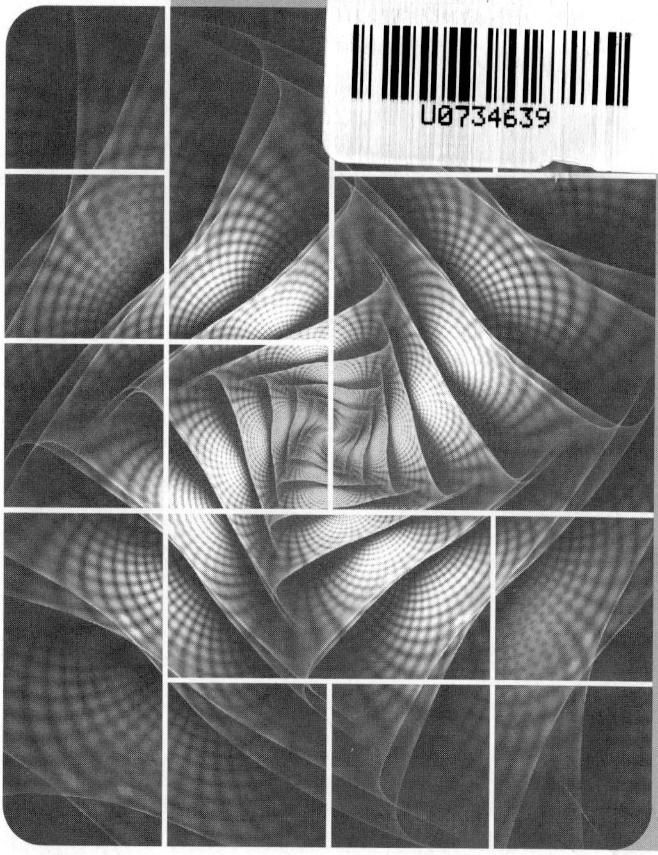

电子活页微课版

Premiere实例教程

Premiere Pro 2020

汤双霞 石坤泉◎主编 陈利军 朱戎 袁胜虎 刘峰◎副主编

人民邮电出版社
北京

图书在版编目（CIP）数据

Premiere实例教程 : Premiere Pro 2020 : 电子活页微课版 / 汤双霞, 石坤泉主编. -- 北京 : 人民邮电出版社, 2024.9
职业教育数字媒体应用人才培养系列教材
ISBN 978-7-115-63820-5

Ⅰ. ①P… Ⅱ. ①汤… ②石… Ⅲ. ①视频编辑软件－职业教育－教材 Ⅳ. ①TN94

中国国家版本馆CIP数据核字(2024)第043165号

内 容 提 要

本书全面、系统地介绍了Premiere Pro 2020的基本操作方法及影片编辑技巧，内容包括Premiere Pro 2020基础，影片剪辑技术，视频过渡效果，视频效果的应用，调色、合成与键控，创建与编辑字幕，添加与调整音频，项目的输出及综合设计实训。本书既注重基础知识的学习，又突出实践性应用。

本书内容除了第1章和第8章，其他章节皆以实际案例为主线。通过掌握案例中的具体操作，学生可以快速熟悉软件功能和影片编辑思路。通过学习软件功能解析部分，学生能够掌握软件功能及影片编辑技术。除了第1章和第8章，其他各章均设有课堂练习和课后习题，用以拓展学生的实际应用能力。综合设计实训可以帮助学生快速地掌握商业影片的设计理念和设计元素，顺利达到实战水平。

本书可作为高等职业院校数字媒体艺术类专业课程的教材，也可作为Premiere Pro 2020自学人员的参考书。

◆ 主　　编　汤双霞　石坤泉
　副 主 编　陈利军　朱　戎　袁胜虎　刘　峰
　责任编辑　刘　佳
　责任印制　王　郁　焦志炜

◆ 人民邮电出版社出版发行　　北京市丰台区成寿寺路11号
　邮编　100164　　电子邮件　315@ptpress.com.cn
　网址　https://www.ptpress.com.cn
　大厂回族自治县聚鑫印刷有限责任公司印刷

◆ 开本：787×1092　1/16
　印张：12.75　　　　2024年9月第1版
　字数：317千字　　　2024年9月河北第1次印刷

定价：49.80元

读者服务热线：(010)81055256　印装质量热线：(010)81055316
反盗版热线：(010)81055315
广告经营许可证：京东市监广登字20170147号

前言

Premiere 是 Adobe 公司开发的视频编辑软件。它功能强大、易学易用，深受广大影视制作爱好者和影视后期编辑人员的喜爱，已经成为这一领域最流行的软件之一。目前，我国很多高等职业院校的数字媒体艺术类专业都将 Premiere 作为一门重要的专业课程。为了帮助高等职业院校的教师全面、系统地讲授这门课程，使学生能够熟练地使用 Premiere 进行影片编辑，我们几位长期在高等职业院校从事 Premiere 教学的教师与专业影视制作公司中经验丰富的设计师合作编写了本书。

我们对本书的编写体例做了精心的设计。第 1 章和第 8 章着重讲解软件功能，第 9 章着重讲解综合设计实训，其他章节按照“课堂案例—软件功能解析—课堂练习—课后习题”这一思路进行编排，力求通过课堂案例演练使学生快速熟悉软件功能和影片编辑思路。本书力求通过软件功能的解析，使学生能够深入学习软件功能和影片编辑技巧；通过课堂练习和课后习题拓展学生的实际应用能力。在内容编写方面，我们力求通俗易懂、细致全面；在文字叙述方面，我们注意言简意赅、突出重点；在案例选取方面，我们强调案例的针对性和实用性。

云盘中包含本书所有案例的素材文件和效果文件。另外，为了便于教师教学，本书配备了详尽的课堂练习和课后习题的操作视频及 PPT 课件、电子教案和教学大纲等丰富的教学资源，任课教师可到人邮教育社区（www.ryjiaoyu.com）免费下载。本书的参考学时为 60 学时，各章的参考学时见下页的学时分配表。

前 言

章	内 容	学 时 分 配	
		讲授/学时	实训/学时
第 1 章	Premiere Pro 2020 基础	2	—
第 2 章	影片剪辑技术	4	4
第 3 章	视频过渡效果	4	4
第 4 章	视频效果的应用	4	4
第 5 章	调色、合成与键控	4	4
第 6 章	创建与编辑字幕	4	4
第 7 章	添加与调整音频	4	4
第 8 章	项目的输出	2	—
第 9 章	综合设计实训	2	6
学 时 总 计		30	30

本书由汤双霞、石坤泉任主编，陈利军、朱戎、袁胜虎、刘峰任副主编。

由于编者水平有限，书中难免存在不妥之处，敬请广大读者批评指正。

编　者

2024 年 2 月

Premiere Pro 2020
教学辅助资源及配套教辅

章	名称或数量	章	名称或数量
教学大纲	1 套	课堂案例	26 个
电子教案	9 单元	课堂练习	8 个
		课后习题	8 个
PPT 课件	9 个	课后答案	8 个

章	名称或数量
第 2 章 影片剪辑技术	剪辑武汉城市形象宣传片
	重组番茄的故事宣传片
	在篮球公园宣传片中添加彩条
	剪辑超市宣传短视频
	重组璀璨烟火宣传片
第 3 章 视频过渡效果	设置校园生活短片的转场
	添加唯美古风短视频的转场
	添加美食创意宣传片的转场
	添加可爱猫咪短视频的转场
	添加企业形象宣传片的转场
	添加北京大栅栏短视频的转场
第 4 章 视频效果的应用	制作武汉城市形象宣传片的波纹转场
	制作都市生活短视频的卷帘转场
	制作青春生活短视频的翻页转场
	制作武汉城市形象宣传片的梦幻特效
	制作平遥古城城市形象宣传片的旋转转场
第 5 章 调色、合成与键控	制作古风美景短视频的绘画特效
	制作短视频的怀旧特效
	调整风景短视频的画面颜色
	抠出唯美古风短视频中的人物
	抠出折纸素材并合成到栏目片头中

章	名称或数量
第 5 章 调色、合成与键控	调整花开美景短视频的花朵颜色
	调整森林美景宣传片的画面颜色
第 6 章 创建与编辑字幕	制作饭庄宣传片片头的遮罩文字
	编辑旅行节目片头的宣传文字
	制作动物世界纪录片的滚动字幕
	制作霞浦旅游宣传片片头的消散文字
	制作京城故事宣传片片头的模糊文字
第 7 章 添加与调整音频	调整动物世界纪录片的音频
	合成都市生活短视频片头的音频
	添加动物世界宣传片的音频特效
	编辑壮丽黄河纪录片的音频
	调整都市生活短视频的音频
第 9 章 综合设计实训	制作武汉城市形象宣传片
	制作中华美食栏目包装
	制作智能家电宣传广告
	制作环保广告宣传片
	制作传统节日宣传片
	设计绮春园纪录片
	设计校园生活宣传片
	设计汽车宣传广告
	设计旅行节目片头

目 录

目 录

目 录

目 录

目 录

01

第1章 Premiere Pro 2020 基础

本章对 Premiere Pro 2020 这一视频编辑软件进行概述性介绍，并对其基本操作进行详细讲解。读者通过对本章的学习，可以快速了解并掌握 Premiere Pro 2020 的入门知识，为后续各章的学习打下坚实的基础。

学习目标

- ✧ 了解 Premiere Pro 2020。
- ✧ 掌握 Premiere Pro 2020 的基本操作。

技能目标

- ✧ 熟悉 Premiere Pro 2020 的操作界面。
- ✧ 掌握项目的基本操作方法。

素养目标

- ✧ 培养在 Premiere Pro 软件学习中不断增强兴趣的能力。
- ✧ 培养获取 Premiere Pro 软件新知识的基本能力。
- ✧ 培养树立文化自信、职业自信的能力。

1.1 Premiere Pro 2020 概述

Adobe Premiere Pro 2020 是由 Adobe 公司基于 Macintosh 和 Windows 平台开发的一款非线性编辑软件，被广泛应用于电视节目制作、广告制作和电影制作等领域。初学者启动 Premiere Pro 2020 后，可能会对陌生的操作界面感到束手无策。本节将对用户操作界面、“项目”面板、“时间轴”面板、监视器窗口和其他功能面板及菜单命令进行讲解。

1.1.1 用户操作界面

Premiere Pro 2020 的用户操作界面如图 1-1 所示。从图中可以看出，Premiere Pro 2020 的用户操作界面由标题栏、菜单栏、“效果”面板、“时间轴”面板、“工具”面板、预设工作区、“源”/“节目”监视器窗口、“项目”/“媒体浏览器”/“库”/“信息”面板等组成。

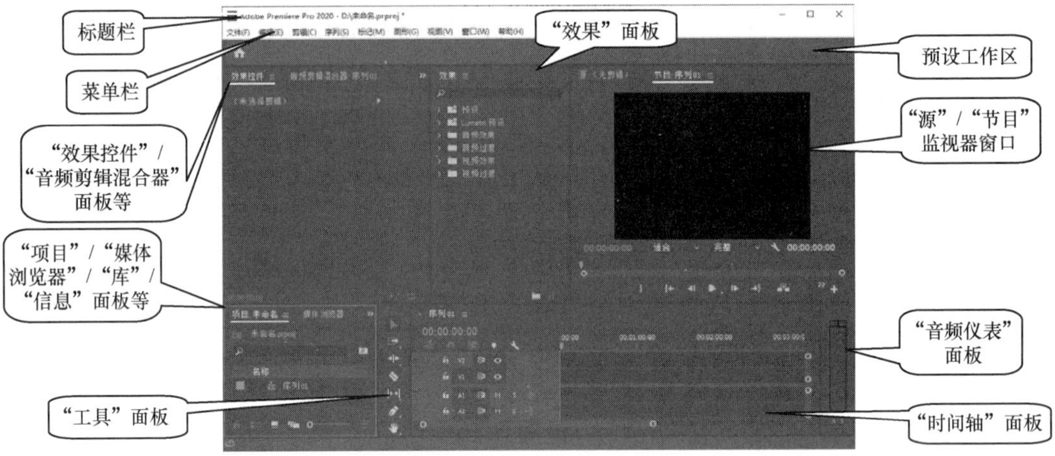

图 1-1

1.1.2 “项目”面板

“项目”面板主要用于输入、组织和存放将要在“时间轴”面板中编辑合成的原始素材，如图 1-2 所示。按 Ctrl+PageUp 组合键可以切换到列表状态，如图 1-3 所示。

图 1-2

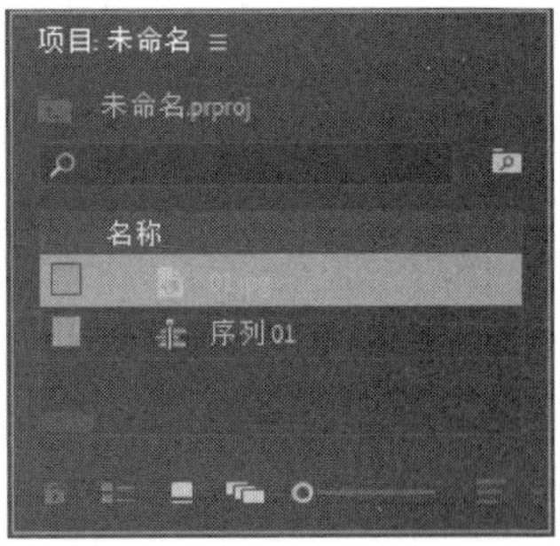

图 1-3

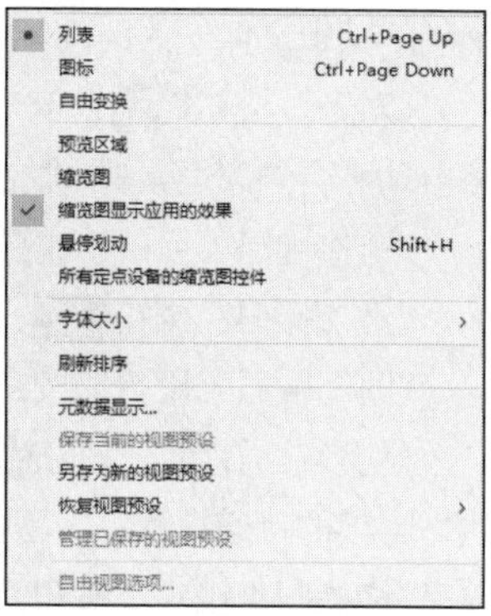

图 1-4

单击“项目”面板右上方的按钮，在弹出的菜单中可以选择面板及相关功能的显示/隐藏方式等，如图 1-4 所示。

在图标状态时，将鼠标指针置于视频素材图标上左右移动，可以查看不同时间点的视频内容。

在列表状态时，可以查看素材的基本属性，包括素材的名称、媒体格式、视频和音频信息、数据量等。

“项目”面板下方的工具栏中有 11 个功能控件，从左至右分别为“项目可写”按钮/“项目只读”按钮、“列表视图”按钮、“图标视图”按钮、“自由变换视图”按钮、“调整图标和缩览图的大小”滑动条、“排序图标”按钮、“自动匹配序列”按钮、“查找”按钮、“新建素材箱”按钮、“新建项”按钮和“清除”按钮，它们的含义如下。

“项目可写”按钮/“项目只读”按钮：单击此按钮，可以将“项目”面板设置为可写或只读模式。

“列表视图”按钮：单击此按钮，可以将面板中的素材以列表形式显示。

“图标视图”按钮：单击此按钮，可以将面板中的素材以图标形式显示。

“自由变换视图”按钮：单击此按钮，可以将面板中的素材以自由变换视图形式显示。

“调整图标和缩览图的大小”滑动条：拖曳此滑动条中的滑块，可以将“项目”面板中的图标和缩览图放大或缩小。

“排序图标”按钮：用于在图标状态下根据不同的方式对项目素材进行排序。

“自动匹配序列”按钮：单击此按钮，可以将素材自动调整到时间轴中。

“查找”按钮：单击此按钮，可以按提示快速查找素材。

“新建素材箱”按钮：单击此按钮可以新建文件夹，以便管理素材。

“新建项”按钮：单击此按钮会弹出命令菜单，可以使用其中的命令创建新的素材文件。

“清除”按钮：选中不需要的文件，单击此按钮即可将其删除。

1.1.3 “时间轴”面板

“时间轴”面板如图 1-5 所示，它是 Premiere Pro 2020 的核心部分，在编辑影片的过程中，大部分工作都是在“时间轴”面板中完成的。通过“时间轴”面板可以轻松地实现对素材的剪辑、插入、复制、粘贴、修整等操作。

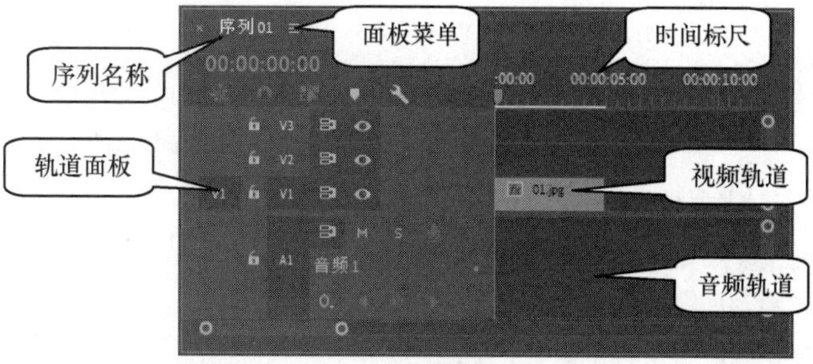

图 1-5

“将序列作为嵌套或个别剪辑插入并覆盖”按钮：单击此按钮，可以将序列作为一个嵌套或个别的剪辑文件插入时间轴或覆盖素材文件。

“对齐”按钮：单击此按钮，可以启动吸附功能，这时在“时间轴”面板中拖曳素材，素材将自动贴合到邻近素材的边缘。

“链接选择项目”按钮：单击此按钮，可以链接所有开放序列。

“添加标记”按钮：单击此按钮，可以在当前帧的位置设置标记。

“时间轴显示设置”按钮：可以设置“时间轴”面板的显示选项。

“切换轨道锁定”按钮/：默认状态为形状，可以编辑该轨道；单击此按钮，按钮变成形状，当前的轨道被锁定，不能编辑。

“切换同步锁定”按钮：默认为启用状态，当进行插入、波纹删除或波纹剪辑操作时，编辑点右侧的内容会发生移动。

“切换轨道输出”按钮：单击此按钮，可以设置是否在监视器窗口中显示当前影片。

“静音轨道”按钮：激活此按钮，可以静音，反之则是播放声音。

“独奏轨道”按钮：激活此按钮，可以设置独奏轨道。

“画外音录制”按钮：激活此按钮，可以将画外音直接录制到音频轨道中。

折叠 – 展开轨道：双击右侧的空白区域，或滚动鼠标滚轮，可以隐藏/展开视频轨道工具栏或音频轨道工具栏。

“显示关键帧”按钮：单击此按钮，可以选择显示当前关键帧的方式。

“转到下一关键帧”按钮：将时间标签定位到被选素材轨道的下一个关键帧上。

“添加 – 移除关键帧”按钮：在时间标签所处的位置或在轨道中被选素材的当前位置添加/移除关键帧。

“转到前一关键帧”按钮：将时间标签定位到被选素材轨道的上一个关键帧上。

滑动条：放大/缩小显示轨道中的素材。

时间码 00:00:00:00：显示影片的播放进度。

序列名称：单击相应的标签可以在不同的节目间切换。

轨道面板：对轨道的显示、锁定等参数进行设置。

时间标尺：配合时间标签对剪辑进行时间定位。

面板菜单：对时间单位及剪辑参数进行设置。

视频轨道：进行视频剪辑的轨道。

音频轨道：进行音频剪辑的轨道。

1.1.4 监视器窗口

监视器窗口分为“源”监视器窗口和“节目”监视器窗口，分别如图 1-6 和图 1-7 所示，所有正在编辑或未编辑的影片片段都可在此显示播放效果。

“添加标记”按钮：在当前帧的位置设置标记。

“标记入点”按钮：设置当前影片的开始点。

“标记出点”按钮：设置当前影片的结束点。

“转到入点”按钮：单击此按钮，可将时间标签移到开始位置。

“后退一帧（左侧）”按钮：此按钮是对素材进行逐帧倒播的控制按钮，单击此按钮，素材画面就会后退一帧，按住 Shift 键的同时单击此按钮，每次后退 5 帧。

图 1-6

图 1-7

“播放－停止切换”按钮 / ：控制监视器窗口中素材的播放，单击此按钮会从监视器窗口中时间标签 的当前位置开始播放；在“节目”监视器窗口中，在播放时按 J 键可以进行倒播。

“前进一帧（右侧）”按钮 ：此按钮是对素材进行逐帧播放的控制按钮，单击此按钮，素材画面就会前进一帧，按住 Shift 键的同时单击此按钮，每次前进 5 帧。

“转到出点”按钮 ：单击此按钮，可将时间标签 移到结束位置。

“插入”按钮 ：单击此按钮，当插入一段影片时，重叠的片段将后移。

“覆盖”按钮 ：单击此按钮，当插入一段影片时，重叠的片段将被覆盖。

“提升”按钮 ：用于将轨道上入点与出点之间的内容删除，删除之后仍然留有空间。

“提取”按钮 ：用于将轨道上入点与出点之间的内容删除，删除之后不留空间，后面的素材会自动连接前面的素材。

“导出帧”按钮 ：可导出一帧影片画面。

“比较视图”按钮 ：可以进入比较视图模式观看视图。

分别单击两个监视器窗口右下方的“按钮编辑器”按钮 ，会弹出图 1-8 和图 1-9 所示的面板。面板中包含一些已显示和未显示的按钮。

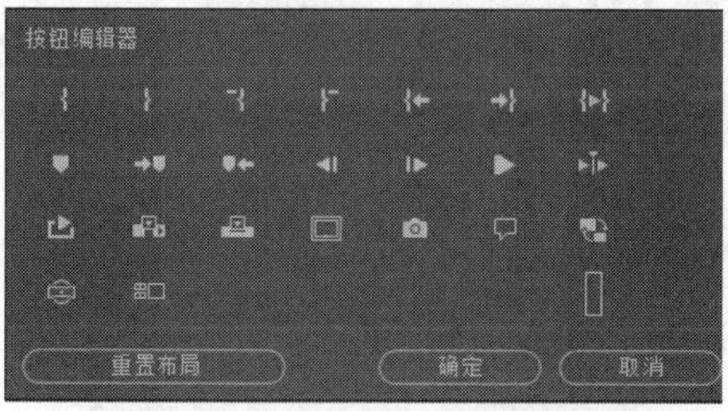

图 1-8

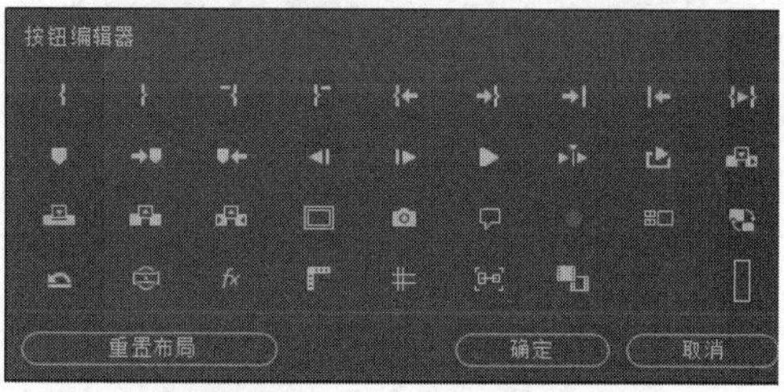

图 1-9

“清除入点”按钮 ：清除设置的标记入点。

“清除出点”按钮 ：清除设置的标记出点。

“从入点到出点播放视频”按钮 ：单击此按钮，在播放素材时，只播放定义的入点与出点之间的素材。

“转到下一标记”按钮 ：调整时间标签移动到当前位置的后一个标记处。

“转到上一标记”按钮 ：调整时间标签移动到当前位置的前一个标记处。

“播放邻近区域”按钮 ：单击此按钮，将播放时间标签 当前位置前后两秒的内容。

“循环”按钮：此按钮是控制循环播放的按钮，单击此按钮，监视器窗口中会不断循环播放素材，直至单击停止按钮。

“安全边距”按钮：单击此按钮为影片设置安全边界，以防影片画面太大导致播放不完整，再次单击可隐藏安全边界。

“隐藏字幕显示”按钮：可隐藏字幕显示效果。

“切换代理”按钮：单击此按钮，可以在本机格式和代理格式之间切换。

“切换 VR 视频显示”按钮：单击此按钮，可以快速切换到 VR 视频显示模式。

“切换多机位视图”按钮：单击此按钮，可以打开/关闭多机位视图。

“转到下一个编辑点”按钮：单击此按钮，可以转到同一轨道上当前编辑点的后一个编辑点。

“转到上一个编辑点”按钮：单击此按钮，可以转到同一轨道上当前编辑点的前一个编辑点。

“多机位录制开/关”按钮：单击此按钮，可以打开/关闭多机位录制。

“还原裁剪对话”按钮：单击此按钮，可以还原裁剪的对话。

“全局 FX 静音”按钮：单击此按钮，可以打开/关闭所有视频特效。

“显示标尺”按钮：单击此按钮，可以打开/关闭标尺。

“显示参考线”按钮：单击此按钮，可以打开/关闭参考线。

“在节目监视器中对齐”按钮：单击此按钮，可以在“节目”监视器窗口中将图形对齐。

可以直接将面板中需要的按钮拖曳到下面的显示框中，如图 1-10 所示，松开鼠标，按钮将被添加到面板中，如图 1-11 所示。单击“确定”按钮，所选按钮显示在面板中，如图 1-12 所示。可以用相同的方法添加多个按钮，如图 1-13 所示。

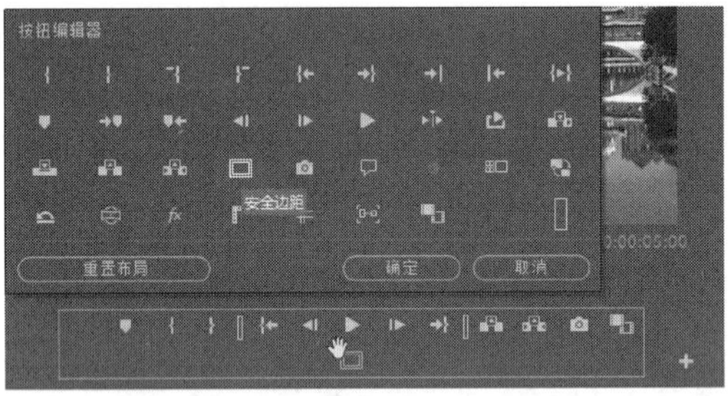

图 1-10

图 1-11

图 1-12

图 1-13

若要恢复默认的布局，单击监视器窗口右下方的“按钮编辑器”按钮，在弹出的面板中单击“重置布局”按钮，再单击“确定”按钮即可。

1.1.5 其他功能面板

除了以上介绍的面板，Premiere Pro 2020 还提供了其他一些方便编辑操作的功能面板，下面进行介绍。

1．“效果”面板

“效果”面板存放着 Premiere Pro 2020 自带的各种预设、音频和视频特效。这些特效按照功能分为六大类，包括预设、Lumetri 预设、音频效果、音频过渡、视频效果及视频过渡，每一大类又按照具体效果细分为很多小类，如图 1–14 所示。用户安装的第三方特效插件也将出现在该面板的相应类别文件中。

2．“效果控件”面板

“效果控件”面板主要用于控制对象的运动以及不透明度、时间重映射等的设置，如图 1–15 所示。

3．“音轨混合器”面板

“音轨混合器”面板用于有效地调节项目的音频，可以实时混合各轨道中的音频对象，如图 1–16 所示。

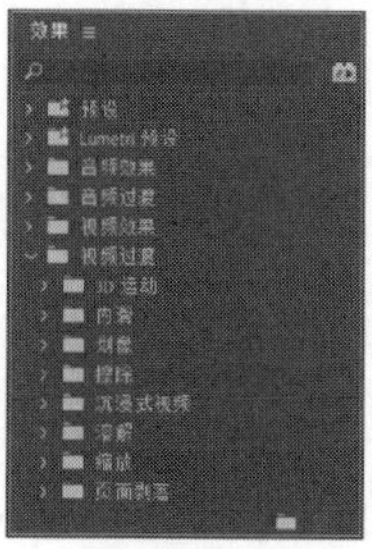

图 1–14

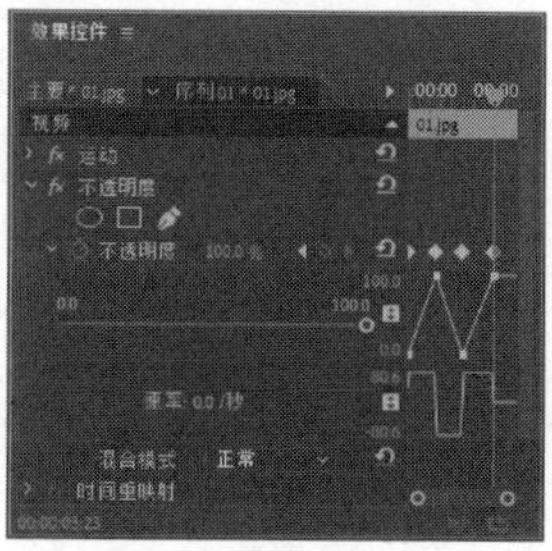

图 1–15

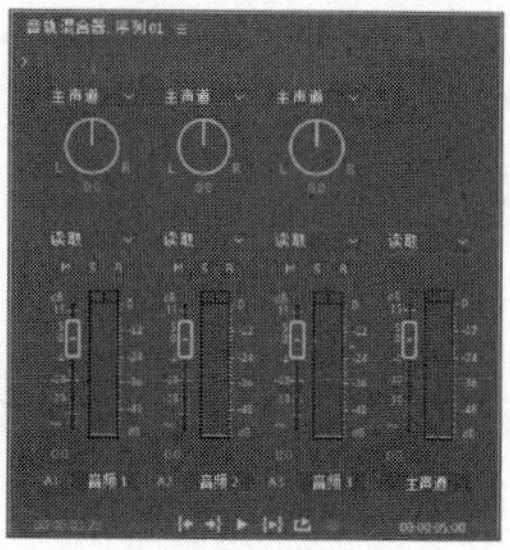

图 1–16

4．“历史记录”面板

“历史记录”面板可以记录用户建立项目以来进行的所有操作，如图 1–17 所示。在执行了错误操作后选择该面板中相应的命令，即可撤销该错误操作并返回到做该错误操作之前的状态。

5．“信息”面板

在 Premiere Pro 2020 中，“信息”面板作为一个独立面板显示，其主要功能是集中显示所选素材的各项信息，如图 1–18 所示。所选素材不同，“信息”面板中的内容也不同。

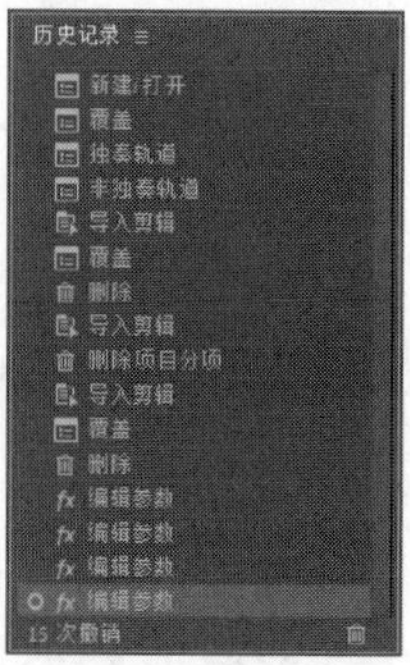

图 1–17

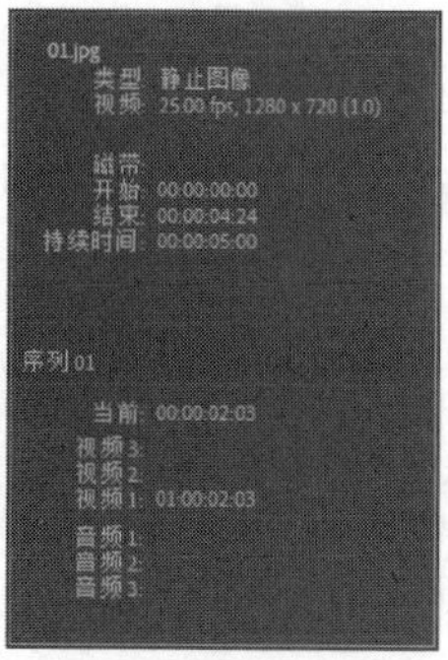

图 1–18

在默认设置下，“信息”面板是空白的。如果在“时间轴”面板中添加一个素材并选中它，“信息”面板将显示选中素材的信息；如果有过渡，则显示过渡的信息。如果选中的是一段视频素材，“信息”面板将显示该素材的类型、持续时间、帧速率、入点、出点及时间标签的位置；如果选中的是静止图像，“信息”面板将显示素材的类型、大小、持续时间、帧速率、入点、出点及时间标签的位置。

6. “工具”面板

“工具”面板主要用来对时间轴中的音频、视频等内容进行编辑，如图 1-19 所示。

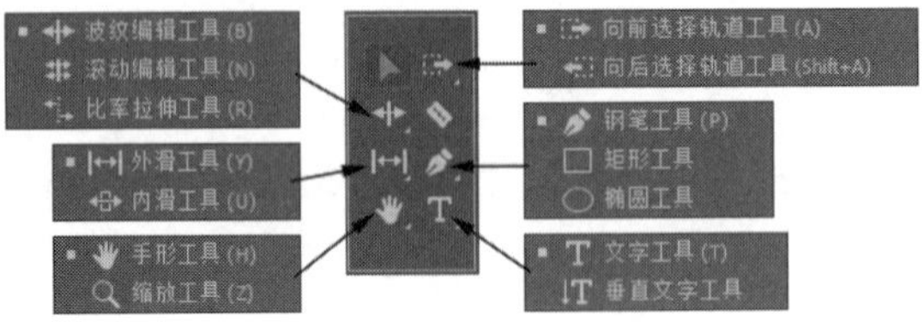

图 1-19

1.1.6 菜单命令

“文件”菜单主要包括新建、打开、保存、导入、导出、序列设置、打印内容等命令。

“编辑”菜单主要包括复制、粘贴、剪切、撤销、清除等命令。

“剪辑”菜单包括插入、覆盖、替换素材、自动匹配序列、编组、链接视频和音频等影片剪辑命令。

“序列”菜单中的命令主要用于对时间轴中的项目片段进行编辑、管理和设置轨道属性等。

“标记”菜单中的命令主要用于对“时间轴”面板中的素材标记和监视器窗口中的素材标记进行编辑。

“图形”菜单中的命令主要用于新建和选择文本与图形。

“视图”菜单中的命令主要用于设置监视器窗口的回放分辨率、暂停分辨率、高品质回放、显示模式等。

“窗口”菜单中的命令主要用于管理用户操作界面的布局，包括工作区、“历史记录”面板、“工具”面板、“效果”面板、“源”监视器窗口、“效果控件”面板、“节目”监视器窗口和“项目”面板等。

“帮助”菜单中的命令主要用于帮助用户解决遇到的问题。

1.2 Premiere Pro 2020 的基本操作

本节将详细介绍对项目文件的操作，如新建、打开、保存、关闭项目文件，以及对素材的操作，如导入、解释、查找、组织素材等。这些基本操作对后续的案例实操至关重要。

1.2.1 项目文件的操作

启动 Premiere Pro 2020 后，必须先创建新的项目文件或打开已存在的项目文件，这是 Premiere

Pro 2020 最基本的操作之一。

1. 新建项目文件

（1）选择“开始 > 所有程序 > Adobe Premiere Pro 2020”命令，或双击桌面上的 Adobe Premiere Pro 2020 快捷图标，打开软件。

（2）选择“文件 > 新建 > 项目”命令，或按 Ctrl+Alt+N 组合键，弹出“新建项目”对话框，如图 1-20 所示。在“名称”文本框中设置项目名称。单击“位置”选项右侧的“浏览”按钮，在弹出的对话框中选择项目文件的保存路径。在“常规”选项卡中设置视频渲染和回放，视频和音频的显示格式、捕捉格式等，在“暂存盘”选项卡中设置捕捉的视频、视频预览、音频预览、项目自动保存等的暂存路径，在“收录设置”选项卡中设置收录选项。单击“确定”按钮，即可创建一个新的项目文件。

（3）选择“文件 > 新建 > 序列”命令，或按 Ctrl+N 组合键，弹出“新建序列”对话框，如图 1-21 所示。在“序列预设”选项卡中选择项目文件的格式，如“DV-PAL”制式下的“标准 48kHz”，右侧的“预设描述”选项区域中将列出相应的项目信息。在“设置”选项卡中可以设置编辑模式、时基、视频帧大小、像素长宽比、音频采样率等信息。在“轨道”选项卡中可以设置视频、音频轨道的相关信息。在“VR 视频”选项卡中可以设置 VR 属性。单击“确定”按钮，即可创建一个新的序列。

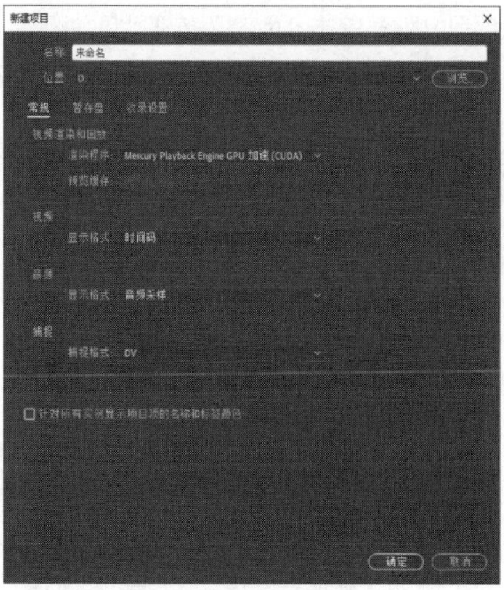

图 1-20

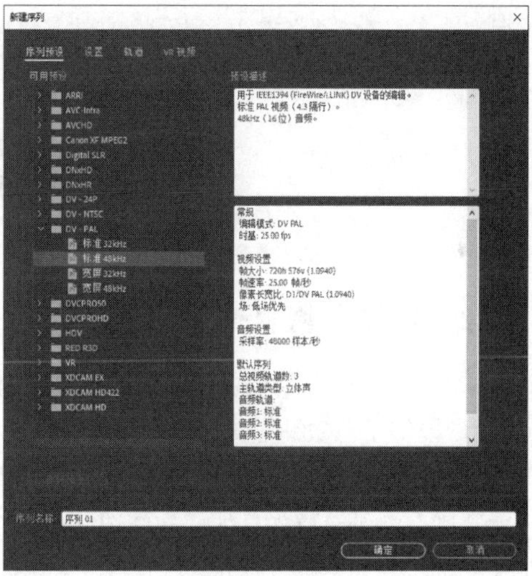

图 1-21

2. 打开项目文件

选择“文件 > 打开项目”命令，或按 Ctrl+O 组合键，在弹出的对话框中选择需要打开的项目文件，如图 1-22 所示，单击“打开”按钮，即可打开选择的项目文件。

选择“文件 > 打开最近使用的内容”命令，在其子菜单中选择需要打开的项目文件，如图 1-23 所示，即可打开所选的项目文件。

3. 保存项目文件

刚启动 Premiere Pro 2020 时，系统会提示用户先保存一个设置了参数的项目，因此，对于编辑过的项目，直接选择“文件 > 保存”命令或按 Ctrl+S 组合键，即可保存。另外，系统还会每隔一段时间自动保存一次项目。

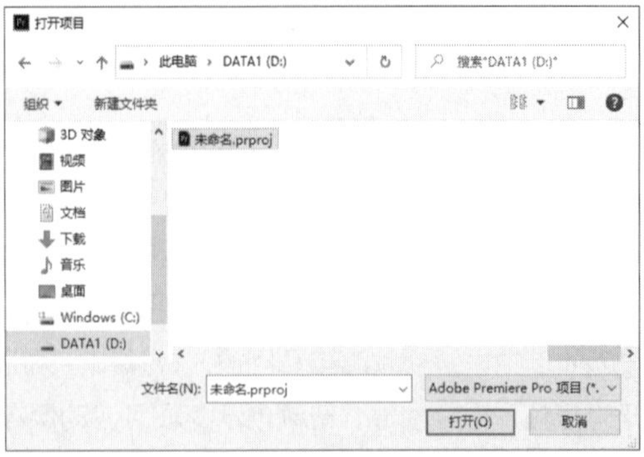

图 1-22

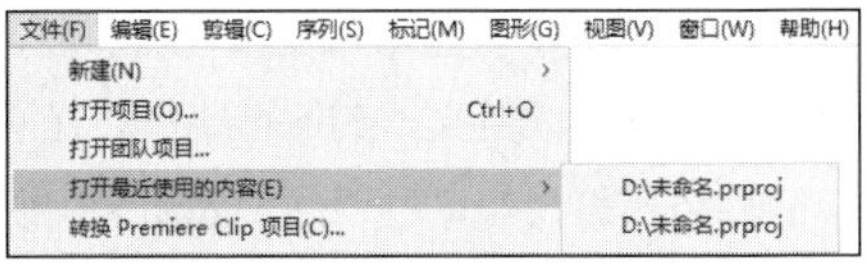

图 1-23

选择“文件 > 另存为”命令（或按 Ctrl+Shift+S 组合键），或者选择“文件 > 保存副本”命令（或按 Ctrl+Alt+S 组合键），弹出“保存项目”对话框，设置完成后，单击“保存”按钮，可以保存项目文件的副本。

4. 关闭项目文件

选择“文件 > 关闭项目”命令，即可关闭当前项目文件。如果对当前文件做了修改却尚未保存，系统将会弹出图 1-24 所示的提示对话框，询问用户是否保存对该项目文件所做的修改。单击“是”按钮，保存项目文件；单击“否”按钮，不保存文件并直接退出项目文件；单击“取消”按钮，取消保存操作。

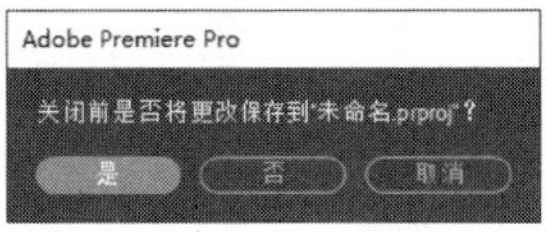

图 1-24

1.2.2 撤销与恢复操作

通常情况下，一个完整的项目需要经过多次调整、修改与比较才能制作完成，因此，Premiere Pro 2020 为用户提供了“撤销”与“重做”命令。

用户在编辑视频或音频时，如果上一步操作是错误的，或对操作得到的效果不满意，选择“编辑 > 撤销”命令即可撤销该操作，如果连续选择此命令，则可连续撤销前面的多步操作。

如果要取消撤销操作，可选择“编辑 > 重做”命令。例如，删除一个素材，通过“撤销”命令撤销操作后，如果还想将该素材删除，则选择“编辑 > 重做”命令即可。

1.2.3 设置自动保存

设置自动保存的具体操作步骤如下。

（1）选择“编辑 > 首选项 > 自动保存”命令，弹出“首选项”对话框，如图 1-25 所示。

（2）在“首选项”对话框的“自动保存”选项区域中，根据需要设置“自动保存时间间隔”及“最大项目版本”的数值。如在“自动保存时间间隔”文本框中输入 20，在“最大项目版本”文本框中输入 5，表示每隔 20 分钟自动保存一次，而且只存储最后 5 次存盘的项目文件。

（3）设置完成后，单击“确定”按钮退出对话框。这样，在以后的编辑过程中，系统就会按照设置的参数自动保存文件，用户就不必担心因意外而造成工作数据的丢失了。

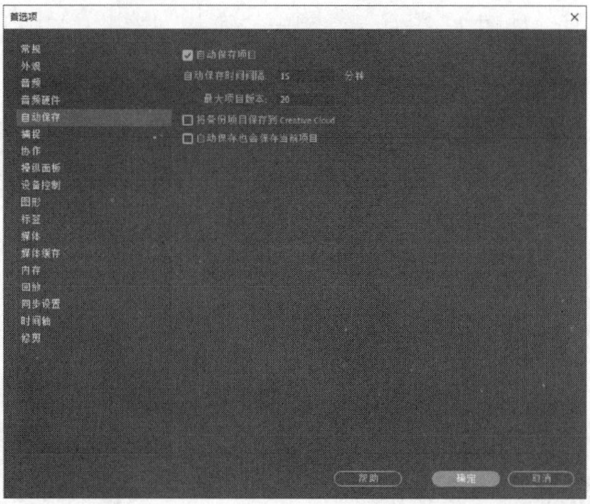

图 1-25

1.2.4 导入素材

Premiere Pro 2020 支持大部分主流的视频、音频及图像文件格式。一般的导入素材方式：选择“文件 > 导入”命令，在“导入”对话框中选择需要的文件格式和文件，如图 1-26 所示。

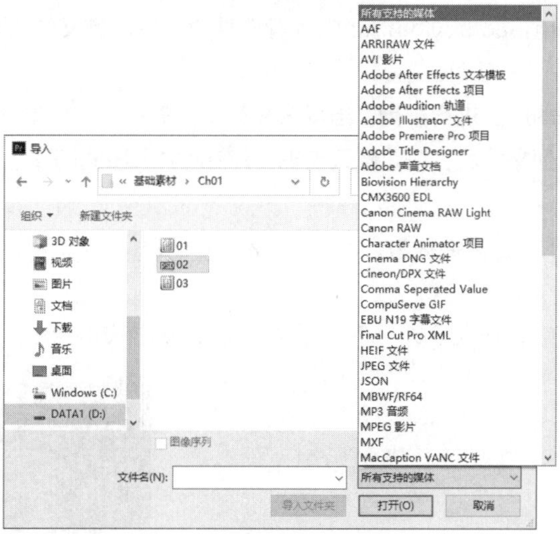

图 1-26

1. 导入图层

以素材的方式导入图层的方法：选择“文件 > 导入”命令，在“导入”对话框中选择 Photoshop、Illustrator 等含有图层的文件，选择需要导入的文件，单击“打开”按钮，会弹出图 1-27 所示的提示对话框。

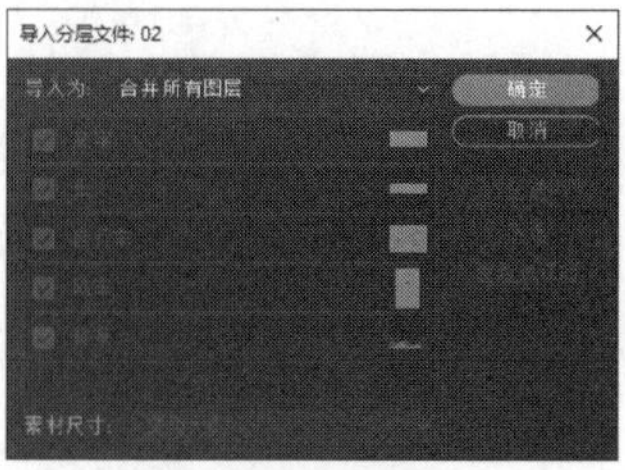

图 1-27

“导入为”用于设置 PSD 图层素材导入的方式，可选择“合并所有图层”“合并的图层”“各个图层”或“序列”选项。

本例选择“序列”选项，如图 1-28 所示。单击“确定”按钮，“项目”面板中会自动生成一个文件夹，其中包括序列文件和图层素材，如图 1-29 所示。

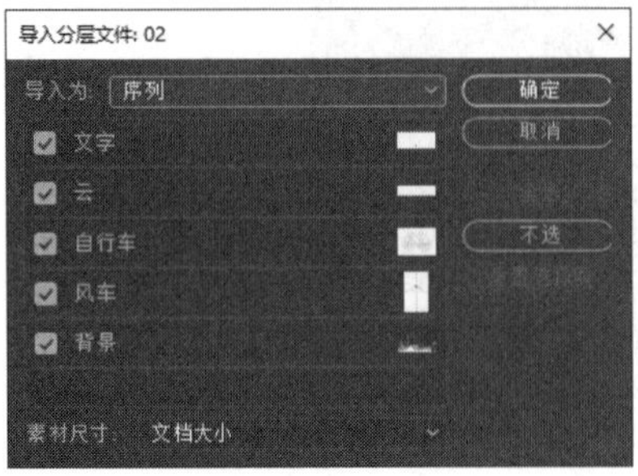

图 1-28

图 1-29

以序列的方式导入图层后，Premiere Pro 2020 会按照图层的排列方式自动生成一个序列，用户可以打开该序列设置动画并进行编辑。

2. 导入序列文件

序列文件是一种非常重要的源素材，它由若干张按序排列的图片组成，每张图片代表 1 帧。通常，可以先在 3ds Max、After Effects、Combustion 等软件中生成序列文件，再导入 Premiere Pro 2020 中使用。

序列文件以数字序号的形式进行排列。当导入序列文件时，应在“首选项”对话框中设置图片的帧速率，也可以在导入序列文件后，在“修改剪辑”对话框中调整帧速率。导入序列文件的具体操作步骤如下。

（1）在“项目”面板的空白区域双击，弹出“导入”对话框，找到序列文件所在的目录，勾选“图像序列”复选框，如图 1-30 所示。

（2）单击“打开”按钮，导入素材。序列文件导入后的状态如图 1-31 所示。

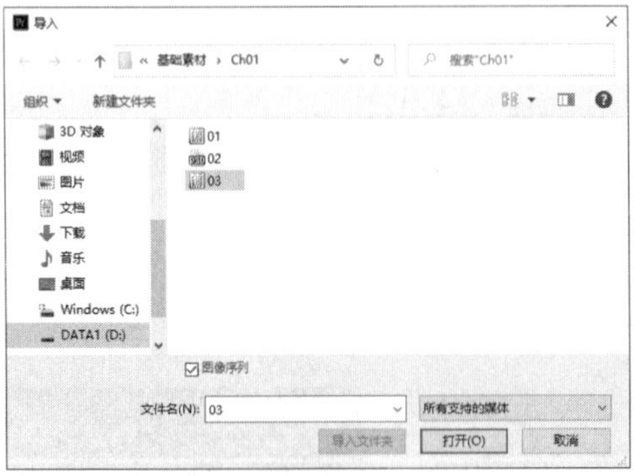

图 1-30

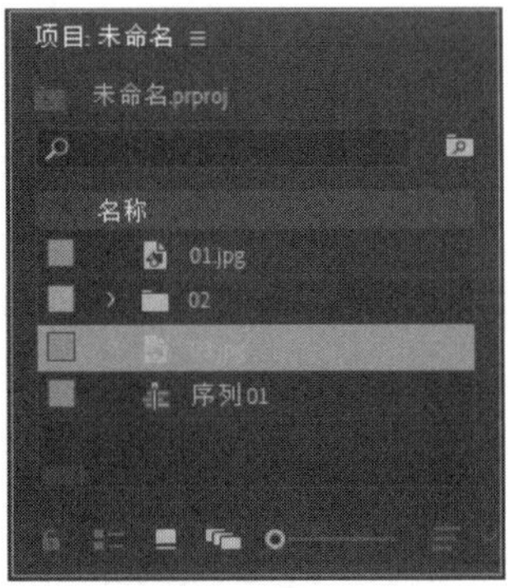

图 1-31

1.2.5 解释素材

对于项目的素材文件，可以通过“解释素材”命令来修改其属性。在“项目”面板中的素材上单击鼠标右键，在弹出的快捷菜单中选择“修改 > 解释素材”命令，弹出“修改剪辑”对话框，如图 1-32 所示。“帧速率”选项区域用于设置素材的帧速率，“像素长宽比”选项区域用于设置素材的像素长宽比，“场序”选项区域用于设置素材的场序，“Alpha 通道”选项区域用于对素材的透明通道进行设置，“VR 属性”选项区域用于设置素材中的投影、布局、捕捉视图等信息。

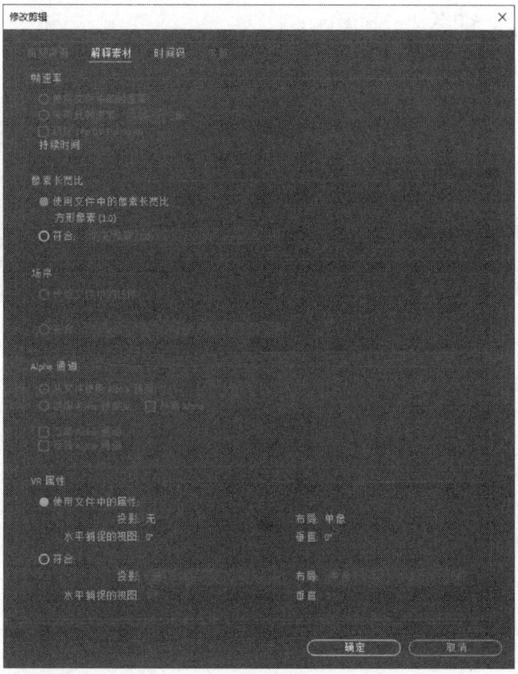

图 1-32

1.2.6 修改素材名称

在“项目”面板中的素材上单击鼠标右键，在弹出的快捷菜单中选择“重命名”命令，素材名称会处于可编辑状态，输入新名称即可，如图 1-33 所示。

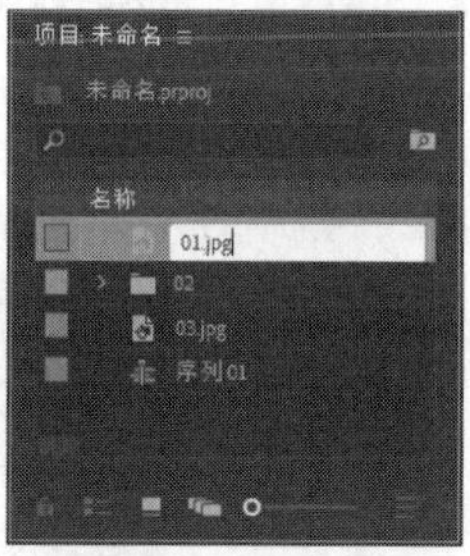

图 1-33

剪辑人员可以给素材重命名以改变它原来的名称，这在一部影片中重复使用一个素材或复制了一个素材并为之设定新的入点和出点时极其有用。给素材重命名有助于在“项目”面板和序列中区分多个复制的素材。

1.2.7 利用素材箱组织素材

可以在“项目”面板中建立一个素材箱（素材文件夹）来管理素材。使用素材文件夹，可以将项目中的素材分门别类地组织起来，这在管理包含大量素材的复杂项目时特别有用。

单击“项目”面板下方的“新建素材箱”按钮，会自动创建一个新文件夹，如图 1-34 所示，单击左侧的按钮，可以返回到上一级素材列表，依次类推。

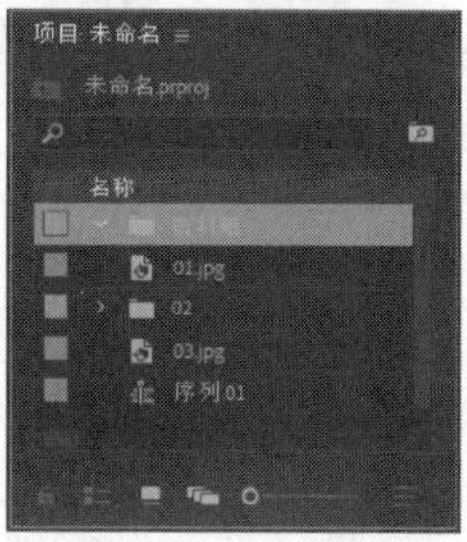

图 1-34

1.2.8　查找素材

可以根据素材的名称、属性或附属的说明和标签在 Premiere Pro 2020 的“项目”面板中查找素材。例如可以查找所有文件格式（如 AVI 格式）相同的素材。

单击“项目”面板下方的“查找”按钮，或单击鼠标右键，在弹出的快捷菜单中选择“查找”命令，弹出“查找”对话框，如图 1-35 所示。

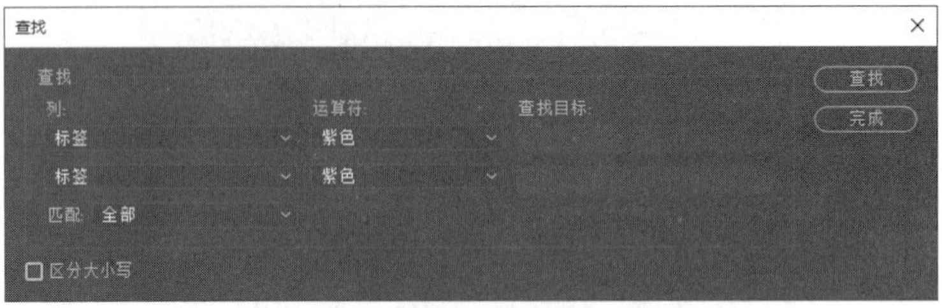

图 1-35

在“查找”对话框中选择查找的素材属性，可按照素材的名称、媒体类型和标签等属性进行查找。在“匹配”下拉列表中可以选择查找的关键字是全部匹配还是部分匹配，若勾选“区分大小写”复选框，则必须将关键字的大小写输入正确。

在对话框右侧的文本框中输入所查找素材的属性关键字。例如，要查找图片文件，可选择查找的属性为“名称”，在文本框中输入 JPEG 或其他文件格式，然后单击“查找”按钮，系统会自动找到“项目”面板中相应的图片文件。如果“项目”面板中有多个图片文件，可再次单击“查找”按钮查找下一个图片文件。单击“完成”按钮，可关闭“查找”对话框。

提示

除了可以查找“项目”面板中的素材，还可以使序列中的影片自动定位，找到其在“项目”面板中的源素材。在“时间轴”面板中的素材上单击鼠标右键，在弹出的快捷菜单中选择“在项目中显示”命令，如图 1-36 所示，即可找到“项目”面板中的相应素材，如图 1-37 所示。

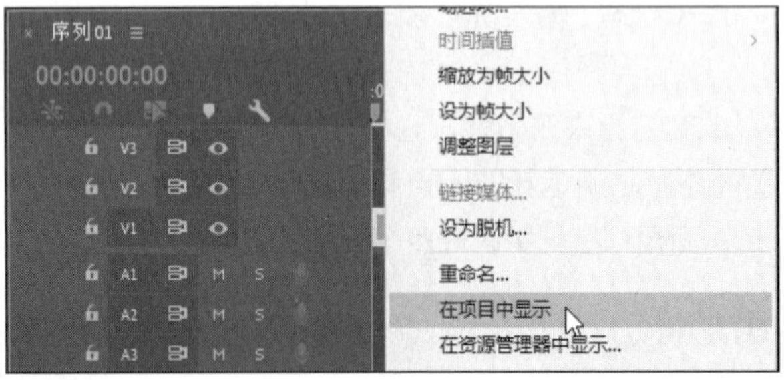

图 1-36

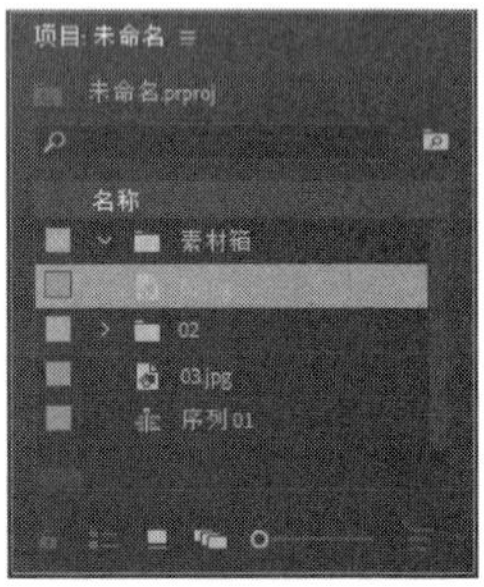

图 1-37

1.2.9　离线素材

当打开一个项目文件时，系统若提示找不到源素材，如图 1-38 所示，则可能是源素材被改名或存储位置发生了变化。可以直接在磁盘上找到源素材，然后单击“选择”按钮，也可以单击“脱机”按钮，建立离线素材来代替源素材。

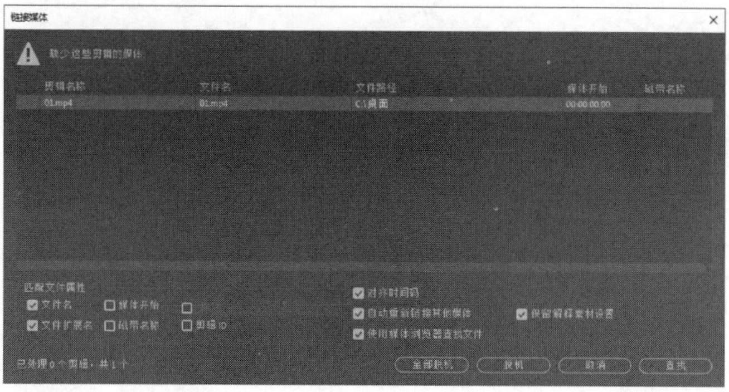

图 1-38

由于 Premiere Pro 2020 使用链接方式进行工作，因此，如果磁盘上的源文件被删除或者移动，就会发生在项目中无法找到源文件的情况。此时，可以建立一个离线文件。离线文件具有和其所替换的源文件相同的属性，可以对其进行与普通素材完全相同的操作。当找到所需文件后，可以用该文件替换离线文件，以进行正常编辑。离线文件实际上起一个占位符的作用，它可以暂时占据丢失文件所处的位置。

在“项目”面板中单击“新建项”按钮，在弹出的菜单中选择“脱机文件”命令，弹出“新建脱机文件”对话框，如图 1-39 所示。设置相关的参数后，单击“确定”按钮，弹出“脱机文件”对话框，如图 1-40 所示。

在“包含”下拉列表中可以选择建立含有音频和视频的离线素材，或者仅含有其中一项的离线素材。在“音频格式”下拉列表中选择音频的声道。在“磁带名称”文本框中输入磁带卷标。在“文件名”文本框中指定离线素材的名称。在“描述”文本框中可以输入一些备注。在“场景”文本框中输入离线素材与源素材场景的关联信息。在“拍摄/获取”文本框中说明拍摄信息。在“记录注释”文本框中记录离线素材的日志信息。在“时间码”选项区域中可以指定离线素材的时间。

如果要以实际素材替换离线素材，则可以在“项目”面板中的离线素材上单击鼠标右键，在弹出的快捷菜单中选择“链接媒体”命令，在弹出的对话框中指定文件并进行替换。“项目”面板中离线素材的显示如图 1-41 所示。

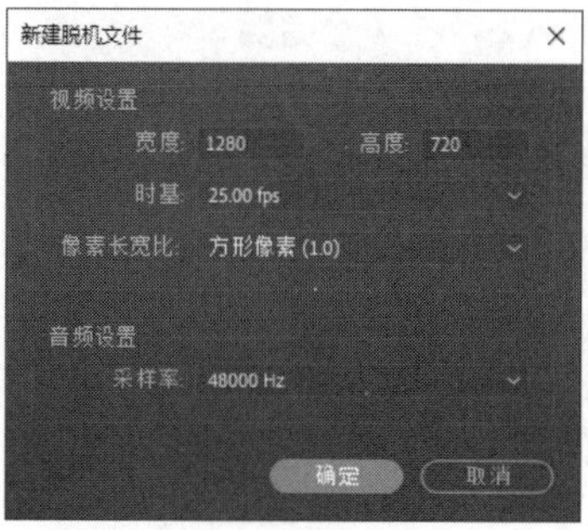

图 1-39

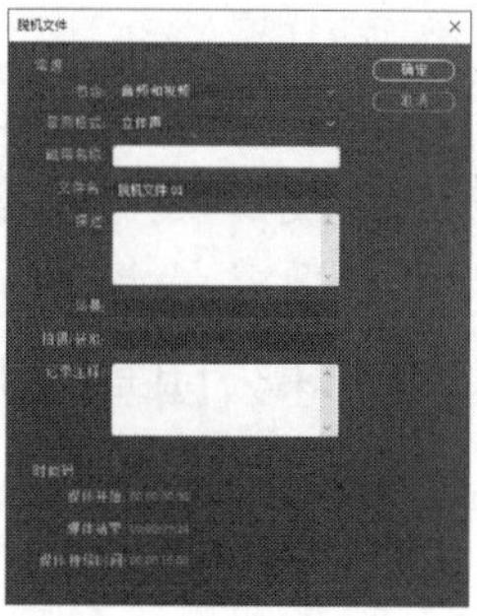

图 1-40

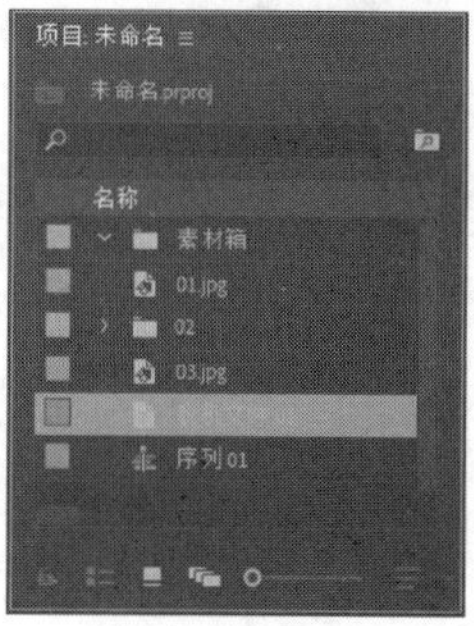

图 1-41

02 第2章 影片剪辑技术

本章主要对 Premiere Pro 2020 中剪辑和编辑影片的基本技术进行详细介绍，包括编辑素材、群组素材、捕捉和上载素材、创建新元素等。通过对本章的学习，读者可以掌握基本的剪辑技术。

学习目标

- ✧ 掌握剪辑素材的方法。
- ✧ 了解素材的群组方法。
- ✧ 了解捕捉和上载素材的技巧。
- ✧ 掌握创建新元素的方法。

技能目标

- ✧ 掌握剪辑武汉城市形象宣传片的方法。
- ✧ 掌握重组番茄的故事宣传片的方法。
- ✧ 掌握在篮球公园宣传片中添加彩条的方法。

素养目标

- ✧ 培养获取有效信息的能力。
- ✧ 培养良好的组织和管理能力。
- ✧ 培养通过学习和实践不断进取的能力。

2.1 使用监视器窗口编辑素材

在 Premiere Pro 2020 中使用监视器窗口可以播放和剪辑素材，还可以导出单帧图像并进行场设置。

微课视频

扫码观看
本案例视频

扩展案例

2.1.1 课堂案例——剪辑武汉城市形象宣传片

案例学习目标

学习导入视频文件，并使用入点、出点和编辑点剪辑视频。

案例知识要点

使用“导入”命令导入视频文件，使用入点和出点在“源”监视器窗口中剪辑视频，拖曳编辑点在“时间轴”面板中剪辑视频，最终效果如图 2-1 所示。

图 2-1

效果所在位置

Ch02/剪辑武汉城市形象宣传片/剪辑武汉城市形象宣传片.prproj。

（1）启动 Premiere Pro 2020，选择“文件 > 新建 > 项目”命令，弹出“新建项目”对话框，如图 2-2 所示，单击“确定”按钮，新建项目。

（2）选择“文件 > 导入”命令，弹出“导入”对话框，选择本书云盘中的“Ch02/剪辑武汉城市形象宣传片/素材/01~04”文件，如图 2-3 所示。单击“打开”按钮，将素材文件导入“项目”面板中，如图 2-4 所示。双击“项目”面板中的“01”文件，在“源”监视器窗口中打开“01”文件，如图 2-5 所示。

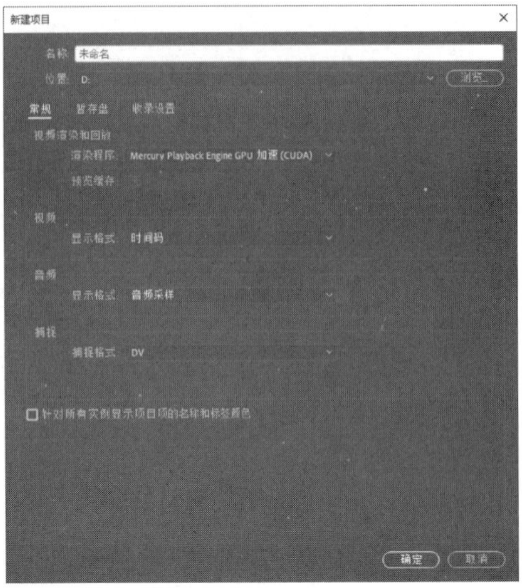

图 2-2

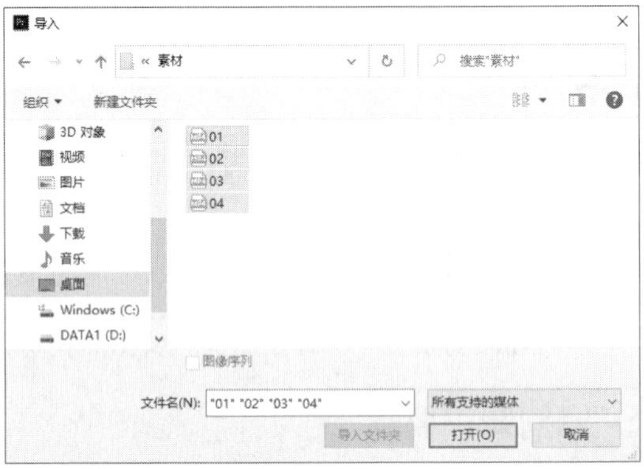

图 2-3

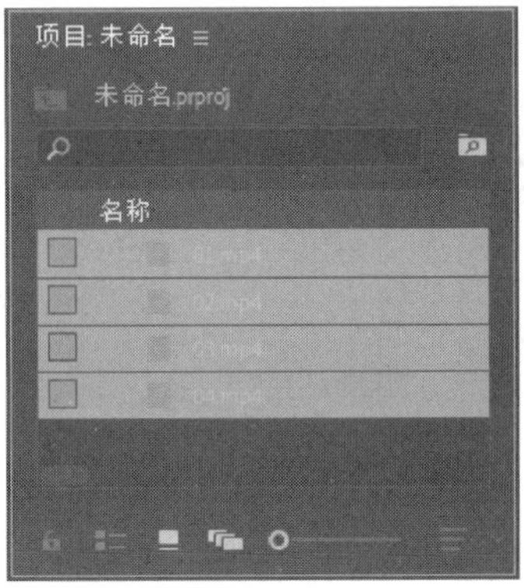

图 2-4

图 2-5

（3）将时间标签放置在 00:00:05:06 处，按 I 键，创建标记入点，如图 2-6 所示。将时间标签放置在 00:00:16:06 处，按 O 键，创建标记出点，如图 2-7 所示。选中“源”监视器窗口中的“01”文件并将其拖曳到“时间轴”面板中，生成“01”序列，将“01”文件放置到“视频 1（V1）”轨道中，如图 2-8 所示。

图 2-6

图 2-7

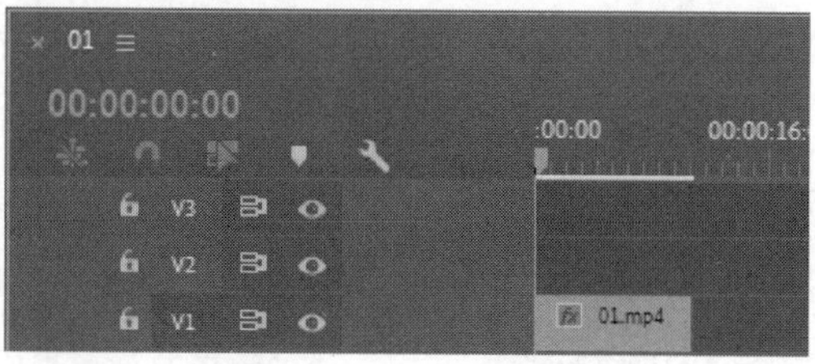

图 2-8

（4）双击“项目”面板中的“02”文件，在“源”监视器窗口中打开“02”文件。将时间标签放置在 00:00:06:10 处，按 I 键，创建标记入点，如图 2-9 所示。将时间标签放置在 00:00:09:13 处，按 O 键，创建标记出点，如图 2-10 所示。选中“源”监视器窗口中的“02”文件并将其拖曳到“时间轴”面板中的“视频 1（V1）”轨道中，如图 2-11 所示。

图 2-9

图 2-10

（5）双击“项目”面板中的“03”文件，在“源”监视器窗口中打开“03”文件。将时间标签放置在 00:00:04:08 处，按 I 键，创建标记入点，如图 2-12 所示。选中“源”监视器窗口中的“03”文件并将其拖曳到“时间轴”面板中的“视频 1（V1）”轨道中，如图 2-13 所示。

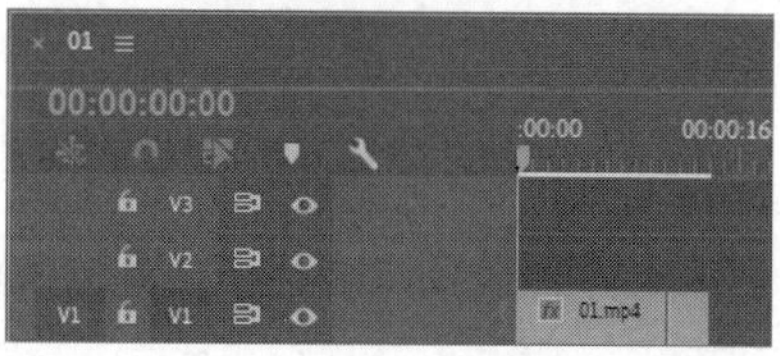

图 2-11

图 2-12

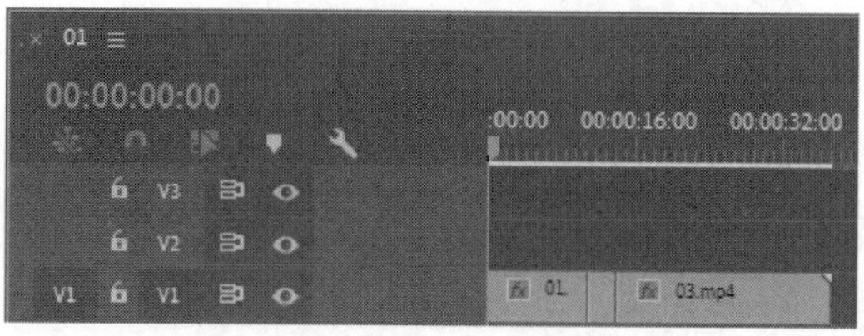

图 2-13

（6）将时间标签放置在 00:00:20:00 处，如图 2-14 所示。将鼠标指针放在“03”文件的结束位置，当鼠标指针呈状时，向左拖曳到 00:00:20:00 处，如图 2-15 所示。

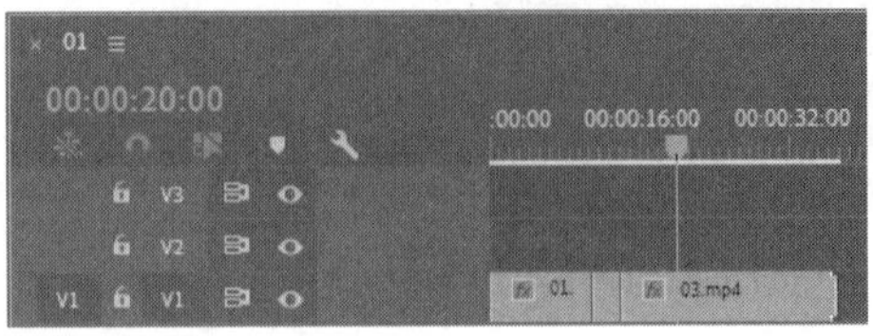

图 2-14

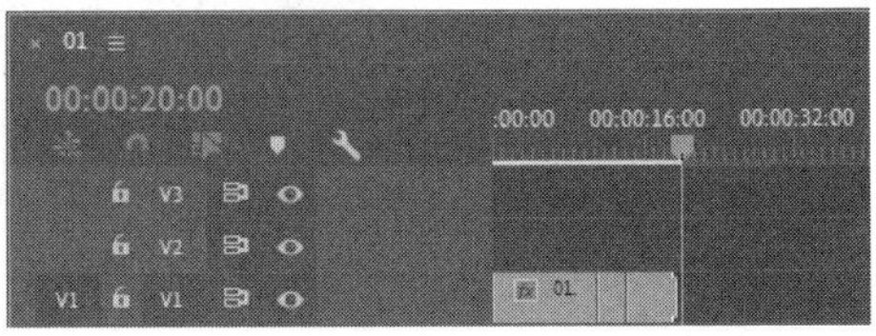

图 2-15

（7）双击“项目”面板中的“04”文件，在“源”监视器窗口中打开“04”文件。将时间标签放置在 00:00:17:05 处，按 I 键，创建标记入点，如图 2-16 所示。选中“源”监视器窗口中的“04”文件并将其拖曳到“时间轴”面板中的“视频 1（V1）”轨道中，如图 2-17 所示。武汉城市形象宣传片剪辑完成。

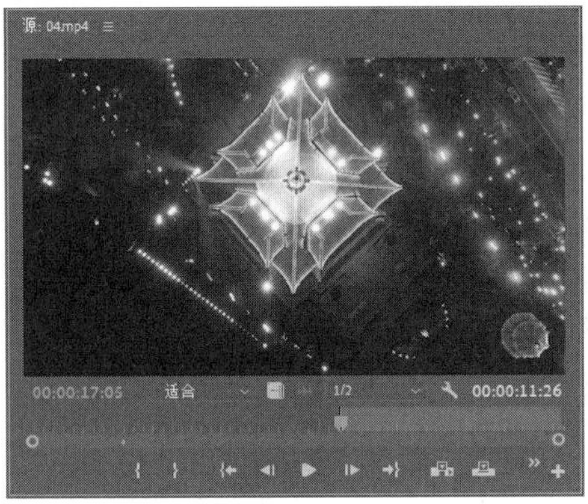

图 2-16

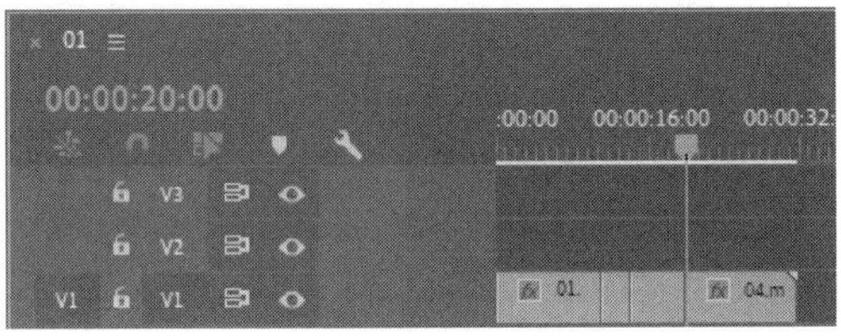

图 2-17

2.1.2 应用监视器窗口

监视器窗口如图 2-18 和图 2-19 所示。Premiere Pro 2020 中有两个监视器窗口——“源”监视器窗口与“节目”监视器窗口，分别用来显示和编辑素材与序列。图 2-18 所示为“源”监视器窗口，用于显示和设置素材文件；图 2-19 所示为“节目”监视器窗口，用于显示和设置序列。

图 2-18

图 2-19

用户可以在“源”监视器窗口和“节目”监视器窗口中设置安全区域,这对编辑要在电视机中播放的影片非常有用。

电视机在播放影片时，屏幕的边缘会切除部分图像，这种现象叫作“溢出扫描”。不同的电视机溢出的扫描量不同，所以，要把图像的重要部分放在安全区域内。在制作影片时，需要将重要的场景元素、演员、图表等放在“运动安全区域”内；将标题、字幕等放在“标题安全区域”内。在图 2-20 中，外侧方框以内的区域为“运动安全区域”，内侧方框以内的区域为“标题安全区域”。

图 2-20

单击“源”监视器窗口或“节目”监视器窗口下方的“安全边距”按钮，可以显示或隐藏监视器窗口中的安全区域。

2.1.3 在监视器窗口中播放素材

在“项目”面板或“时间轴”面板中双击要观看的素材，素材都会自动显示在“源”监视器窗口中。使用监视器窗口下方的工具栏可以对素材进行播放控制，方便查看和剪辑，如图 2-21 所示。

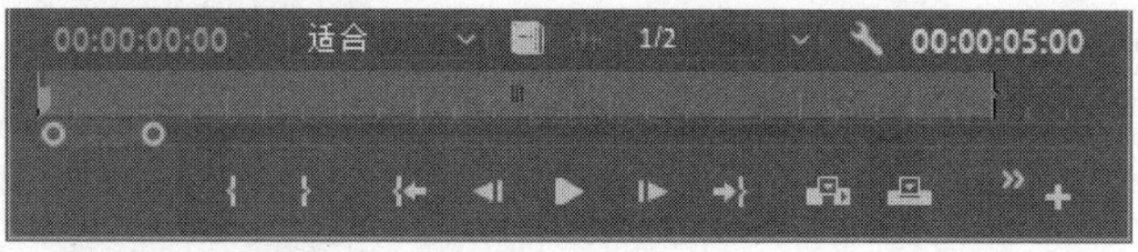

图 2-21

在不同的时间编码模式下，时间的显示形式会有所不同。如果是“无掉帧”模式，各时间单位之间用冒号分隔；如果是“掉帧”模式，各时间单位之间用分号分隔；如果是“帧”模式，时间单位显示为帧数。

将鼠标指针移动到显示时间的区域并单击，可以直接输入数值来改变时间显示，影片画面会自动跳转到输入的时间位置。

如果输入的时间数值之间无间隔符号，如“1234”，则 Premiere Pro 2020 会自动将其识别为帧数，并根据所选用的时间编码，将其换算为相应的时间。

窗口右侧的持续时间计数器显示从影片入点到出点的长度，即影片的持续时间，显示为黑色。

缩放比例列表在“源”监视器窗口和“节目”监视器窗口的正下方，用于改变监视器窗口中影片的显示比例，如图 2-22 所示。选择“适合”选项，则无论监视器窗口大小，影片大小会匹配监视器窗口，影片内容完全显示。

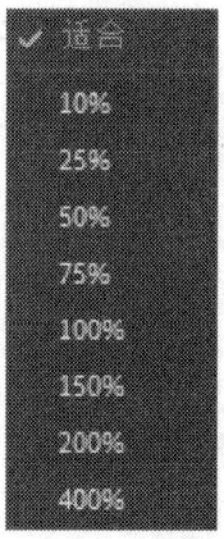

图 2-22

2.1.4 在监视器窗口中剪辑素材

剪辑可以增加或删除帧以改变素材的长度。素材开始帧所在位置被称为入点，素材结束帧所在位置被称为出点。用户可以为素材的视频和音频同时设置入点和出点、为音频单独设置入点和出点，也可以为同一素材的视频和音频单独设置入点和出点。

1. 为素材的视频和音频同时设置入点和出点

（1）在“项目”面板中双击要设置入点和出点的素材，将其在“源”监视器窗口中打开。

（2）在“源”监视器窗口中拖曳时间标签或按空格键，找到要使用的片段的开始位置。

（3）单击“源”监视器窗口下方的“标记入点”按钮或按 I 键，“源”监视器窗口中显示当前素材入点画面，“源”监视器窗口下方显示入点标记，如图 2-23 所示。

（4）继续播放影片，找到要使用的片段的结束位置。单击“源”监视器窗口下方的“标记出点”按钮或按 O 键，“源”监视器窗口下方显示当前素材出点。入点和出点间显示为浅灰色，如图 2-24 所示。

图 2-23

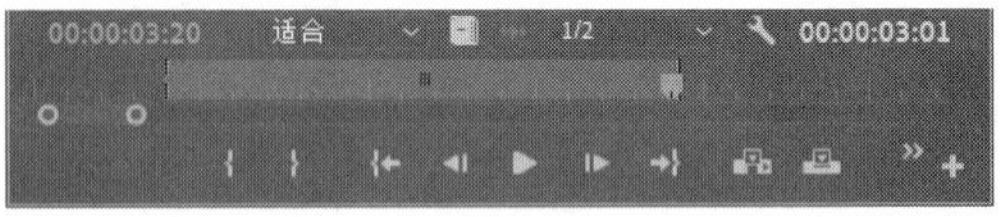

图 2-24

（5）单击“转到入点”按钮可以自动跳转到影片入点的位置，单击“转到出点”按钮可以自动跳转到影片出点的位置。

2. 为音频单独设置入点和出点

当对声音同步要求非常严格时，用户可以为音频素材设置高精度的入点。音频素材的入点可以使用高达 1/600s 的精度来调节。对于音频素材，入点和出点对应波形图的相应位置，如图 2-25 所示。

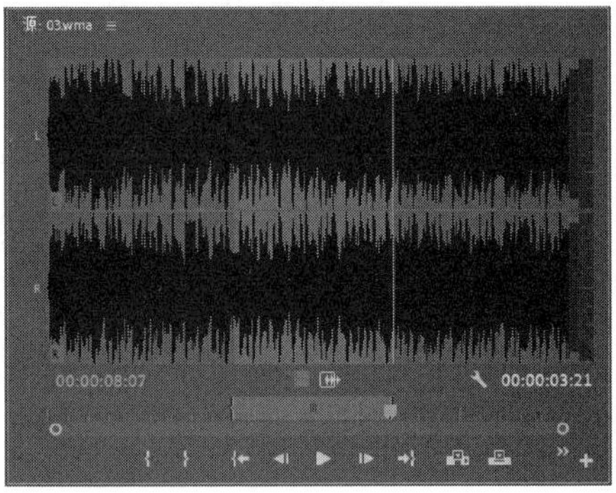

图 2-25

为音频设置入点和出点的方法与视频相同，这里就不再赘述。

3. 为同一素材的视频和音频单独设置入点和出点

将一个同时含有影像和声音的素材拖入“时间轴”面板时，该素材的视频和音频部分会被放到相应的轨道中。

为同一素材的视频和音频部分单独设置入点和出点的具体操作步骤如下。

（1）在“源”监视器窗口中打开要设置入点和出点的素材。

（2）在“源”监视器窗口中拖曳时间标签或按空格键，找到要使用的片段的开始位置和结束位置。选择“标记 > 标记拆分”命令，弹出子菜单，如图 2-26 所示。

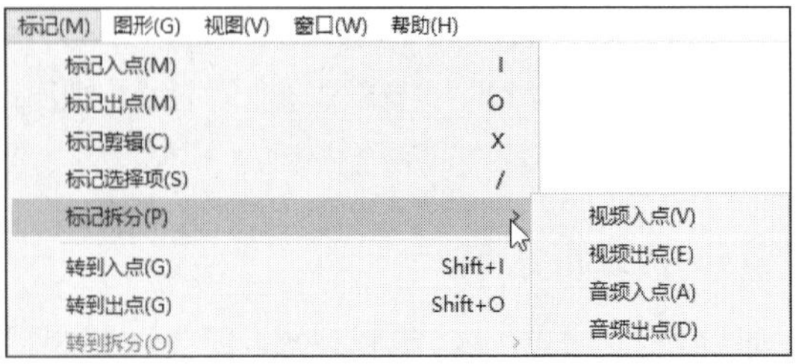

图 2-26

（3）在弹出的子菜单中选择“视频入点”“视频出点”命令，为视频部分设置入点和出点，如

图 2-27 所示。继续播放影片，找到要使用的音频片段的开始位置和结束位置，选择“音频入点”“音频出点”命令，为音频部分设置入点和出点，如图 2-28 所示。

图 2-27

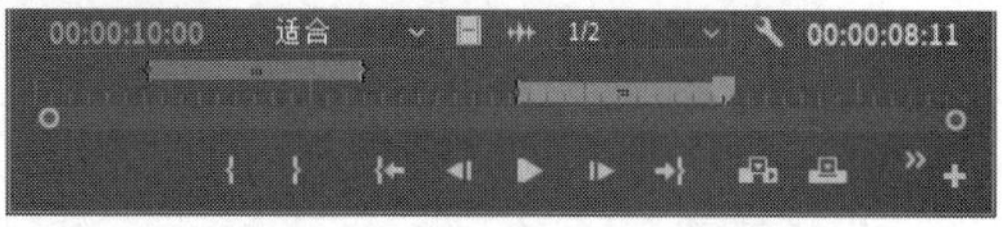

图 2-28

2.1.5　导出单帧图像

单击“节目”监视器窗口下方的“导出帧”按钮，弹出“导出帧”对话框，在“名称”文本框中输入文件名称，在“格式”下拉列表中选择文件格式，设置“路径”选项为文件的保存路径，如图 2-29 所示。设置完成后，单击“确定”按钮，导出当前时间轴上的单帧图像。

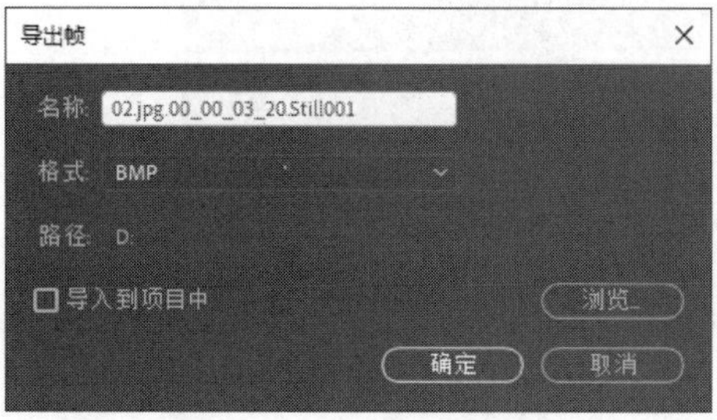

图 2-29

2.1.6　场设置

在编辑视频素材时，可能会遇到交错视频场的问题，它会严重影响视频最终的合成质量。视频格式、采集和回放设备不同，场的优先顺序也是不同的。

在选择场顺序后，应该播放影片，观察影片是否能够平滑地进行播放，如果出现了跳动的现象，则说明场的顺序是错误的。

对于采集或上载的视频素材，一般情况下都要对其进行场分离设置。另外，如果要将计算机中完成的影片输出到电视机播放，在输出前也要对场进行设置，输出到电视机播放的影片都是具有场的。用户也可以为没有场的影片添加场，如使用三维动画软件输出的影片，在输出前为其添加场，用户可以在渲染设置中进行设置。

一般情况下，在新建项目的时候就要指定正确的场顺序，这里的顺序一般要按照影片的输出设备来设置。在“新建序列”对话框中切换到“设置”选项卡，在“视频”选项区域“场”下拉列表中指定编辑影片所使用的场方式，如图 2-30 所示。在编辑交错场时，要根据相关的视频硬件显示奇偶场的顺序，选择“高场优先”或者“低场优先”选项。在输出影片的时候，也有类似的选项设置。

如果在编辑过程中得到的素材场顺序不同，则必须使其统一，并符合编辑输出的场设置。调整方法是：在“时间轴”面板中的素材上单击鼠标右键，在弹出的快捷菜单中选择“场选项”命令，在弹出的“场选项”对话框中进行设置，如图 2-31 所示。

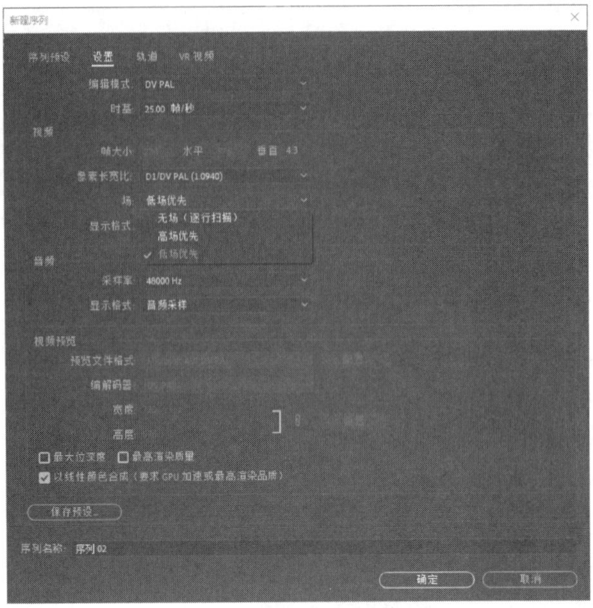

图 2-30

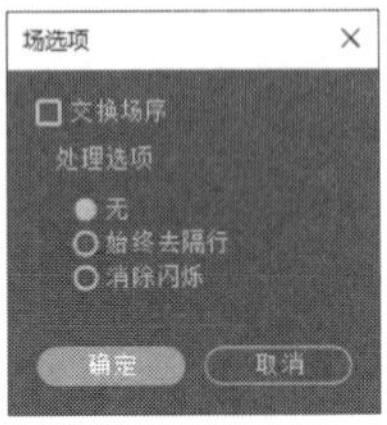

图 2-31

交换场序：如果素材场顺序与视频采集卡顺序相反，则勾选此复选框。

无：不处理素材场控制。

始终去隔行：将非交错场转换为交错场。

消除闪烁：该单选项用于消除细水平线的闪烁。当该单选项没有被选中时，一条粗细只有 1 像素的水平线只在两场中的一场出现，则在回放时会导致闪烁；选中该单选项，将使水平线的百分比增加或降低以混合水平线，使 1 像素粗细的水平线在视频的两场中都出现。在有字幕时，一般都要选中该单选项。

2.2 使用“时间轴”面板编辑素材

在 Premiere Pro 2020 中，使用“时间轴”面板可以剪辑素材、改变素材的速度/持续时间、创建帧定格、编辑标记、粘贴素材及属性，还可以切割素材、插入和覆盖素材、提升和提取素材、删除素材等。

2.2.1 课堂案例——重组番茄的故事宣传片

微课视频

扫码观看
本案例视频

案例学习目标

学习使用“导入”命令和“插入”按钮编辑视频素材。

案例知识要点

使用“导入”命令导入视频文件，使用“效果控件”面板调整文件大小，使用“插入”按钮插入视频文件，最终效果如图 2-32 所示。

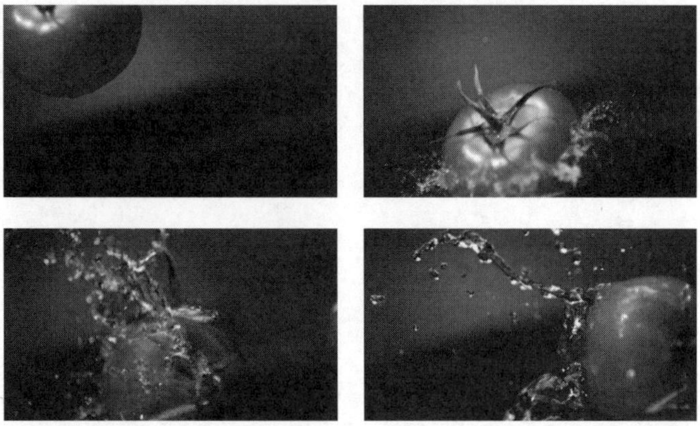

图 2-32

扩展案例

效果所在位置

Ch02/重组番茄的故事宣传片/重组番茄的故事宣传片. prproj。

（1）启动 Premiere Pro 2020，选择“文件 > 新建 > 项目”命令，弹出“新建项目”对话框，如图 2-33 所示，单击“确定”按钮，新建项目。选择“文件 > 新建 > 序列”命令，弹出“新建序列”对话框，切换至“设置”选项卡，其中各选项的设置如图 2-34 所示，单击“确定”按钮，新建序列。

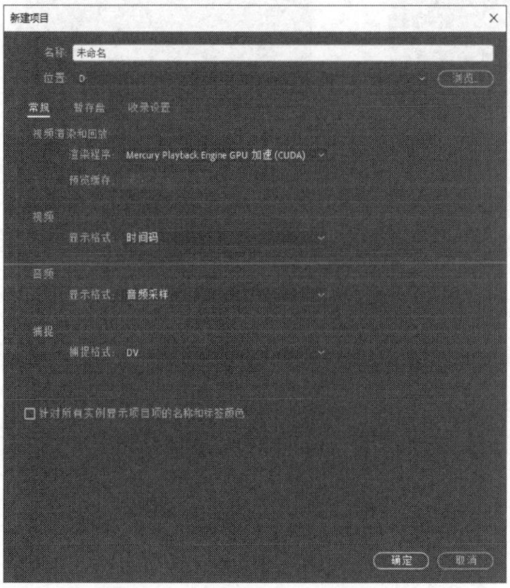

图 2-33

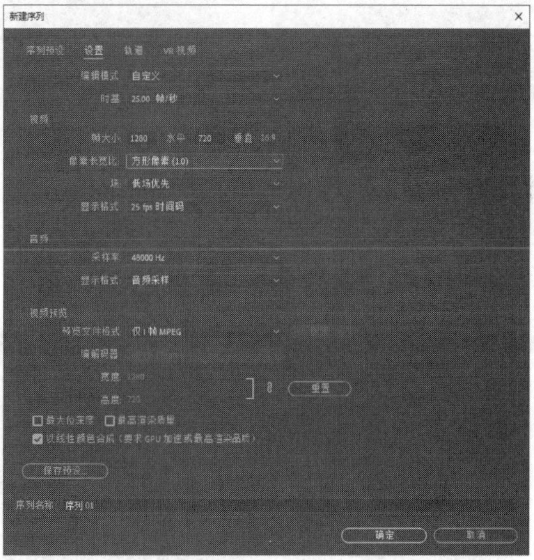

图 2-34

（2）选择“文件 > 导入”命令，弹出“导入”对话框，选择本书云盘中的“Ch02/重组番茄的故事宣传片/素材/01～02”文件，如图 2-35 所示。单击“打开”按钮，将素材文件导入“项目”面板中，如图 2-36 所示。

（3）在“项目”面板中，选中“01”文件并将其拖曳到“时间轴”面板中，如图 2-37 所示。选择“时间轴”面板中的“01”文件。在“效果控件”面板中展开“运动”选项，将“缩放”选项设置为 170.0，如图 2-38 所示。

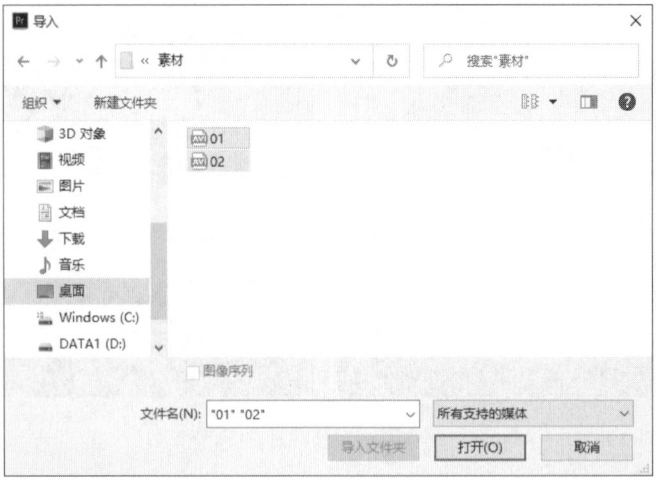

图 2-35

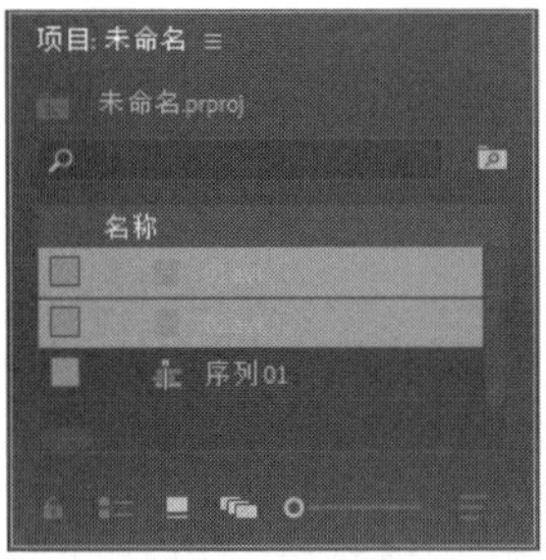

图 2-36

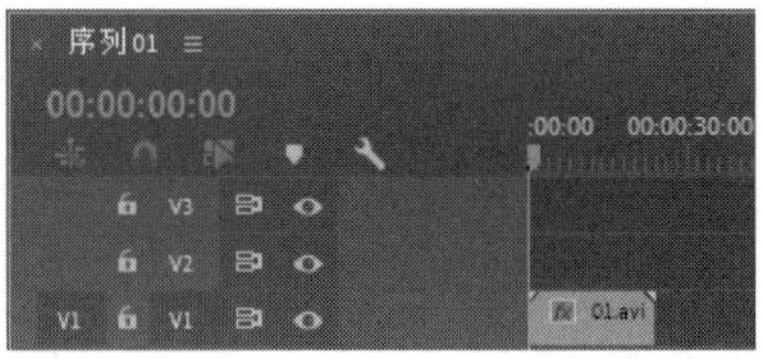

图 2-37

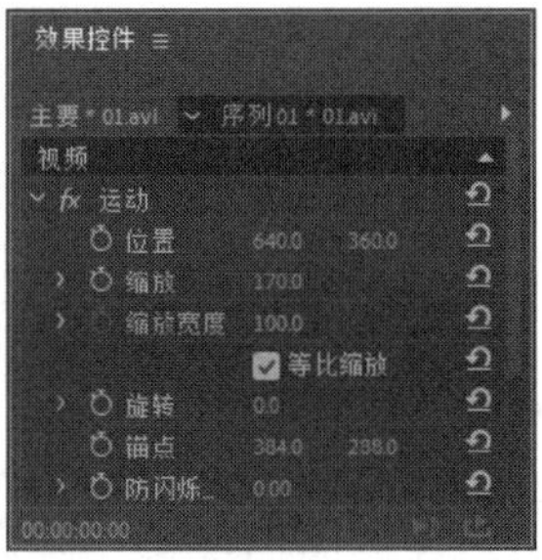

图 2-38

（4）将时间标签放置在 00:00:06:00 处。在“项目”面板中双击“02”文件，将其在“源”监视器窗口中打开，如图 2-39 所示。单击“源”监视器窗口下方的“插入”按钮，将“02”文件插入“时间轴”面板中，如图 2-40 所示。

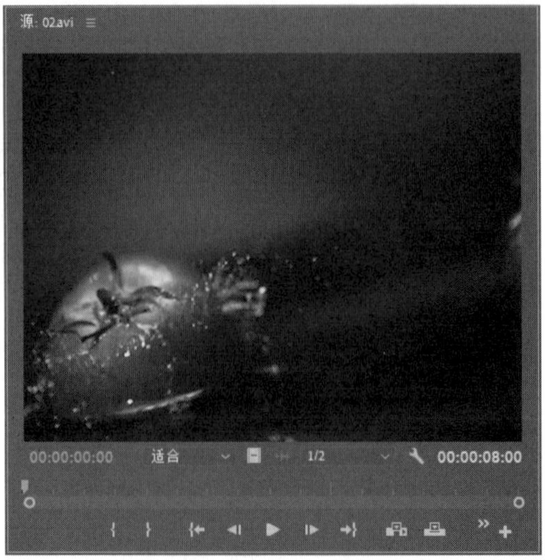

图 2-39

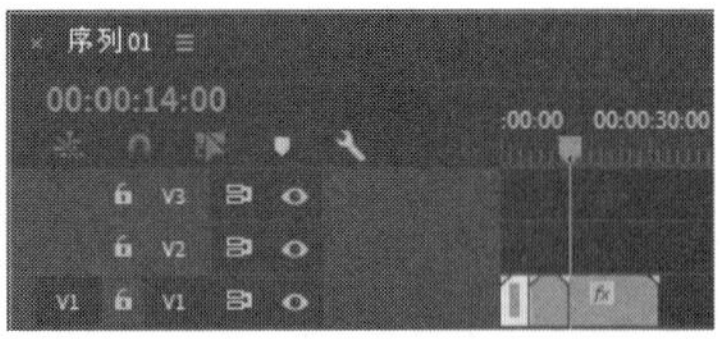

图 2-40

（5）将时间标签放置在 00:00:25:00 处。在“视频 1（V1）”轨道上选中“01”文件，将鼠标指针放在“01”文件的结束位置，单击显示编辑点。当鼠标指针呈状时，向左拖曳到 00:00:25:00 处，如图 2-41 所示。

（6）选择“时间轴”面板中的“02”文件。在“效果控件”面板中展开“运动”选项，将“缩放”选项设置为 170.0，如图 2-42 所示。番茄的故事宣传片重组完成。

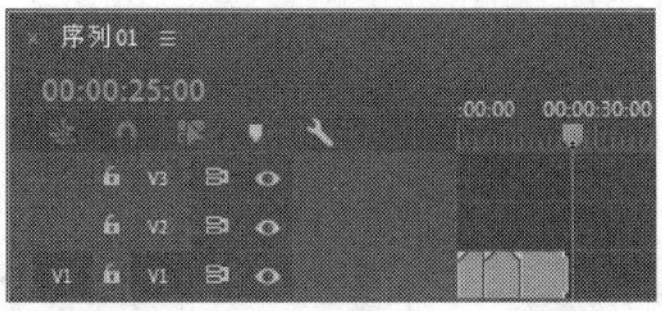

图 2-41

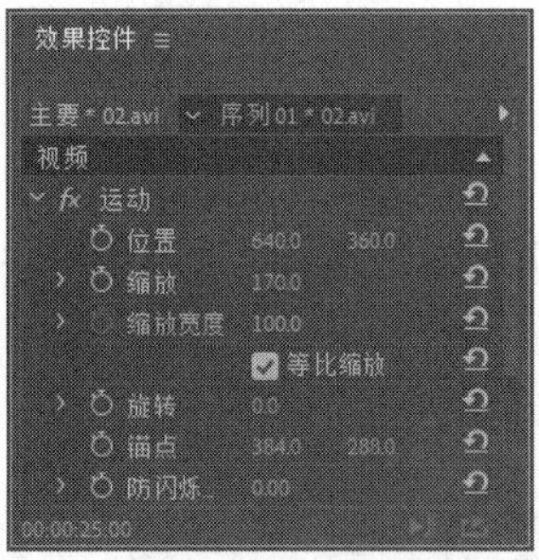

图 2-42

2.2.2 在“时间轴”面板中剪辑素材

Premiere Pro 2020 提供了多种编辑片段的工具，下面介绍这些编辑工具的具体用法。

1. 选择素材

（1）选择“选择工具”，在“时间轴”面板中单击可以直接选择剪辑素材，如图 2-43 所示；按住 Alt 键的同时可以单独选择剪辑素材的音频部分或视频部分，如图 2-44 所示；按住 Shift 键的同时单击要选择的素材，可以同时选择多个剪辑素材，如图 2-45 所示。

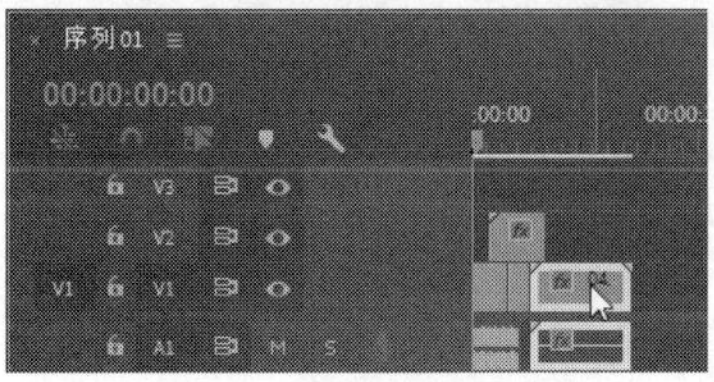

图 2-43

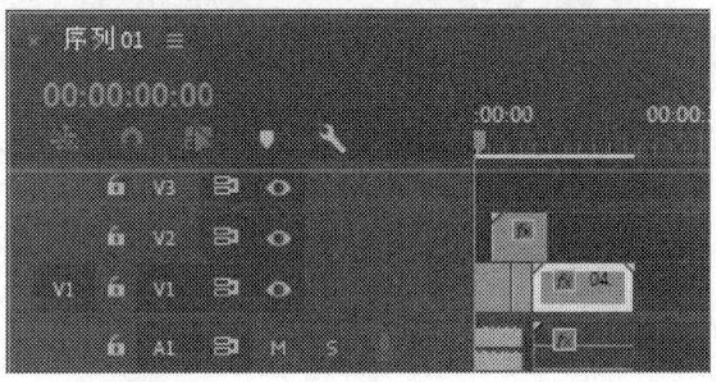

图 2-44

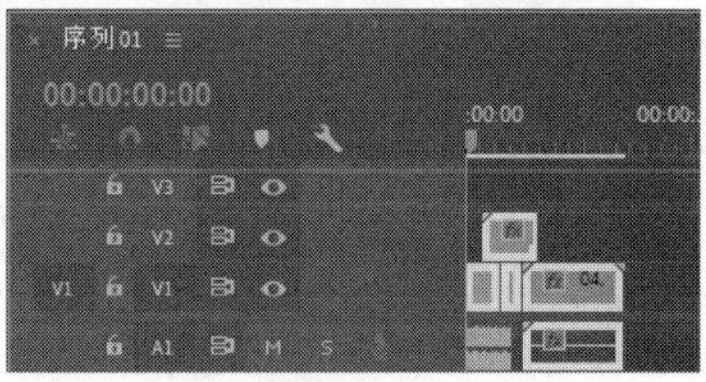

图 2-45

（2）选择“向前选择轨道工具”，在“时间轴”面板中单击可以选择时间标签右侧的所有剪辑，如图 2-46 所示。按住 Shift 键的同时单击，可以选择当前轨道中时间标签右侧的所有剪辑，如图 2-47 所示。

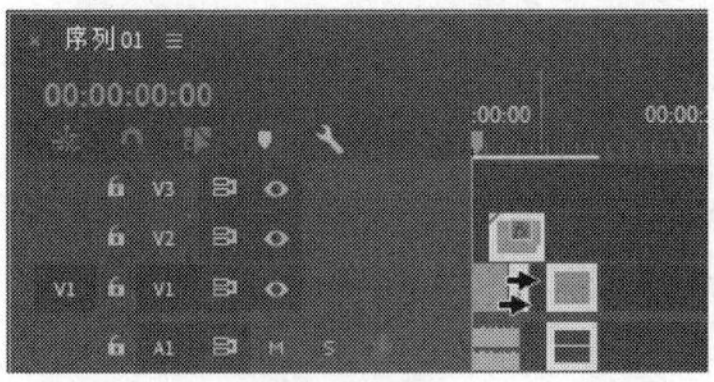

图 2-46

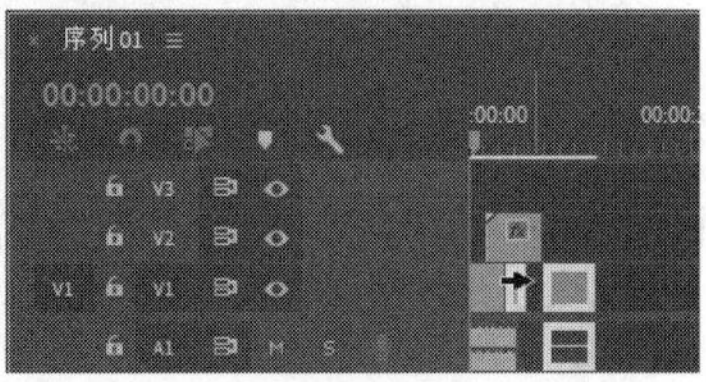

图 2-47

（3）选择“向后选择轨道工具”，可以选择时间标签左侧的所有剪辑。具体操作与“向前选择轨道工具”相同，这里就不再赘述。

2. 剪辑素材

（1）将鼠标指针放置在素材文件的开始位置，当鼠标指针呈状时单击，显示编辑点，向右拖曳到适当的位置，如图 2-48 所示。将鼠标指针放置在素材文件的结束位置，当鼠标指针呈状时单击，显示编辑点，向左拖曳到适当的位置，如图 2-49 所示。

（2）选择“波纹编辑工具”，将鼠标指针放置在素材文件的开始位置，当鼠标指针呈状时单击，显示编辑点，向右拖曳到适当的位置，如图 2-50 所示，右侧的剪辑素材发生位移。将鼠标指针放置在素材文件的结束位置，当鼠标指针呈状时单击，显示编辑点，向左拖曳到适当的位置，如图 2-51 所示，右侧的剪辑素材发生位移。

（3）选择“滚动编辑工具”，在“时间轴”面板中将鼠标指针置于两个剪辑素材之间并单击，向左拖曳鼠标调整素材，如图 2-52 所示。按住 Alt 键的同时单击，向右拖曳鼠标，只影响链接剪辑素材的视频部分，如图 2-53 所示。

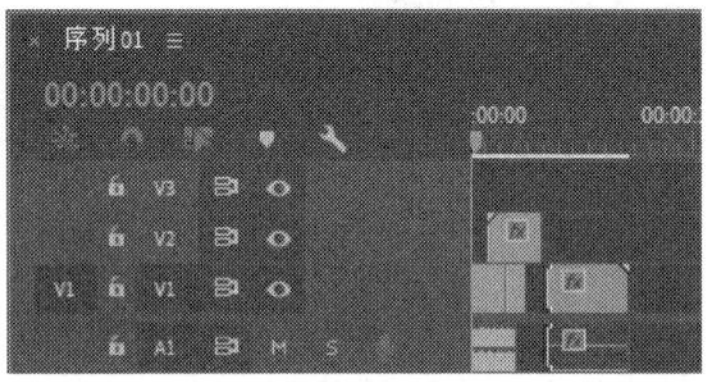

图 2-48

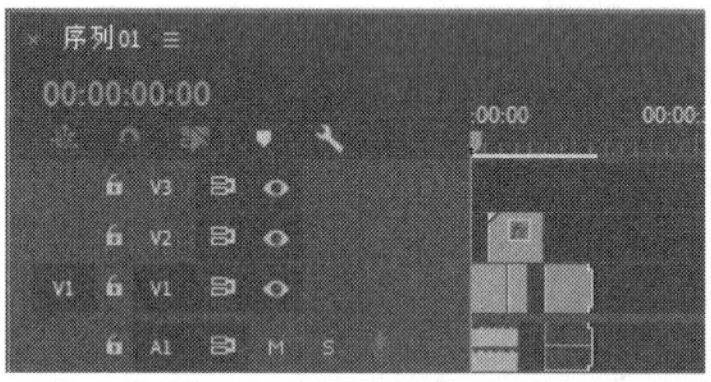

图 2-49

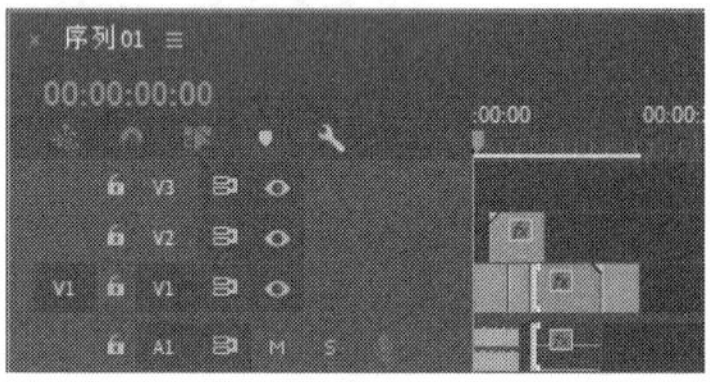

图 2-50

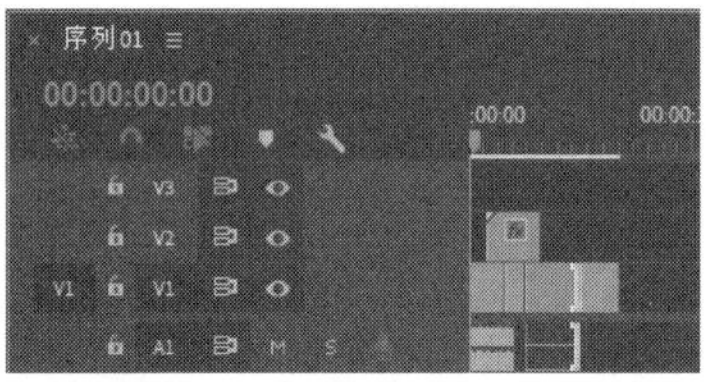

图 2-51

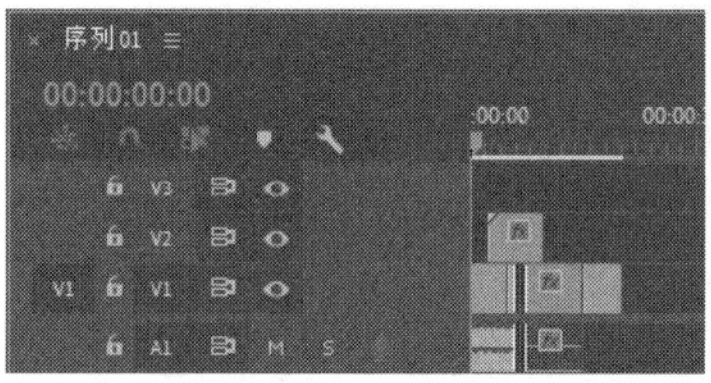

图 2-52

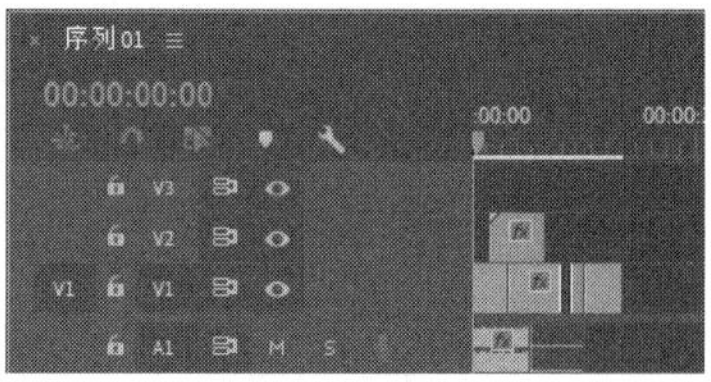

图 2-53

（4）选择“外滑工具”，将鼠标指针置于要调整的剪辑素材上，向左拖曳可以将剪辑素材的入点和出点后移，如图 2-54 所示，“节目”监视器窗口如图 2-55 所示。向右拖曳可以将剪辑素材的入点和出点前移。

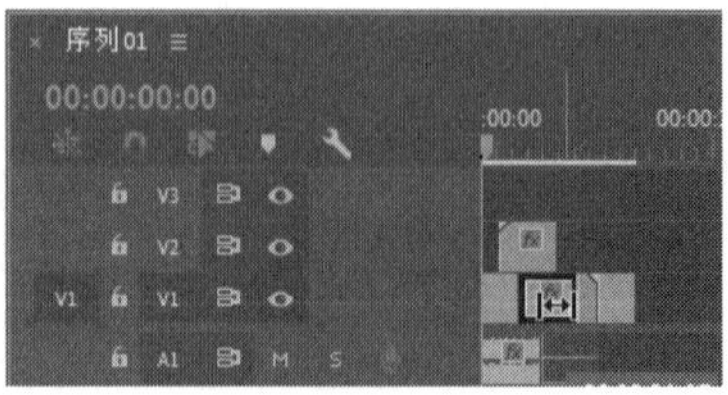

图 2-54

图 2-55

（5）选择“内滑工具”，将鼠标指针置于要调整的剪辑素材上，向左拖曳可以将前一个剪辑素材的出点和后一个剪辑素材的入点前移，如图 2-56 所示，“节目”监视器窗口如图 2-57 所示。

向右拖曳可以将前一个剪辑素材的出点和后一个剪辑素材的入点后移。

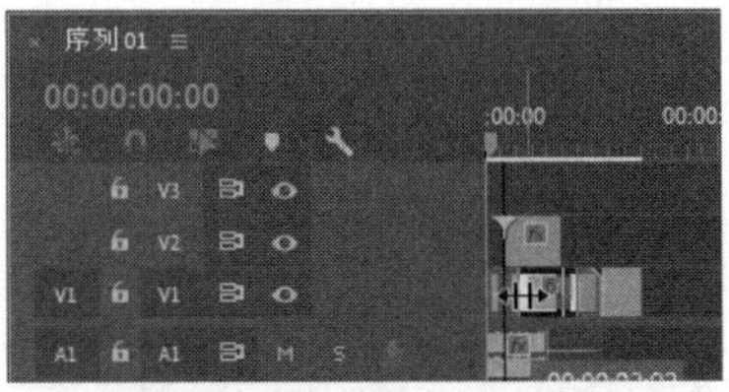

图 2-56

图 2-57

2.2.3 改变素材的播放速度

在 Premiere Pro 2020 中，用户可以根据需求更改片段的播放速度，具体操作步骤如下。

1. 使用“速度/持续时间”命令调整播放速度

在“时间轴”面板中的某一个文件上单击鼠标右键，在弹出的快捷菜单中选择“速度/持续时间”命令，弹出图 2-58 所示的对话框。设置完成后，单击“确定”按钮，完成更改。

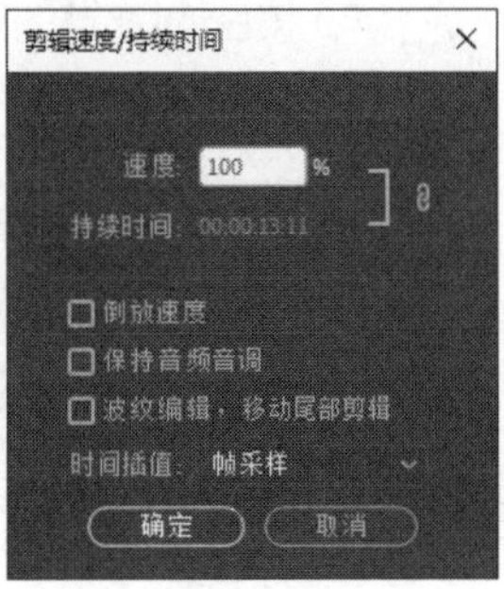

图 2-58

速度：在此设置播放速度的百分比，以决定影片的播放速度。

持续时间：单击选项右侧的时间码，修改时间值。时间值越大，影片的播放速度越慢；时间值越小，影片的播放速度越快。

倒放速度：勾选此复选框，影片将反向播放。

保持音频音调：勾选此复选框，将保持影片的音频播放速度不变。

波纹编辑，移动尾部剪辑：勾选此复选框，对剪辑素材进行调整后，右侧的素材保持跟随。

时间插值：选择更改速度后的时间插值，包含帧采样、帧混合和光流法。

2. 使用“比率拉伸工具”调整播放速度

选择“比率拉伸工具”，将鼠标指针放置在素材文件的开始位置，当鼠标指针呈状时单击，显示编辑点，向左拖曳到适当的位置，如图 2-59 所示，调整影片播放速度。当鼠标指针呈状时单击，显示编辑点，向右拖曳到适当的位置，如图 2-60 所示，调整影片播放速度。

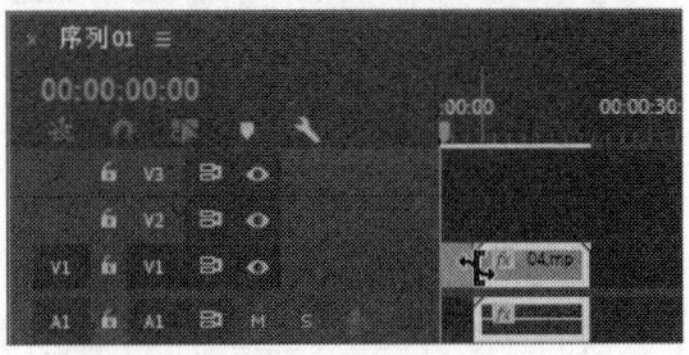

图 2-59

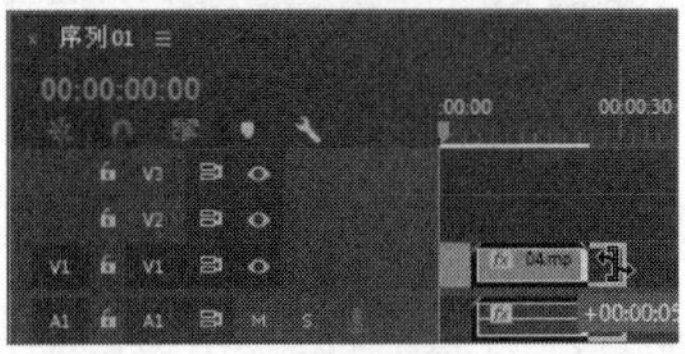

图 2-60

3. 使用速度线调整播放速度

（1）在“时间轴”面板中选择素材文件，如图 2-61 所示。在素材文件上单击鼠标右键，在弹出的快捷菜单中选择“显示剪辑关键帧 > 时间重映射 > 速度”命令，效果如图 2-62 所示。

图 2-61

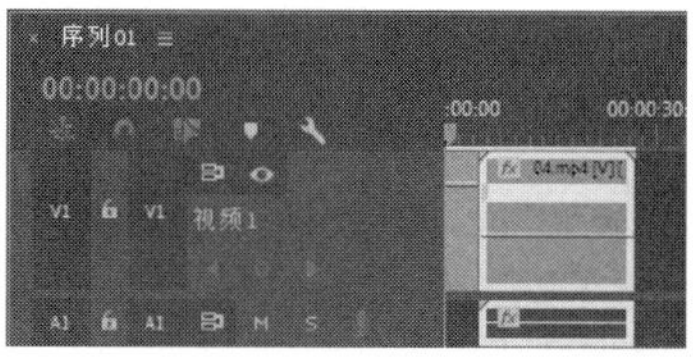

图 2-62

（2）向下拖曳中心的速度水平线，调整影片播放速度，如图 2-63 所示。松开鼠标，效果如图 2-64 所示。

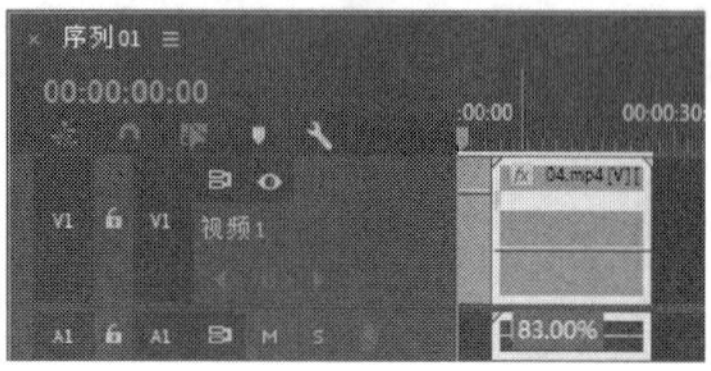

图 2-63

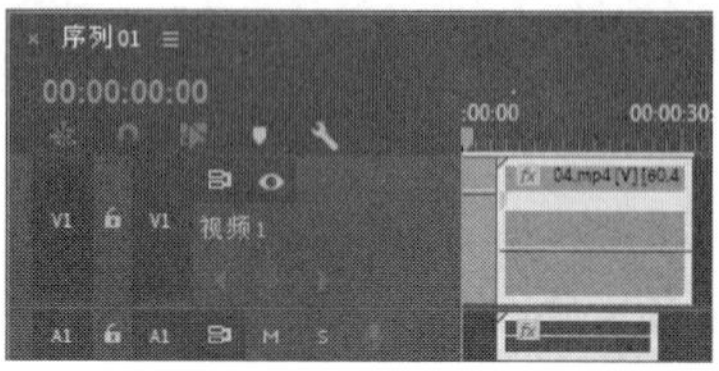

图 2-64

（3）按住 Ctrl 键的同时，在速度水平线上单击，生成关键帧，如图 2-65 所示；用相同的方法再次添加关键帧，效果如图 2-66 所示。

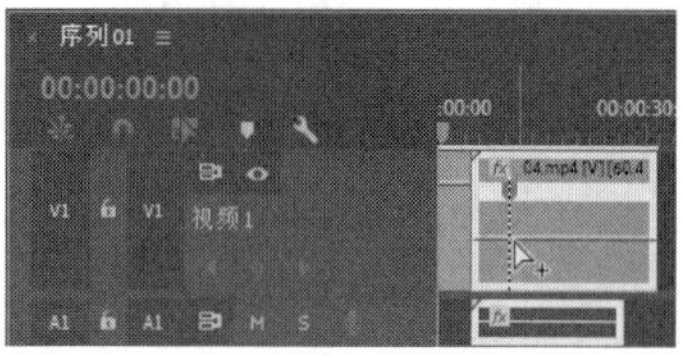

图 2-65

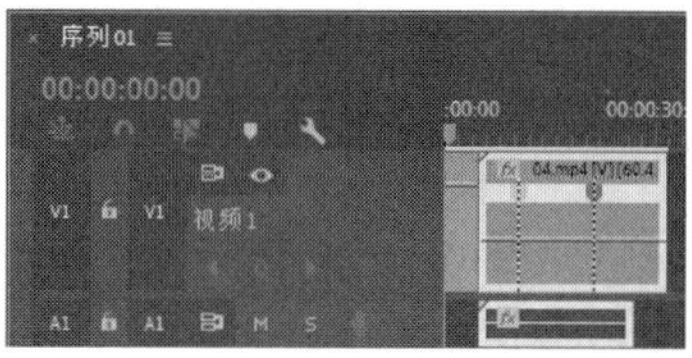

图 2-66

（4）向上拖曳关键帧中间的速度水平线，调整影片播放速度，如图 2-67 所示。拖曳第 2 个关键帧的右半部分，拆分关键帧，效果如图 2-68 所示。

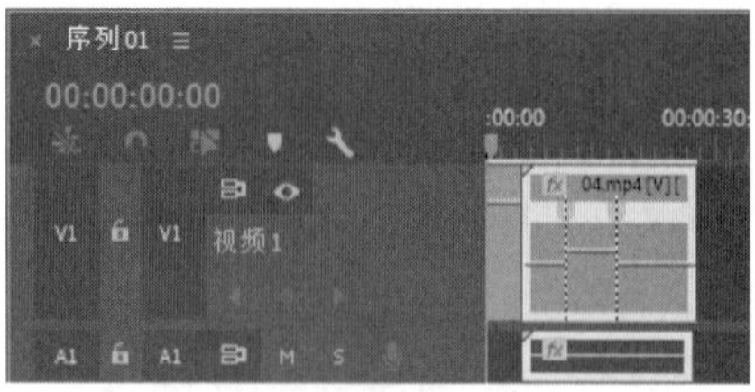

图 2-67

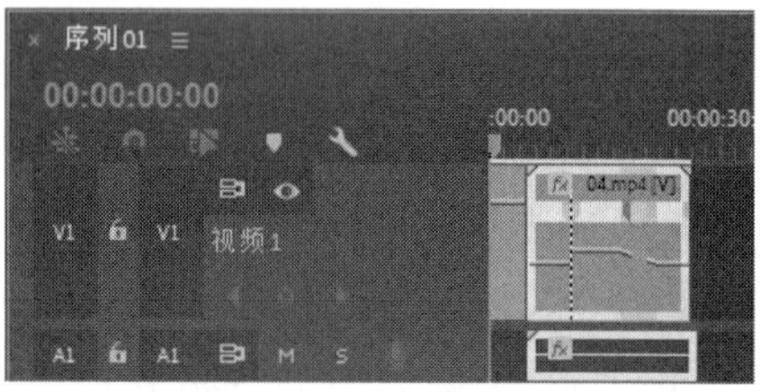

图 2-68

2.2.4　创建帧定格

冻结片段中的某一帧，则会以静帧方式显示该帧的画面，就好像使用了一幅静止图像，被冻结的帧也可以是片段开始点或结束点。创建帧定格的具体操作步骤如下。

（1）单击“时间轴”面板中的某一个影片片段。移动时间轴中的时间标签到需要冻结的某一帧处，如图 2-69 所示。

（2）为了确保片段仍处于选中状态，在该片段上单击鼠标右键，在弹出的快捷菜单中选择“帧定格选项”命令，弹出图 2–70 所示的对话框。

（3）勾选“定格位置”复选框，在右侧的下拉列表中根据源时间码、序列时间码、入点、出点或者播放指示器位置选择帧，如图 2–71 所示。

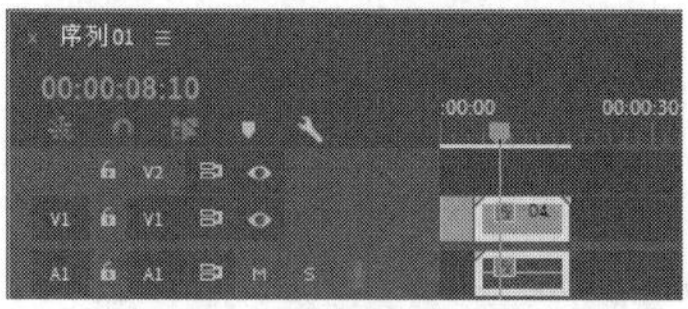

图 2–69

图 2–70

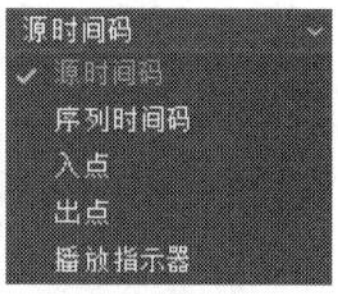

图 2–71

（4）勾选“定格滤镜”复选框，可以使冻结的帧画面依然保持使用滤镜后的效果。

（5）单击“确定”按钮完成创建。

2.2.5 编辑标记

为了查看素材中帧与帧之间是否对齐，用户需要在素材或标尺上做一些标记。

1. 添加标记

为影片添加标记的具体操作步骤如下。

（1）将“时间轴”面板中的时间标签移到需要添加标记的位置，单击面板中左上方的“添加标记”按钮，该标记将被添加到时间标签停放的地方，如图 2–72 所示。

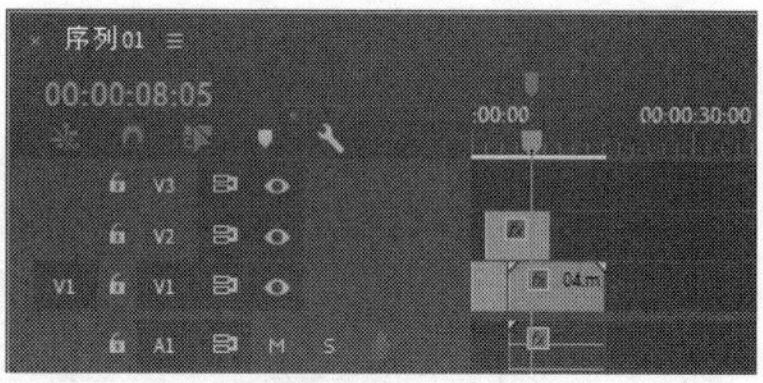

图 2–72

（2）如果“时间轴”面板左上方的“对齐”按钮处于选中状态，将一个素材拖曳到轨道标记处，素材的入点将会自动与标记对齐。

2. 跳转标记

在“时间轴”面板中的时间标尺上单击鼠标右键，在弹出的快捷菜单中选择“转到下一个标记”命令，时间标签会自动跳转到下一标记；选择“转到上一个标记”命令，时间标签会自动跳转到上一个标记，如图 2–73 所示。

图 2–73

3. 删除标记

如果用户在使用标记的过程中发现不需要的标记，可以将其删除，具体的删除步骤如下。

选择要删除的标记在“时间轴”面板中的时间标尺上单击鼠标右键，在弹出的快捷菜单中选择“清除所选的标记”命令，如图 2–74 所示，可清除当前所选的标记；选择“清除所有标记”命令，即可将“时间轴”面板中的所有标记清除。

图 2–74

2.2.6 粘贴素材及属性

Premiere Pro 2020 提供了标准的 Windows 编辑命令，用于剪切、复制和粘贴素材，这些命令都在“编辑”菜单中。

1. “粘贴插入”命令

使用“粘贴插入”命令的具体操作步骤如下。

（1）在“时间轴”面板中选择影片素材，选择“编辑 > 复制”命令。

（2）在“时间轴”面板中将时间标签移动到需要粘贴素材的位置，如图 2-75 所示。

（3）选择“编辑 > 粘贴插入”命令，复制的影片被粘贴到时间标签所在位置，其后的影片等距离后退，如图 2-76 所示。

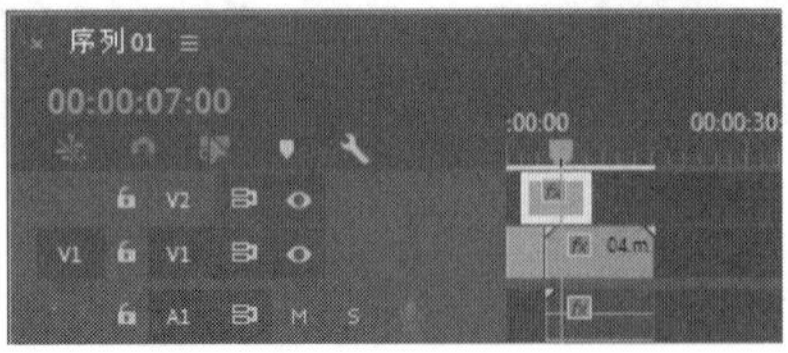

图 2-75

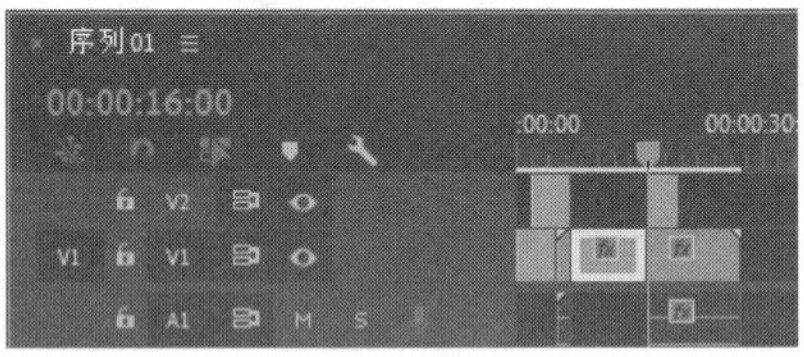

图 2-76

2. “粘贴属性”命令

使用“粘贴属性”命令的具体操作步骤如下。

（1）在“时间轴”面板中选择影片素材，设置“不透明度”选项，并添加视频效果，如图 2-77 所示。在影片素材上单击鼠标右键，在弹出的快捷菜单中选择“复制”命令，如图 2-78 所示。

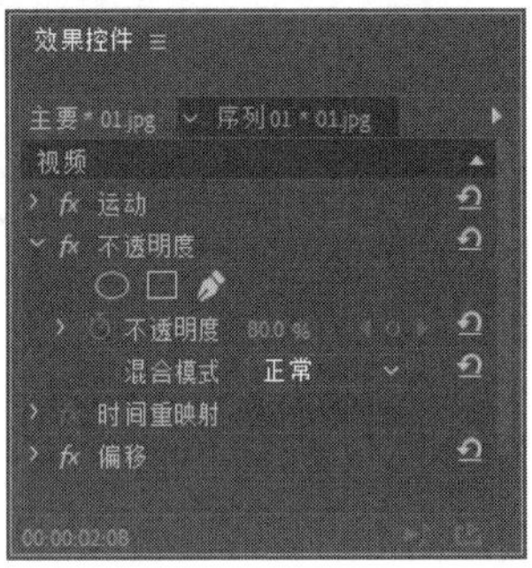

图 2-77

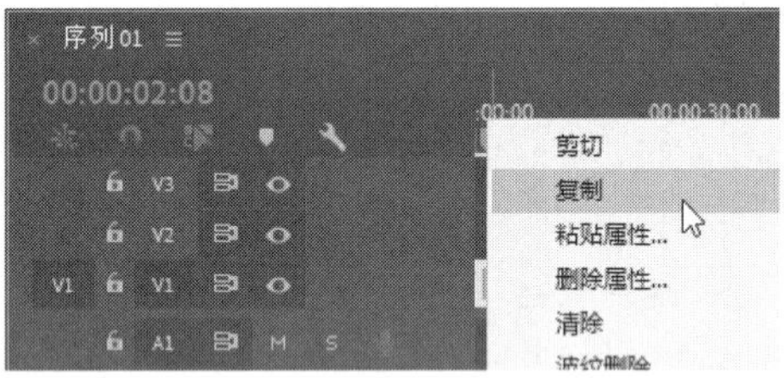

图 2-78

（2）框选需要粘贴属性的素材文件，如图 2-79 所示。在影片素材上单击鼠标右键，在弹出的快捷菜单中选择“粘贴属性”命令，如图 2-80 所示。

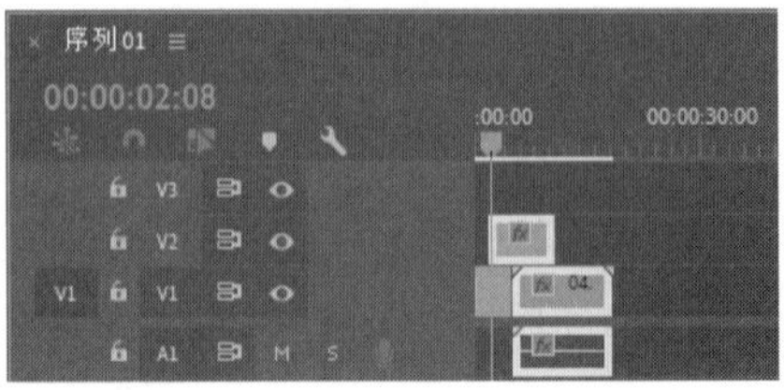

图 2-79

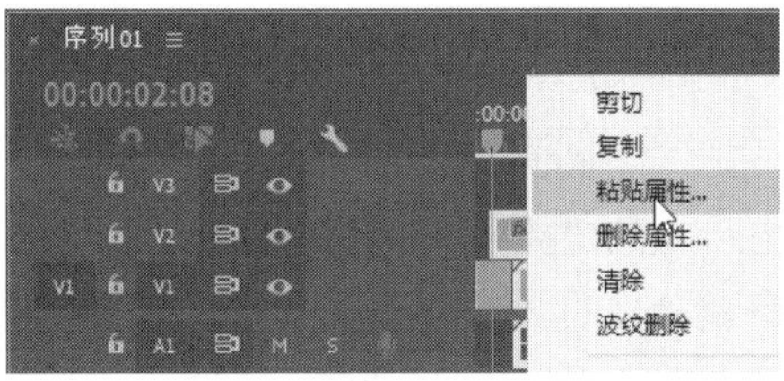

图 2-80

（3）弹出“粘贴属性”对话框，设置如图 2-81 所示，单击“确定”按钮，可以将设置的“不透明度”选项和添加的视频效果粘贴到“02”文件和“04”文件上，如图 2-82 和图 2-83 所示。使用“粘贴属性”命令不仅可以粘贴视频属性（运动、不透明度、时间重映射、偏移等），还可以粘贴音频属性（音量、声道音量、声像器、效果）。

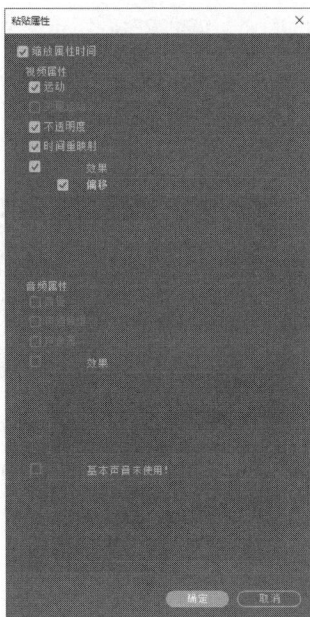

图 2-81

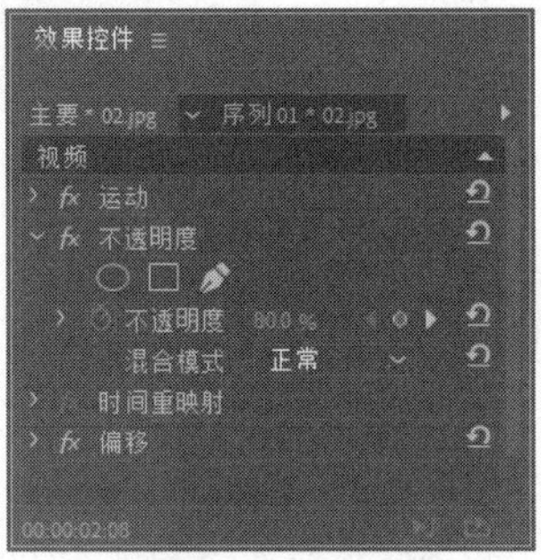

图 2-82

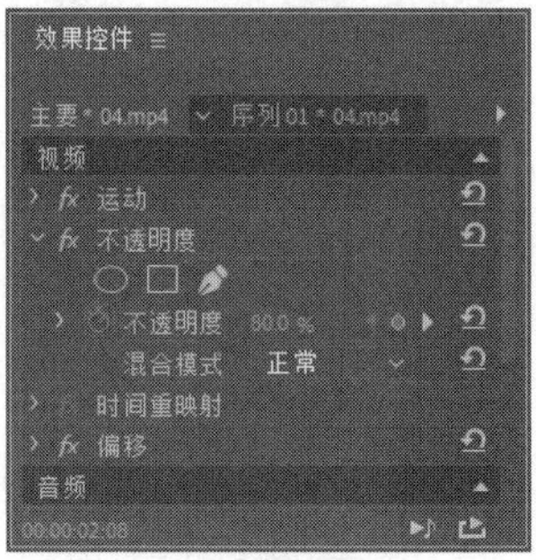

图 2-83

2.2.7 切割素材

在 Premiere Pro 2020 中，当素材被添加到“时间轴”面板中的轨道后，有时需要对素材进行切割才能进行操作，可以使用“工具”面板中的“剃刀”工具来完成。具体操作步骤如下。

（1）选择“剃刀工具”。

（2）将鼠标指针移到“时间轴”面板中的某一素材上并单击，该素材即被切割为两个素材，每一个素材都有独立的长度及入点与出点，如图 2-84 所示。

（3）如果要将多个轨道上的素材在同一点分割，则按住 Shift 键就会显示多重刀片，轨道上所有未锁定的素材都在该位置被分割为两段，如图 2-85 所示。

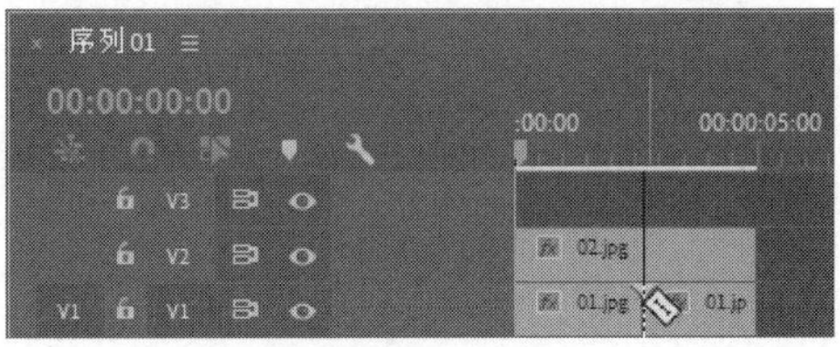

图 2-84

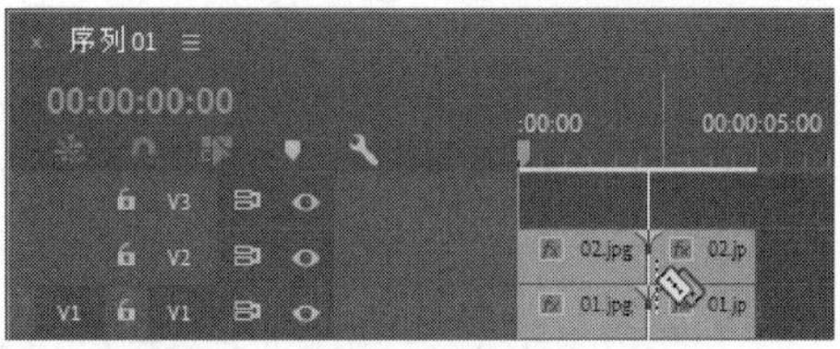

图 2-85

2.2.8 插入和覆盖素材

“插入”按钮和“覆盖”按钮用于将“源”监视器窗口中的片段直接置入“时间轴”面板中的时间标签所在位置的当前轨道中。

1. 插入素材

使用“插入”按钮插入素材的具体操作步骤如下。

（1）在“源”监视器窗口中选中要插入“时间轴”面板中的素材并为其设置入点和出点。

（2）在“时间轴”面板中将时间标签移动到需要插入素材的时间点，如图 2-86 所示。

（3）单击“源”监视器窗口下方的“插入”按钮，将选择的素材插入“时间轴”面板中，插入的素材会把原有素材分为两段，原有素材的后半部分将会后移，接在插入的素材之后，效果如图 2-87 所示。

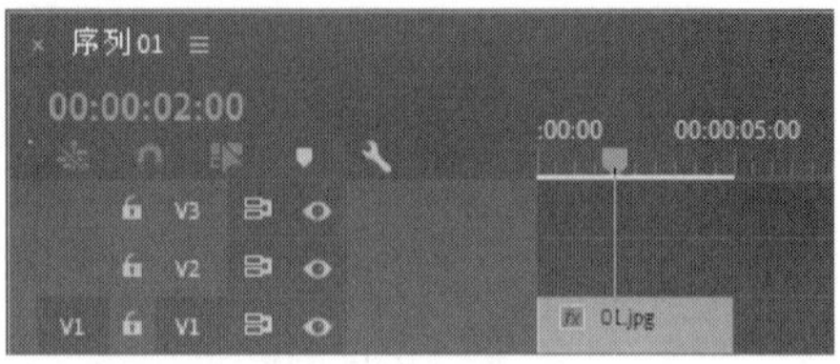

图 2-86

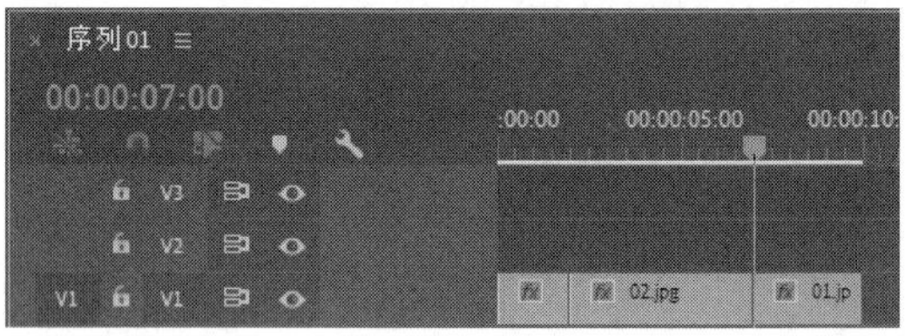

图 2-87

2. **覆盖素材**

使用“覆盖”按钮插入素材的具体操作步骤如下。

（1）在“源”监视器窗口中选中要插入“时间轴”面板中的素材并为其设置入点和出点。

（2）在“时间轴”面板中将时间标签移动到需要插入素材的时间点，如图 2-88 所示。

（3）单击“源”监视器窗口下方的“覆盖”按钮，将选择的素材插入“时间轴”面板中，插入的素材在时间标签处将覆盖原有素材，如图 2-89 所示。

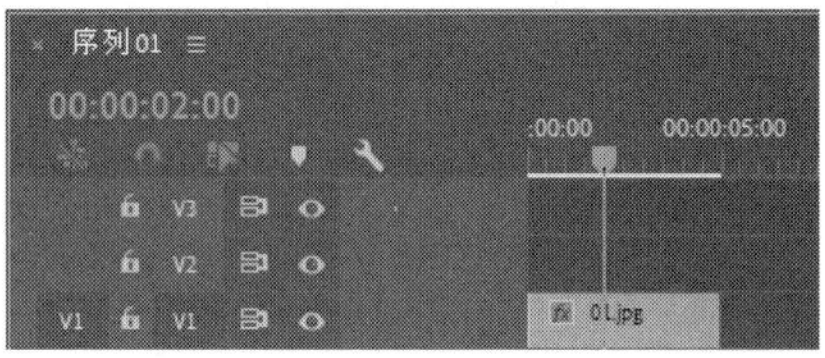

图 2-88

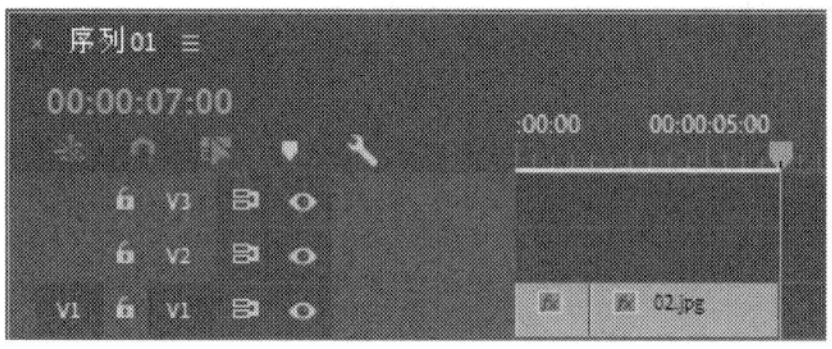

图 2-89

2.2.9 提升和提取素材

使用“提升”按钮和“提取”按钮可以在“时间轴”面板的指定轨道上删除指定的一段素材。

1. **提升素材**

使用“提升”按钮提升素材的具体操作步骤如下。

（1）在“节目”监视器窗口中为素材需要提取的部分设置入点、出点。设置的入点和出点同时显示在“时间轴”面板的时间标尺上，如图 2-90 所示。

（2）在“时间轴”面板中提升素材的目标轨道。

（3）单击“节目”监视器窗口下方的“提升”按钮，入点和出点之间的素材被删除，删除素材后的区域变为空白，如图 2-91 所示。

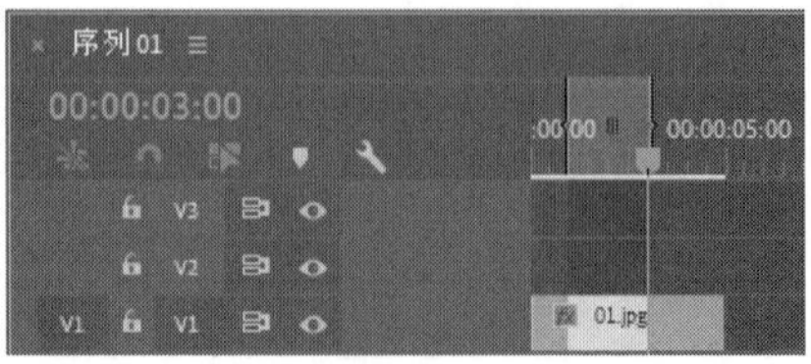

图 2-90

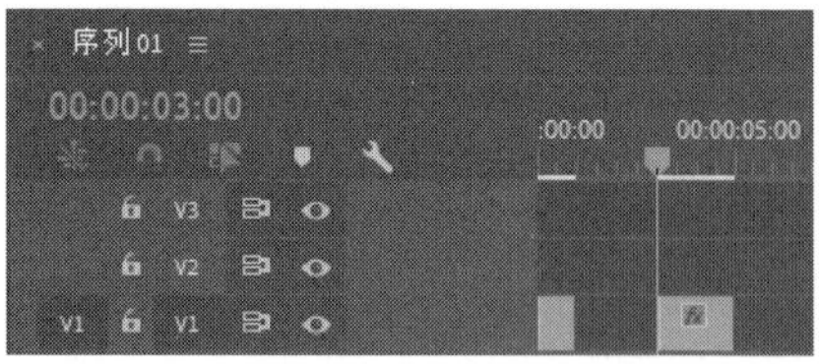

图 2-91

2. 提取素材

使用“提取”按钮提取素材的具体操作步骤如下。

（1）在“节目”监视器窗口中为素材需要提取的部分设置入点、出点。设置的入点和出点同时显示在“时间轴”面板的时间标尺上。

（2）单击“节目”监视器窗口下方的“提取”按钮，入点和出点之间的素材被删除，其后面的素材自动前移，填补空缺，如图2-92所示。

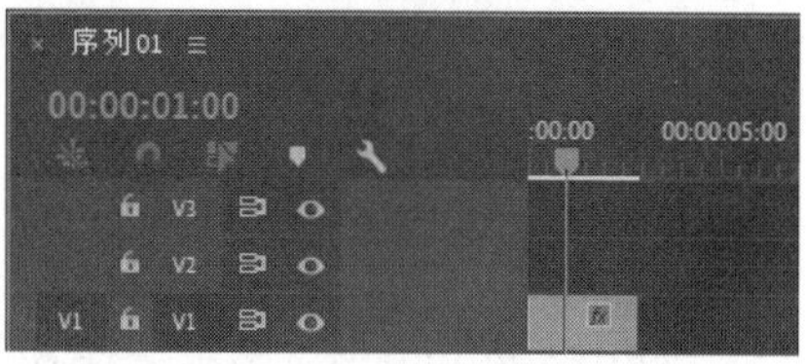

图2-92

2.2.10 删除素材

如果用户决定不使用“时间轴”面板中的某个素材，则可以在“时间轴”面板中将其删除。从“时间轴”面板中删除的素材并不会从“项目”面板中删除。

1. 删除素材

删除素材的具体操作步骤如下。

（1）在“时间轴”面板中选择一个或多个素材。

（2）按Delete键或选择“编辑 > 清除”命令。

2. 波纹删除素材

波纹删除素材的具体操作步骤如下。

（1）在“时间轴”面板中选择一个或多个素材。

（2）单击素材鼠标右键，在弹出的快捷菜单中选择“波纹删除”命令。

提示

如果不希望其他轨道的素材移动，可以锁定相应轨道。

2.3 群组素材

在项目编辑工作中，经常需要对多个素材进行整体操作。使用“编组”命令可以将多个片段组合为一个整体，再进行移动和复制等操作。

建立群组素材的具体操作步骤如下。

（1）在“时间轴”面板中框选要群组的素材。按住Shift键再次单击，可以加选素材。

（2）在选定的素材上单击鼠标右键，在弹出的快捷菜单中选择“编组”命令，选定的素材被群组。

素材被群组后就会作为一个整体被移动和复制等。如果要取消群组效果，可以在群组素材上单击鼠标右键，在弹出的快捷菜单中选择“取消编组”命令。

2.4 捕捉和上载素材

用户可以使用两种方法采集满屏视频：一种是用硬件压缩实时采集，另一种是使用由计算机精确控制帧的录像机或者影碟机实施非实时采集。一般使用硬件压缩实时采集视频。

非实时采集方式是每次抓取影片的一帧或一段，直到采集完所有的影片。这种方式需要一个有时间码的原始录像带和用于执行非实时采集视频的第三方设备控制器。非实时采集视频一般不会得到较高质量的素材。

数字化音频的质量和声音文件的大小取决于采样频率和位深度，这些参数决定了模拟音频信号被数字化后的状态。例如，以 22kHz 和 16 位精度采样的音频的质量明显比以 11kHz 和 8 位精度采样的音频的质量高。CD 音频通常以 44kHz 和 16 位精度数字化，而数码音频则可以达到 48kHz。同时，更高的采样频率和量化指标会使数据量增大。

使用 Premiere Pro 2020 采集视频时，视频数据将临时存储到硬盘中的一个临时文件中，直到用户将该视频存储为一个.avi 文件。用户需要为采集的文件在硬盘中预留足够的空间，以便存放采集时产生的临时文件。另外，用户必须在采集视频后将采集的视频存储为.avi 文件，否则，数据将在下一个采集过程中被重写。

使用 Premiere Pro 2020 采集视频的具体操作步骤如下。

（1）确定设备已正确连接，打开 Premiere Pro 2020，选择“文件 > 捕捉”命令（或按 F5 键），弹出“捕捉”面板，如图 2-93 所示。

（2）对捕捉设备进行设置，选择面板右侧的“设置”选项卡，切换至对应的面板，如图 2-94 所示。

图 2-93

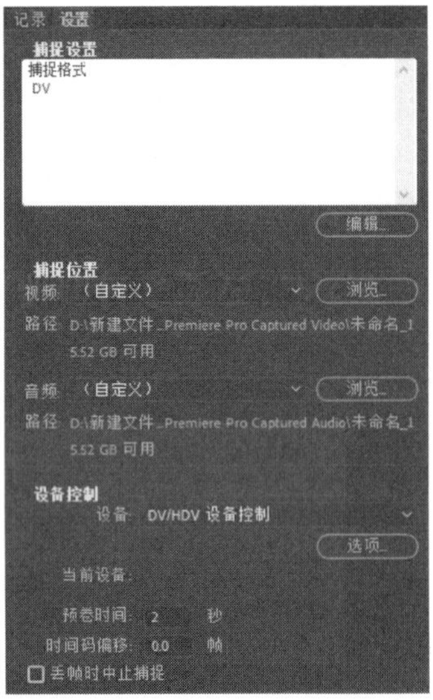

图 2-94

（3）“捕捉设置”选项区域显示当前可用的采集设备，单击“编辑”按钮，弹出图 2-95 所示的“捕捉设置”对话框。在该对话框中设置捕捉的格式，单击“确定”按钮，返回到面板中。

（4）在“捕捉位置”选项区域中设定采集使用的暂存盘。分别为“视频”和“音频”选项指定采集的暂存盘。从原则上讲，应该指定计算机中的 SCSI（Small Computer System Interface）硬盘作为暂存盘，如果没有高速视频硬盘，可以选择剩余空间较大的硬盘作为暂存盘。

（5）在“设备控制”选项区域中对采集控制进行设定。在“设备”下拉列表中可以指定采集时所使用的设备控制器。单击“选项”按钮，可以在弹出的对话框中对设备控制器进行进一步的设置，如图 2-96 所示。

图 2-95

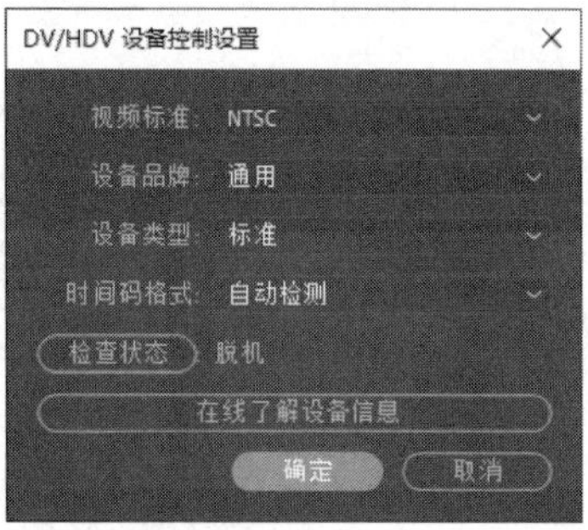

图 2-96

“预卷时间”和“时间码偏移”选项用于设置影片播放的偏移时间，一般情况下都设为 0，不让时间码发生偏移。

由于计算机的软硬件的问题，有可能在采集的时候发生丢帧情况，如果丢帧情况严重，可能会使影片无法流畅播放。勾选“丢帧时中止捕捉”复选框后，如果在采集素材过程中出现丢帧情况，采集会自动停止。

（6）图 2-97 所示的“记录”选项卡中的“剪辑数据”选项区域用于对采集的素材进行备注设置，主要是填写一些注释信息。在素材比较多的情况下，加入备注是非常有用的，可以便于管理素材。“时间码”选项区域是比较重要的，可以在其中设置采集影片的开始位置（设置入点）和结束位置（设置出点）。对具有遥控录像机功能的设备来说，由于可以精确控制时间码，因此使用打点采集非常方便。在“捕捉”选项区域中单击“入点/出点”按钮可以采集“时间码”选项区域设定的入点与出点间的片段，单击“磁带”按钮则可以采集整个磁带。

（7）设置完成后，开始上载（采集）素材。

采集完毕后，所采集的影片在“项目”面板中可以找到。

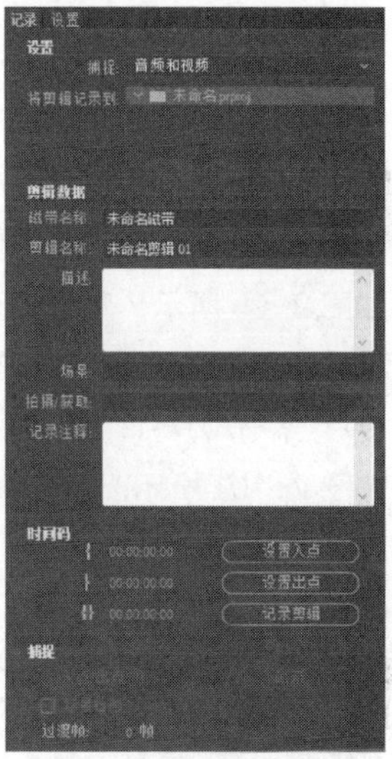

图 2-97

2.5 创建新元素

在 Premiere Pro 2020 中，除了使用导入的素材，还可以创建一些新元素。本节将对此内容进行详细介绍。

2.5.1 课堂案例——在篮球公园宣传片中添加彩条

微课视频

扫码观看
本案例视频

案例学习目标

学习使用“新建”命令制作 HD 彩条。

案例知识要点

使用“导入”命令导入视频文件，使用“剃刀工具”切割视频素材，使用“插入”命令插入素材文件，使用“HD 彩条”命令新建 HD 彩条，最终效果如图 2-98 所示。

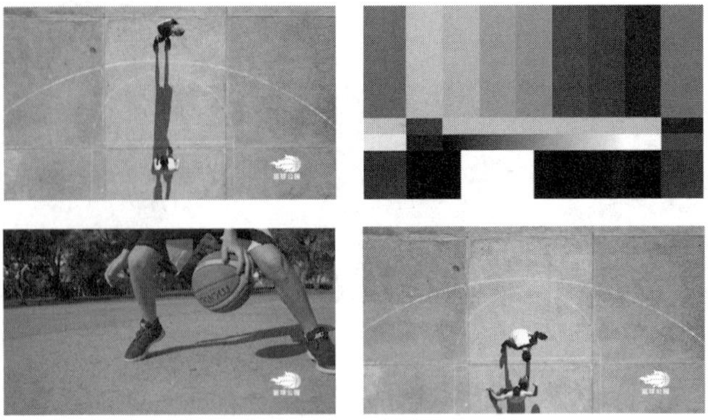

图 2-98

扩展案例

效果所在位置

Ch02/在篮球公园宣传片中添加彩条/在篮球公园宣传片中添加彩条. prproj。

（1）启动 Premiere Pro 2020，选择“文件 > 新建 > 项目”命令，弹出“新建项目”对话框，如图 2-99 所示，单击“确定”按钮，新建项目。

（2）选择“文件 > 导入”命令，弹出“导入”对话框，选择本书云盘中的“Ch02/篮球公园宣传片/素材/01~03”文件，如图 2-100 所示。单击“打开”按钮，将素材文件导入“项目”面板中，如图 2-101 所示。在“项目”面板中，选中“01”文件并将其拖曳到“时间轴”面板中，生成“01”序列，将“01”文件放置到“视频 1（V1）”轨道中，如图 2-102 所示。

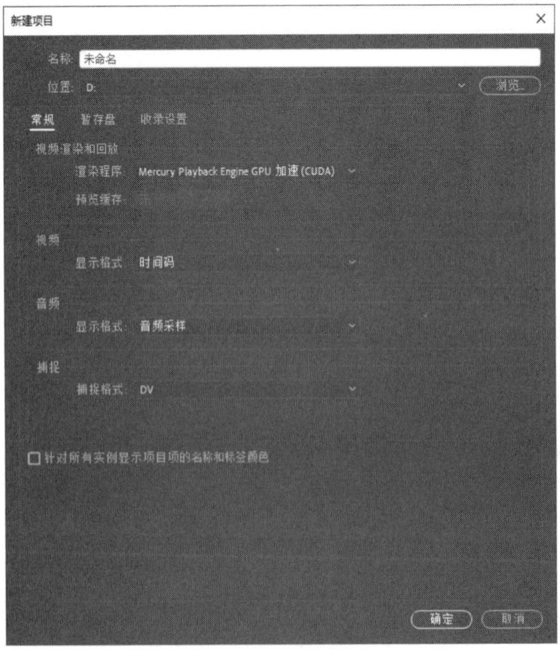

图 2-99

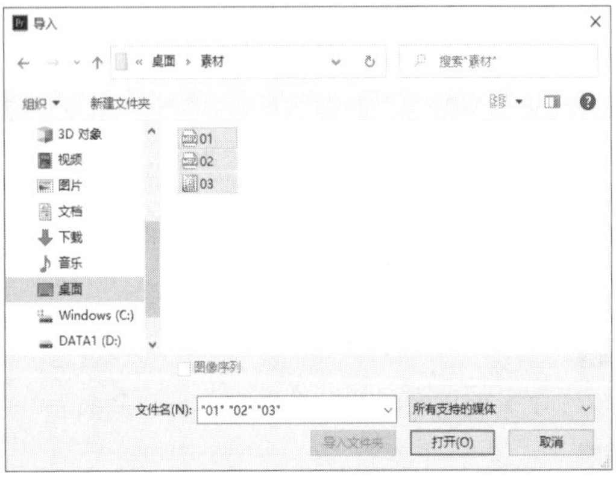

图 2-100

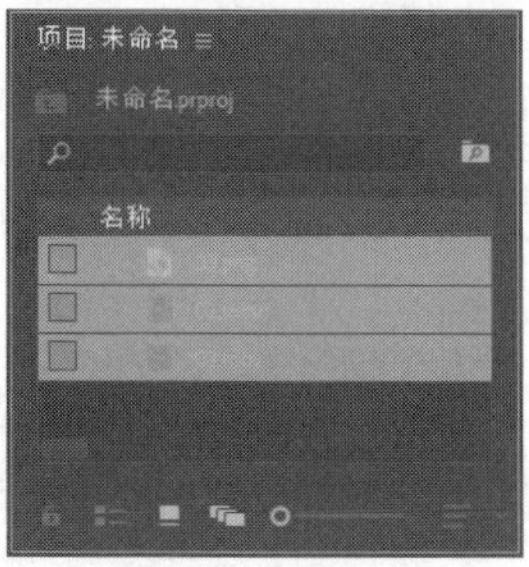

图 2-101

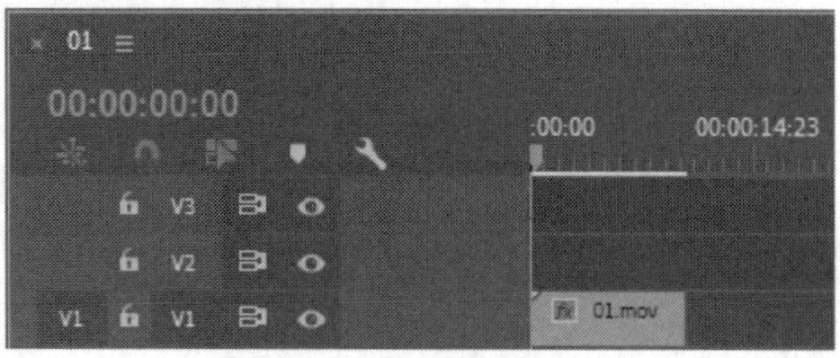

图 2-102

（3）将时间标签放置在 00:00:05:00 处。在“项目”面板中选中“02”文件，在文件上单击鼠标右键，在弹出的快捷菜单中选择“插入”命令，在“时间轴”面板中时间标签的位置插入“02”文件，如图 2-103 所示。

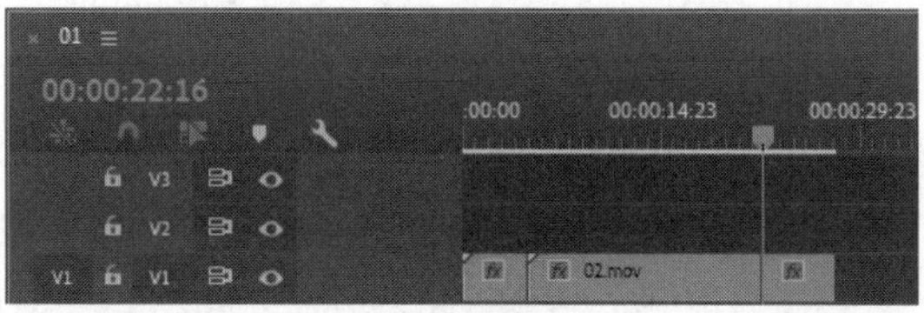

图 2-103

（4）将时间标签放置在 00:00:08:00 处。选择“剃刀工具”，将鼠标指针移到“时间轴”面板中的“02”文件上单击，切割素材，如图 2-104 所示。

（5）选择“选择工具”，选择切割后右侧的“02”文件。在文件上单击鼠标右键，在弹出的快捷菜单中选择“波纹删除”命令删除文件，右侧的“01”文件自动前移，如图 2-105 所示。

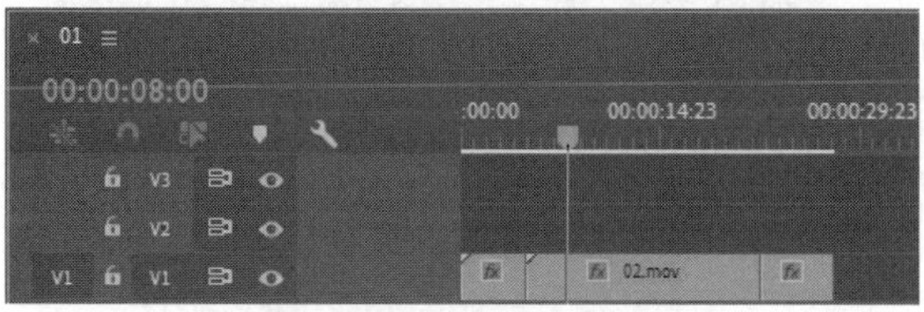

图 2-104

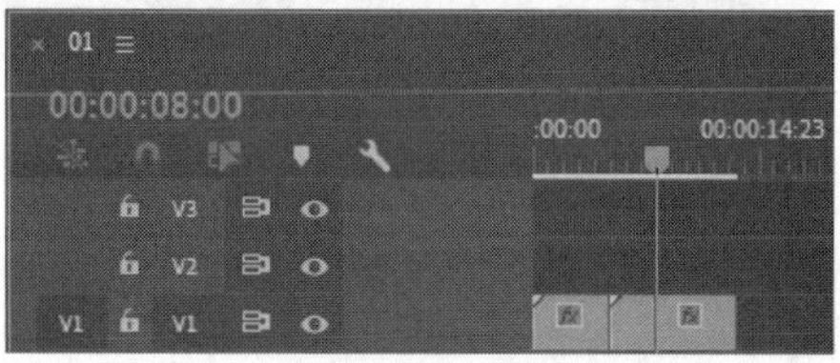

图 2-105

（6）选择“项目”面板，选择“文件 > 新建 > HD 彩条”命令，弹出图 2-106 所示的对话框，单击“确定”按钮，在“项目”面板中新建“HD 彩条”文件，如图 2-107 所示。

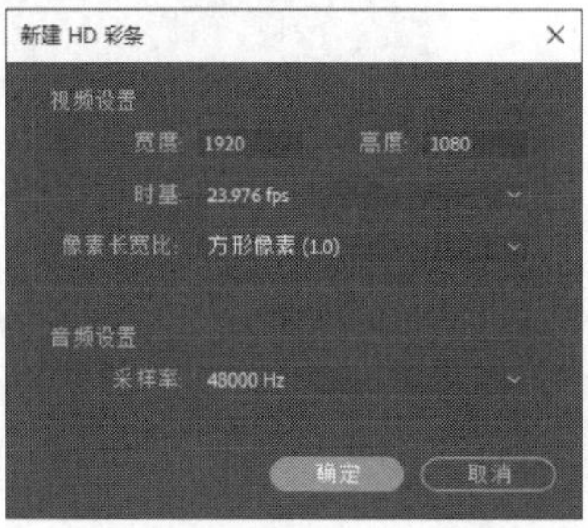

图 2-106

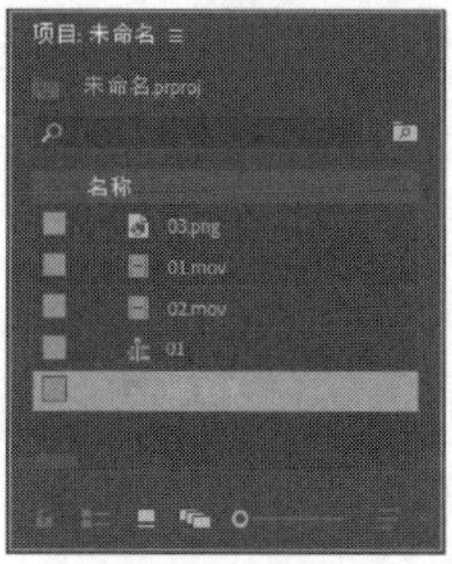

图 2-107

（7）在“项目”面板中，选中“HD 彩条”文件并将其拖曳到“时间轴”面板的“视频 2（V2）”轨道中，如图 2-108 所示。将时间标签放置在 00:00:05:08 处。将鼠标指针放在“HD 彩条”文件的结束位置，单击显示编辑点。当鼠标指针呈状时，向左拖曳到 00:00:05:08 处，如图 2-109 所示。

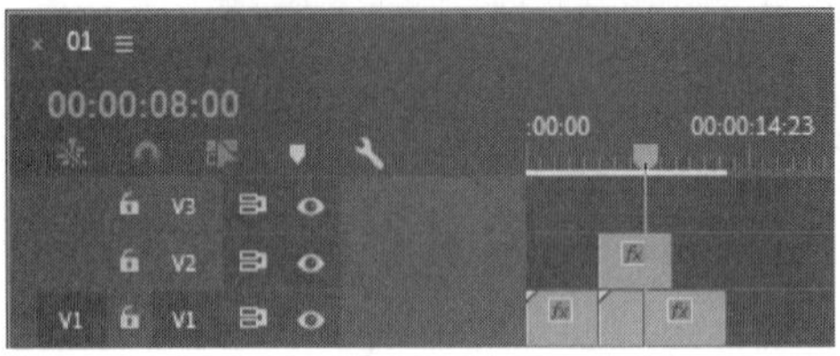

图 2-108

图 2-109

（8）按住 Alt 键的同时，选择“音频 2（A2）”轨道中的音频文件，如图 2-110 所示，按 Delete 键，删除文件。在“项目”面板中，选中“03”文件并将其拖曳到“时间轴”面板中的“视频 3（V3）”轨道中，如图 2-111 所示。将鼠标指针放在“03”文件的结束位置，单击显示编辑点。当鼠标指针呈状时，向右拖曳到“01”文件的结束位置，如图 2-112 所示。

（9）选择“时间轴”面板中的“03”文件。在“效果控件”面板中展开“运动”选项，将“位置”选项设置为 1640.0 和 902.0，“缩放”选项设置为 27.0，如图 2-113 所示。

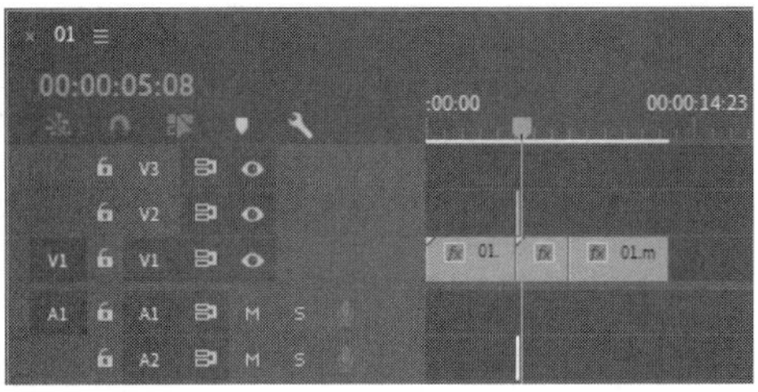

图 2-110

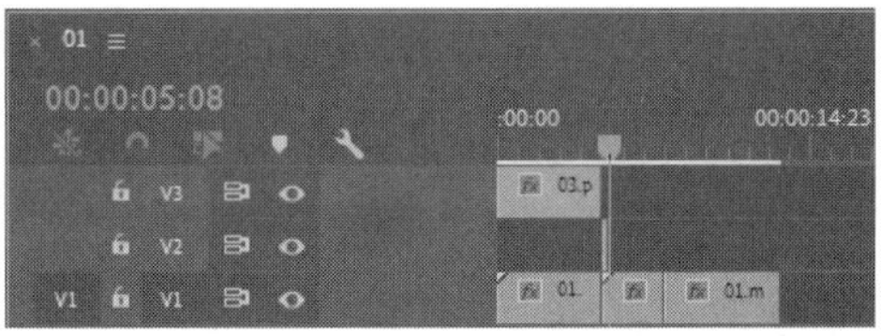

图 2-111

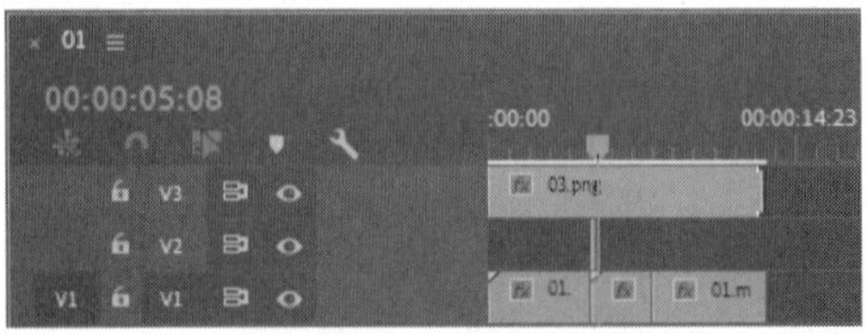

图 2-112

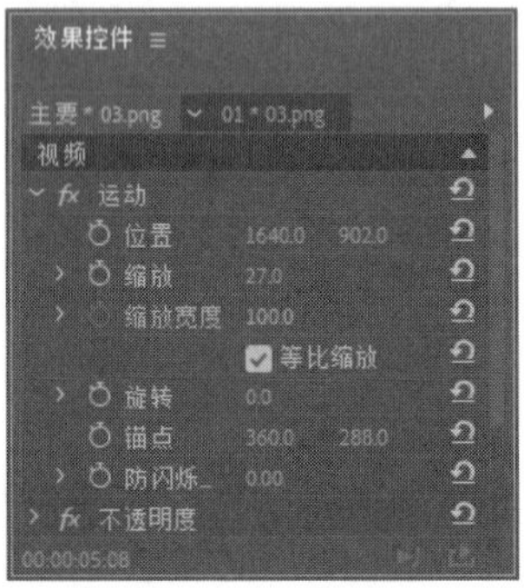

图 2-113

（10）将时间标签放置在 00:00:04:23 处。在“效果控件”面板中展开“不透明度”特效，单击“不透明度”选项右侧的“添加/移除关键帧”按钮，如图 2-114 所示，记录第 1 个动画关键帧。将时间标签放置在 00:00:05:00 处。将“不透明度”选项设置为 0.0%，如图 2-115 所示，记录第 2 个动画关键帧。

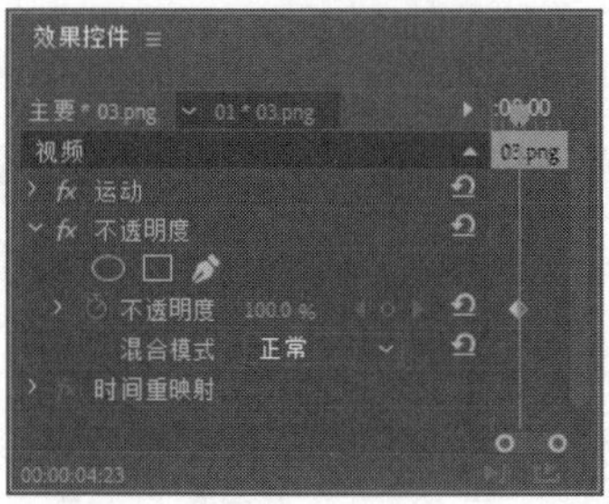

图 2-114

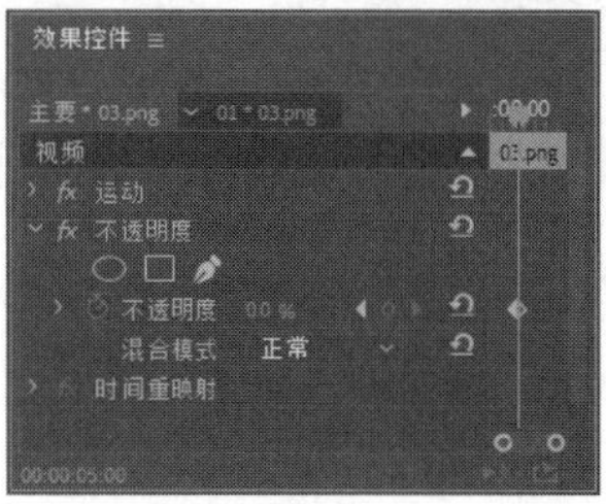

图 2-115

（11）将时间标签放置在 00:00:05:07 处。单击“不透明度”选项右侧的“添加/移除关键帧”按钮，如图 2-116 所示，记录第 3 个动画关键帧。将时间标签放置在 00:00:05:08 处。将“不透明度”选项设置为 100.0%，如图 2-117 所示，记录第 4 个动画关键帧。篮球公园宣传片中的彩条添加完成。

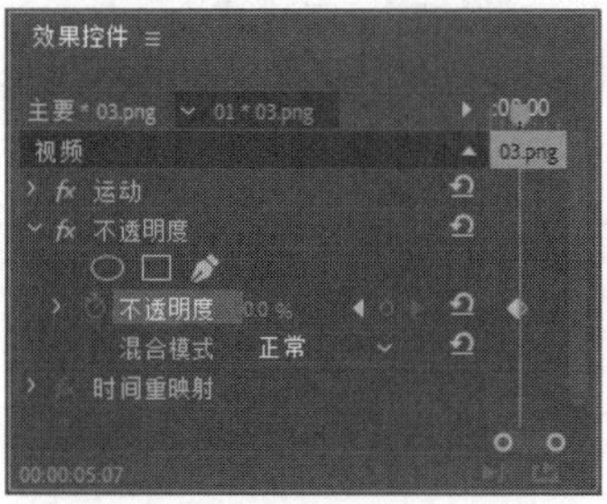

图 2-116

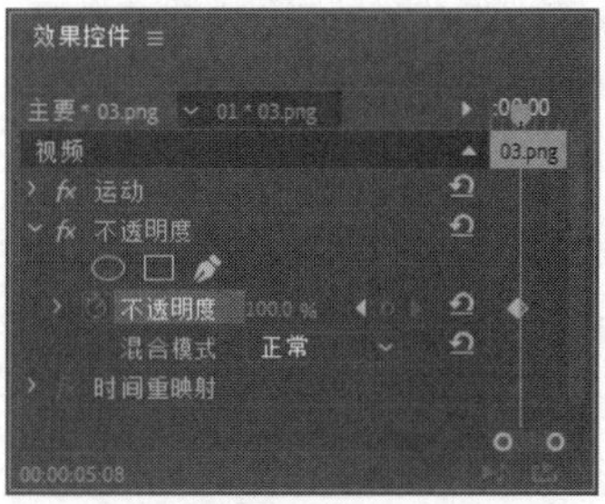

图 2-117

2.5.2 通用倒计时片头

通用倒计时片头通常用于影片开始前的倒计时准备。Premiere Pro 2020 提供了现成的通用倒计时片头，用户可以非常简便地创建一个标准的倒计时片头素材，并可以在 Premiere Pro 2020 中随时对其进行修改，如图 2-118 所示。创建倒计时片头素材的具体操作步骤如下。

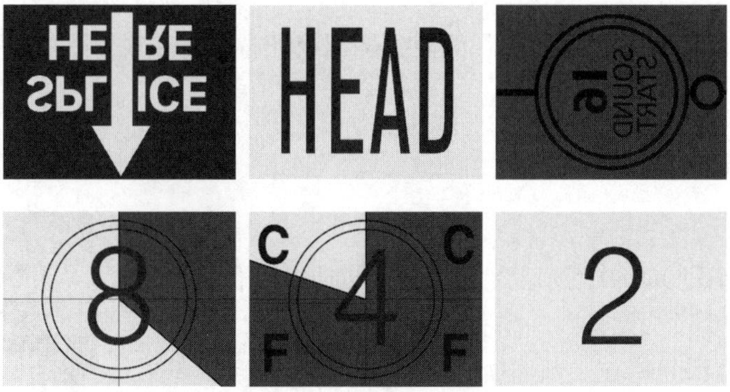

图 2-118

（1）单击“项目”面板下方的“新建项”按钮，在弹出的菜单中选择“通用倒计时片头”命令，弹出“新建通用倒计时片头”对话框，如图 2-119 所示。设置完成后，单击“确定”按钮，弹出

“通用倒计时设置”对话框，如图 2-120 所示。

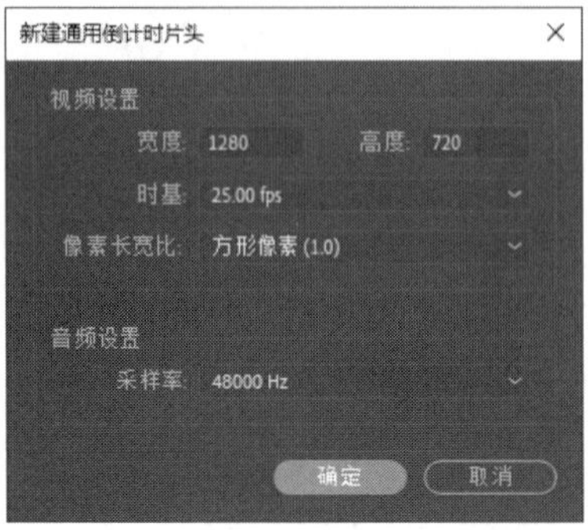

图 2-119

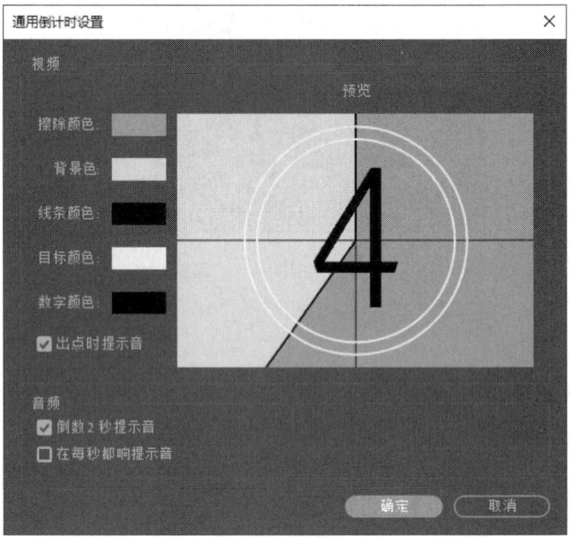

图 2-120

擦除颜色：播放倒计时影片时，指示线会不停地围绕圆心转动，在指示线转动方向之后的颜色为擦除颜色。

背景色：指示线转动方向之前的颜色为背景色。

线条颜色：固定十字线及转动的指示线的颜色由该项确定。

目标颜色：指定圆形准星的颜色。

数字颜色：指定倒计时片头中 8、7、6、5、4 等数字的颜色。

出点时提示音：勾选此复选框后，在片头的最后一帧中显示提示圈。

倒数 2 秒提示音：勾选此复选框后，在两秒标记处播放嘟嘟声。

在每秒都响提示音：勾选此复选框后，在每秒开始的时候发声。

（2）设置完成后，单击“确定”按钮，Premiere Pro 2020 自动将该段倒计时片头加入“项目”面板。

用户可在“项目”面板或“时间轴”面板中双击倒计时片头，随时打开“通用倒计时设置”对话框进行修改。

2.5.3 彩条和黑场

1. 彩条

在 Premiere Pro 2020 中，可以为影片在开始前加入一段彩条，如图 2-121 所示。

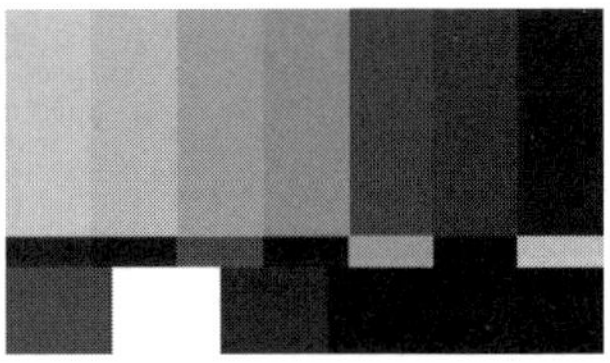

图 2-121

在“项目”面板下方单击“新建项”按钮，在弹出的菜单中选择“彩条”命令，即可创建彩条。

2. 黑场

在 Premiere Pro 2020 中，可以在影片中创建一段黑场。在“项目”面板下方单击“新建项”按钮，在弹出的菜单中选择“黑场”命令，即可创建黑场。

2.5.4 调整图层

在 Premiere Pro 2020 中，可以创建调整图层。可以使用调整图层将同一效果应用于时间轴上的多个剪辑素材，也可以使用多个调整图层调整更多效果。具体操作步骤如下。

在“项目”面板下方单击“新建项”按钮，在弹出的菜单中选择“调整图层”命令，弹出“调整图层”对话框，如图 2–122 所示。进行参数设置后，单击“确定”按钮，便会在“项目”面板中生成调整图层，如图 2–123 所示。

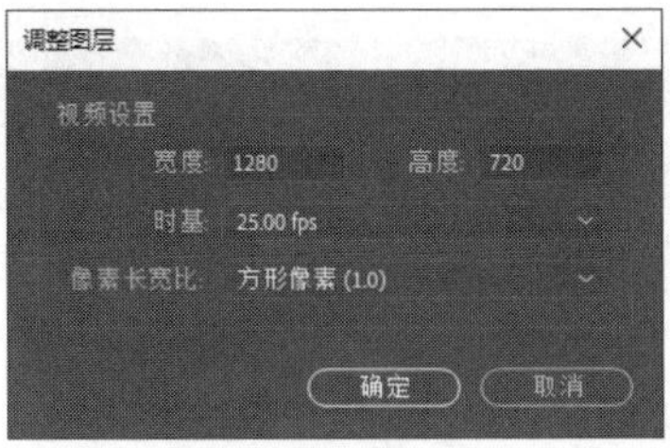

图 2–122

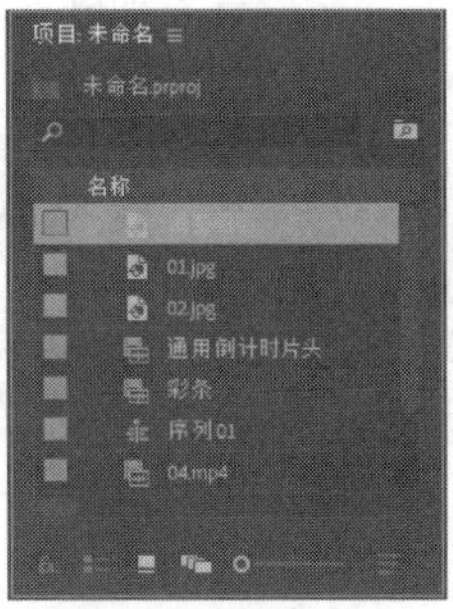

图 2–123

2.5.5 颜色遮罩

Premiere Pro 2020 可以为影片创建颜色遮罩。具体操作步骤如下。

（1）在“项目”窗口下方单击“新建项”按钮，在弹出的菜单中选择“颜色遮罩”命令，弹出“新建颜色遮罩”对话框，如图 2–124 所示。进行参数设置后，单击“确定”按钮，弹出“拾色器”对话框，如图 2–125 所示。

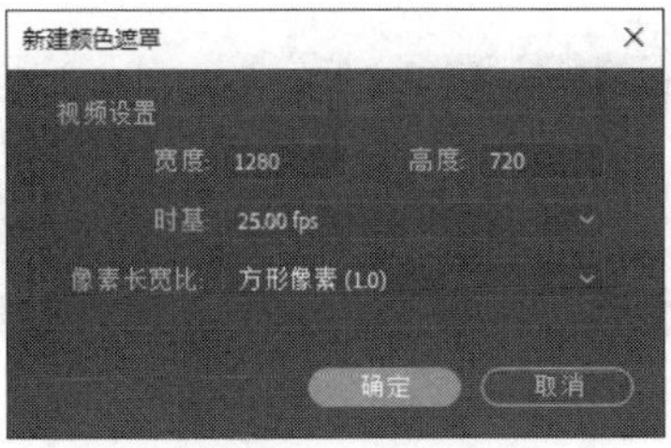

图 2–124

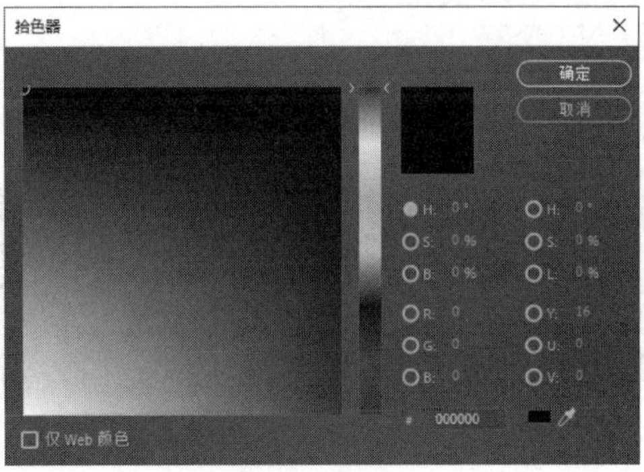

图 2–125

（2）在“拾色器”对话框中选取遮罩要使用的颜色，单击“确定”按钮。用户可在“项目”面板或“时间轴”面板中双击颜色遮罩，随时打开“拾色器”对话框进行修改。

2.5.6 透明视频

在 Premiere Pro 2020 中，用户可以创建一个透明的视频轨道，将特效应用到一系列的影片剪辑中，而无须重复地复制和粘贴属性。只要应用一个特效到透明视频轨道上，特效结果将自动出现在下面的所有视频轨道中。

扫码观看
课堂练习视频

课堂练习——剪辑超市宣传短视频

练习知识要点

使用“导入”命令导入视频文件，通过标记入点和出点在“源”监视器窗口中剪辑视频，拖曳编辑点剪辑素材，使用“速度/持续时间”命令调整视频播放速度，最终效果如图 2-126 所示。

图 2-126

效果所在位置

Ch02/剪辑超市宣传短视频/剪辑超市宣传短视频. prproj。

扫码观看
课后习题视频

课后习题——重组璀璨烟火宣传片

习题知识要点

使用“导入”命令导入视频文件，使用“插入”按钮插入视频文件，使用“剃刀工具”切割素材文件，使用“基本图形”面板添加文本，最终效果如图 2-127 所示。

图 2-127

效果所在位置

Ch02/重组璀璨烟火宣传片/重组璀璨烟火宣传片. prproj。

03 第3章 视频过渡效果

本章主要介绍如何在Premiere Pro 2020的素材之间建立丰富多彩的过渡效果。每一个过渡效果具有多个可调节的选项。通过对本章内容的学习，读者可以掌握影片剪辑中过渡效果的制作方法，过渡效果可以使剪辑的画面更加富于变化，更加生动、多彩。

学习目标

- ✧ 掌握过渡效果的设置。
- ✧ 掌握高级过渡效果的设置。

技能目标

- ✧ 掌握校园生活短片的转场的设置方法。
- ✧ 掌握唯美古风短视频的转场的添加方法。
- ✧ 掌握美食创意宣传片的转场的添加方法。
- ✧ 掌握可爱猫咪短视频的转场的添加方法。

素养目标

- ✧ 培养确保与目标效果一致的思维能力。
- ✧ 培养良好的艺术感知能力和审美意识。
- ✧ 培养准确观察和分析对象特点的能力。

3.1 过渡效果

在 Premiere Pro 2020 中可以使用、设置和调整过渡效果，还可以设置默认过渡效果，下面对过渡效果的设置进行讲解。

3.1.1 课堂案例——设置校园生活短片的转场

案例学习目标

学习使用过渡效果设置转场。

案例知识要点

使用“导入”命令导入素材文件，使用“交叉溶解”特效制作素材之间的过渡效果，使用“效果控件”面板调整过渡效果，最终效果如图 3-1 所示。

图 3-1

微课视频

扫码观看
本案例视频

扩展案例

效果所在位置

Ch03/设置校园生活短片的转场/设置校园生活短片的转场. prproj。

1．添加并调整素材

（1）启动 Premiere Pro 2020，选择“文件 > 新建 > 项目”命令，弹出“新建项目”对话框，如图 3-2 所示，单击“确定”按钮，新建项目。

（2）选择“文件 > 导入”命令，弹出“导入”对话框，选择本书云盘中的“Ch03/设置校园生活短片的转场/素材/01~04”文件，如图 3-3 所示。单击“打开”按钮，将素材文件导入“项目”面板中，如图 3-4 所示。在“项目”面板中，选中“01”文件并将其拖曳到“时间轴”面板中，生成“01”序列，将“01”文件放置到“视频 1（V1）”轨道中，如图 3-5 所示。

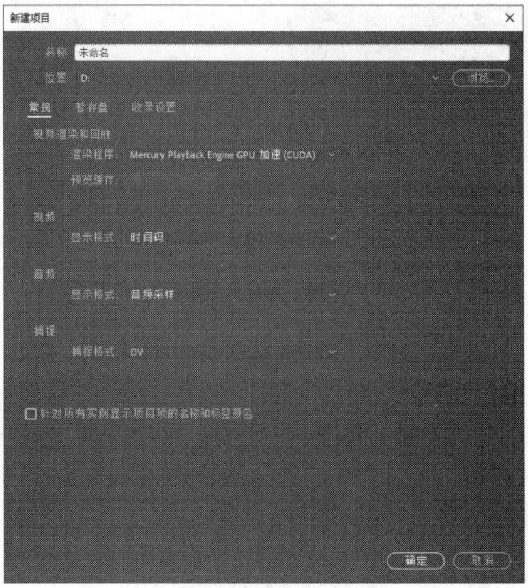

图 3-2

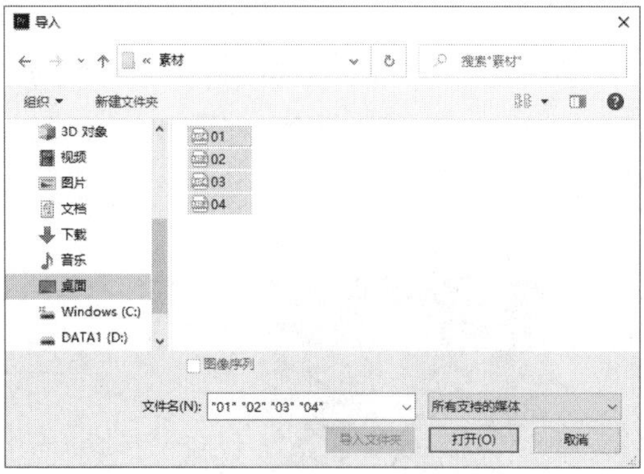

图 3-3

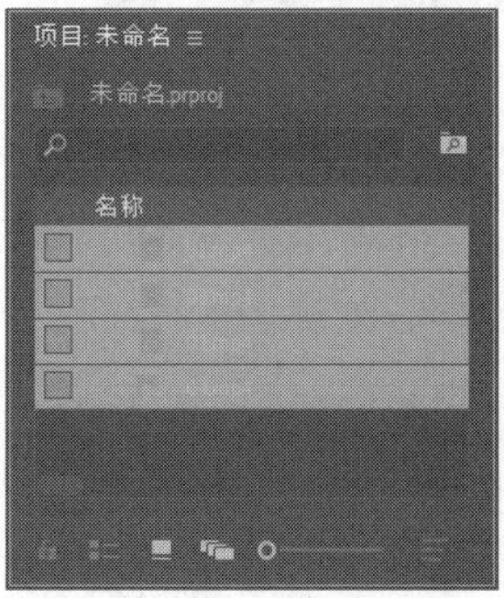

图 3-4

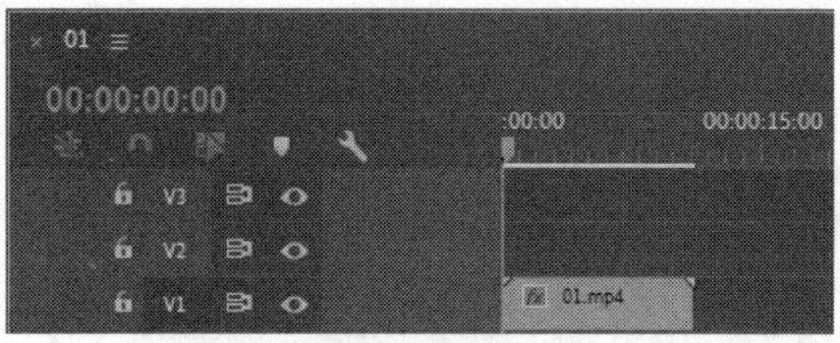

图 3-5

（3）选择“时间轴”面板中的“01”文件。在“01”文件上单击鼠标右键，在弹出的快捷菜单中选择“速度/持续时间”命令，在弹出的对话框中进行设置，如图 3-6 所示。单击“确定”按钮，效果如图 3-7 所示。

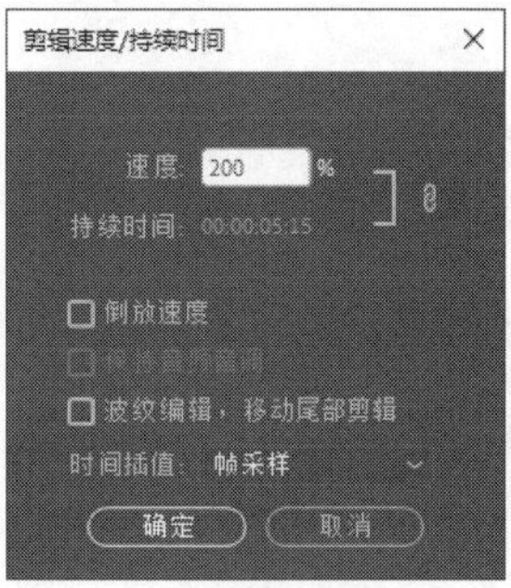

图 3-6

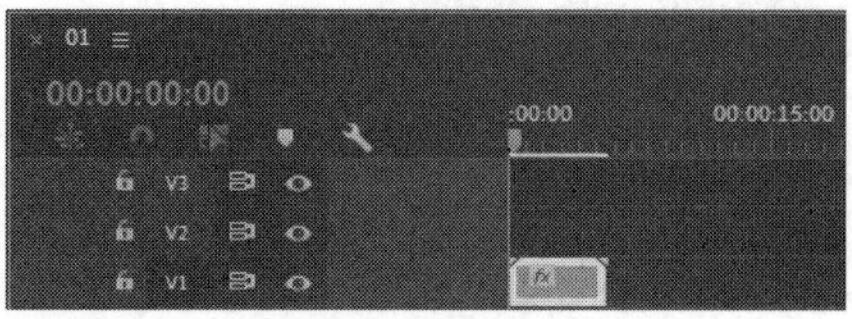

图 3-7

（4）在“项目”面板中，选中“02”文件并将其拖曳到“时间轴”面板的“视频 1（V1）”轨道中，如图 3-8 所示。

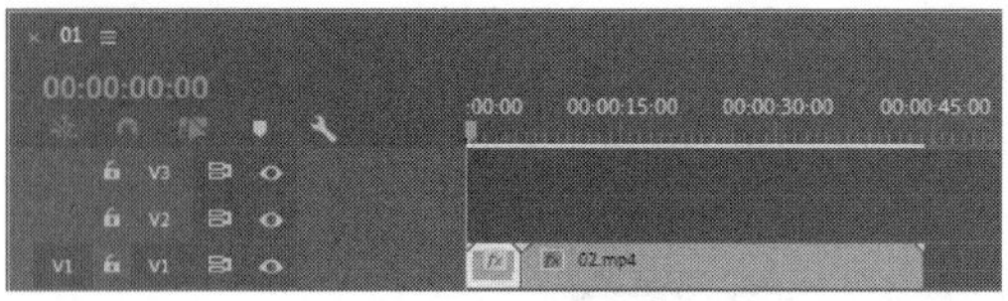

图 3-8

（5）选择“时间轴”面板中的“02”文件。在“02”文件上单击鼠标右键，在弹出的快捷菜单中选择“速度/持续时间”命令，在弹出的对话框中进行设置，如图 3-9 所示。单击“确定”按钮，效果如图 3-10 所示。

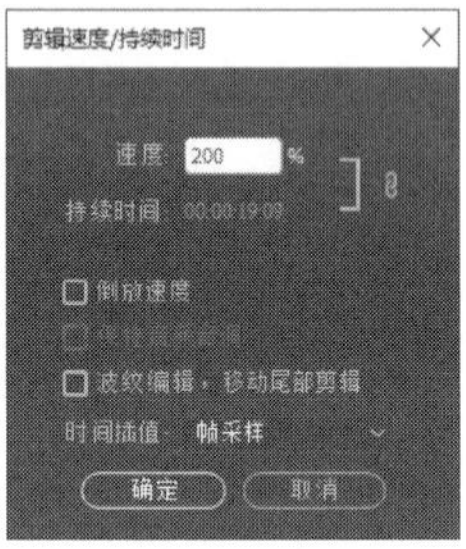

图 3-9

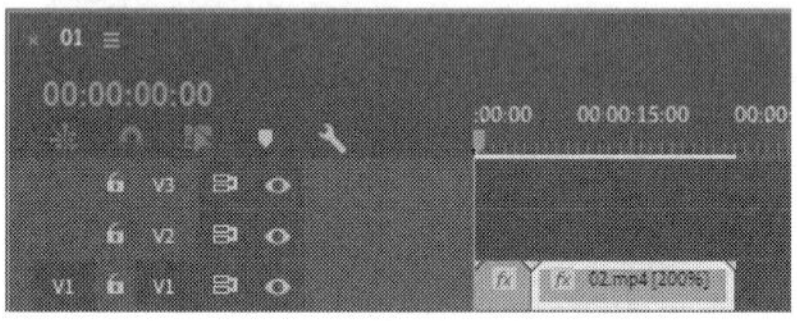

图 3-10

（6）将时间标签放置在 00:00:13:13 处。将鼠标指针放在“02”文件的结束位置，单击显示编辑点。当鼠标指针呈状时，向左拖曳到 00:00:13:13 处，如图 3-11 所示。在“项目”面板中，选中“03”文件并将其拖曳到“时间轴”面板的“视频 1（V1）”轨道中，如图 3-12 所示。

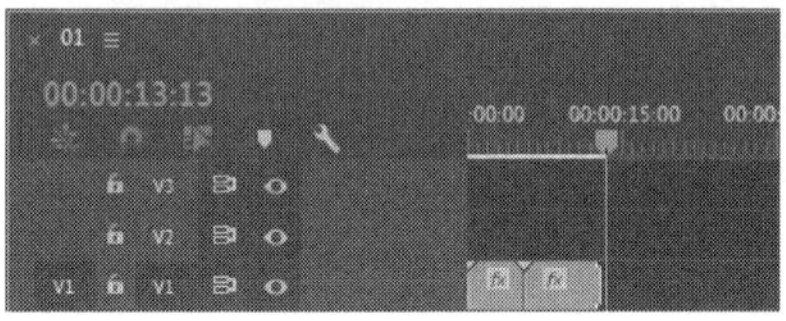

图 3-11

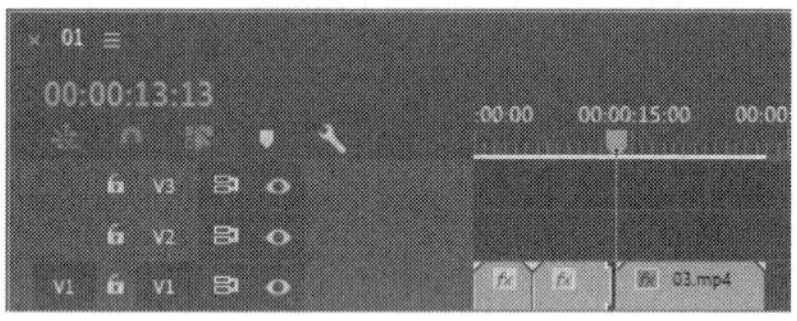

图 3-12

（7）选择“时间轴”面板中的“03”文件。在“03”文件上单击鼠标右键，在弹出的快捷菜单中选择“速度/持续时间”命令，在弹出的对话框中进行设置，如图 3-13 所示。单击“确定”按钮，效果如图 3-14 所示。

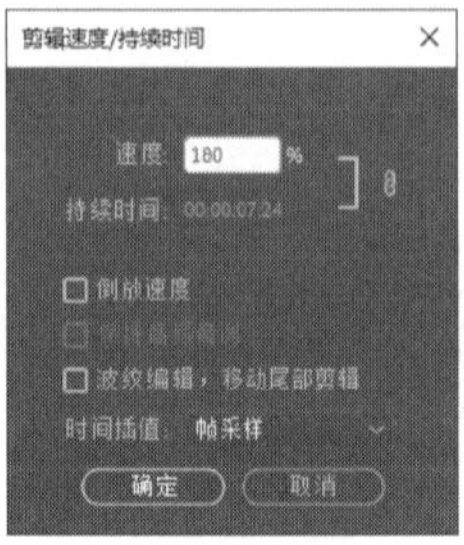

图 3-13

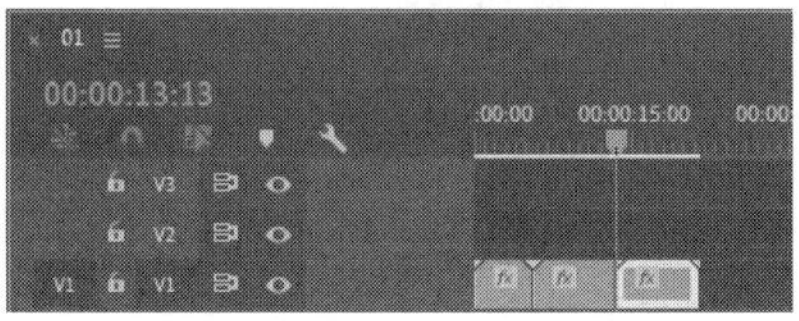

图 3-14

（8）双击“项目”面板中的“04”文件，在“源”监视器窗口中打开“04”文件。将时间标签放置在 00:00:09:48 处，按 I 键，创建标记入点，如图 3-15 所示。将时间标签放置在 00:00:15:48

处，按 O 键，创建标记出点，如图 3-16 所示。选中“源”监视器窗口中的“04”文件并将其拖曳到“时间轴”面板中的“视频 1（V1）”轨道中，如图 3-17 所示。

图 3-15

图 3-16

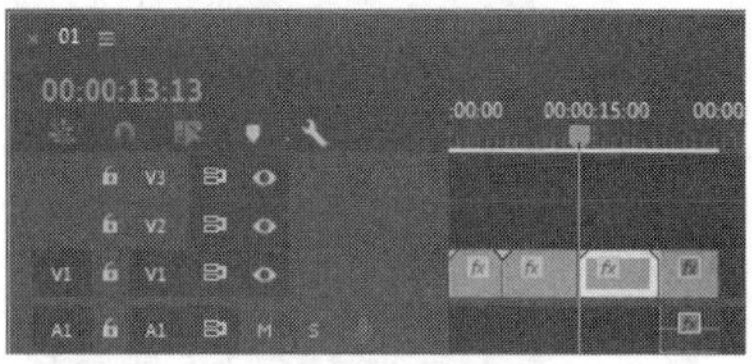

图 3-17

2. 为素材添加过渡效果

（1）在“效果”面板中展开“视频过渡”分类选项，单击“溶解”文件夹左侧的按钮将其展开，选中“交叉溶解”特效，如图 3-18 所示。将“交叉溶解”特效拖曳到“时间轴”面板中“01”文件的结束位置和“02”文件的开始位置，如图 3-19 所示。

图 3-18

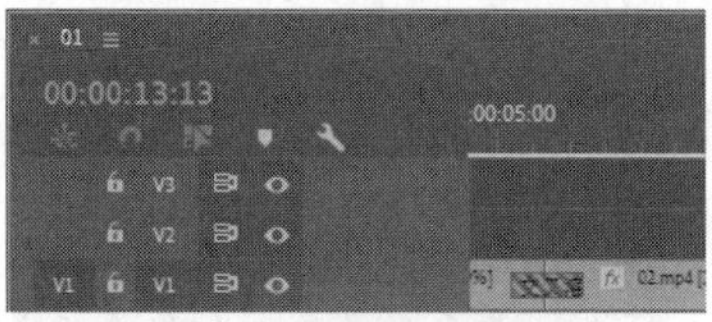

图 3-19

（2）选择“时间轴”面板中的“交叉溶解”特效，在“效果控件”面板中将“持续时间”选项设置为 00:00:02:00，如图 3-20 所示，此时“时间轴”面板如图 3-21 所示。

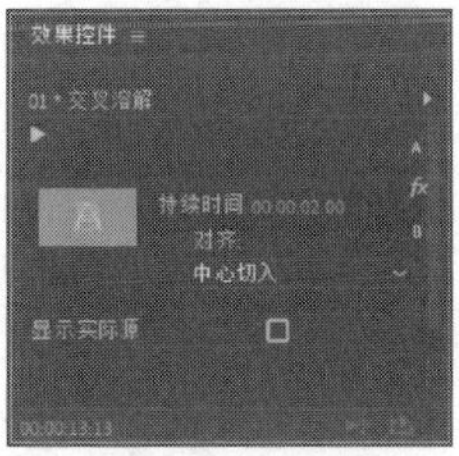

图 3-20

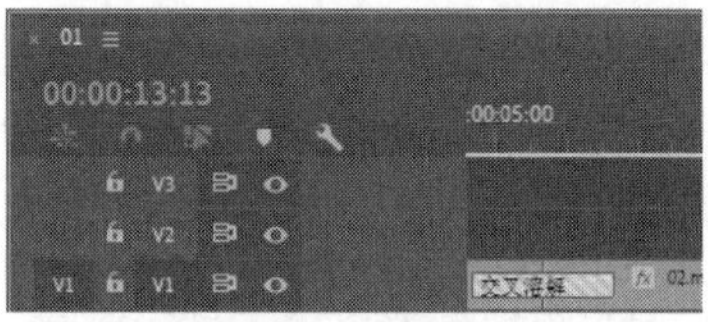

图 3-21

（3）在“效果”面板中选中“交叉溶解”特效，将“交叉溶解”特效拖曳到“时间轴”面板中“03”文件的开始位置和结束位置，如图 3-22 所示。再将“交叉溶解”特效拖曳到“时间轴”面板中“04”文件的结束位置，如图 3-23 所示。

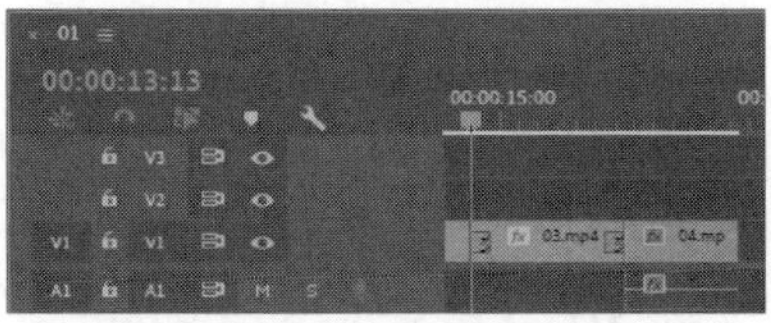

图 3-22

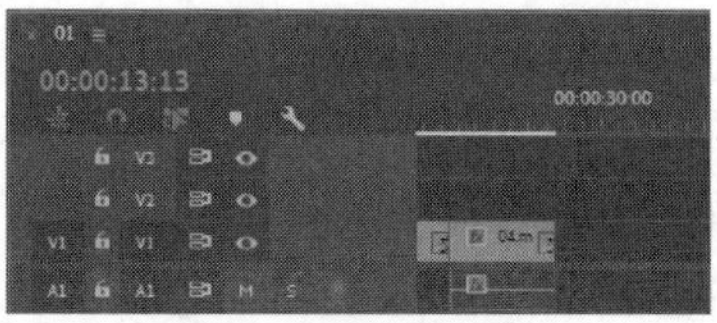

图 3-23

（4）选择“时间轴”面板中“04”文件结束位置的“交叉溶解”特效，在“效果控件”面板中将“持续时间”选项设置为00:00:03:00，如图3-24所示，此时“时间轴”面板如图3-25所示。校园生活短片的转场设置完成。

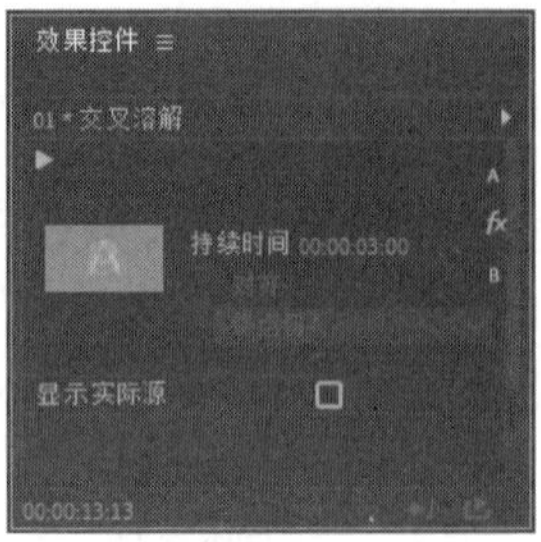

图3-24

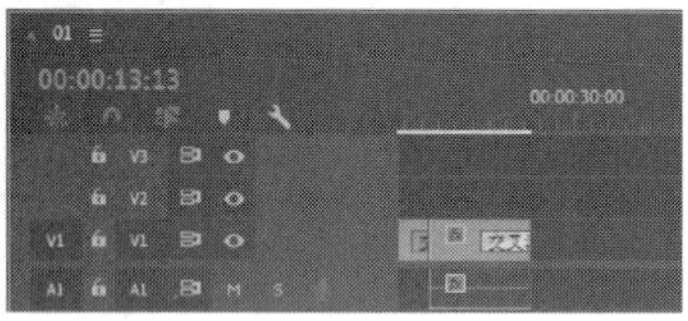

图3-25

3.1.2 使用过渡效果

一般情况下，过渡效果在同一轨道的两个相邻素材之间使用，如图3-26所示；也可以单独为一个素材添加过渡效果。例如，在图3-27中，素材与其下方轨道的素材进行过渡，但是下方轨道的素材只作为背景使用，并不能被过渡控制。

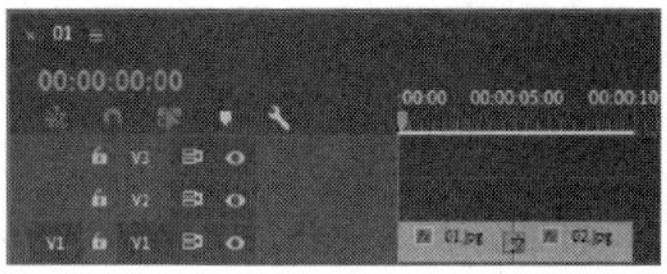

图3-26

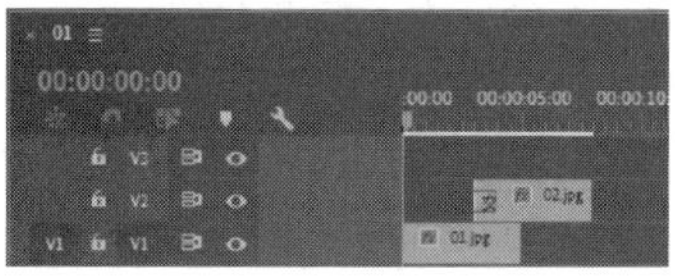

图3-27

3.1.3 设置过渡效果

两段影片加入过渡效果后，时间轴上会有一个重叠区域，这个重叠区域就是发生过渡的区域。可以通过“效果控件”面板和“时间轴”面板对过渡效果进行设置。

在“效果控件”面板上方单击▶按钮，可以在小视窗中预览过渡效果，如图3-28所示。对某些具有方向性的过渡效果来说，可以在上方小视窗中单击小三角形改变过渡方向。例如，单击右上角的小三角形改变过渡方向，如图3-29所示。

图3-28

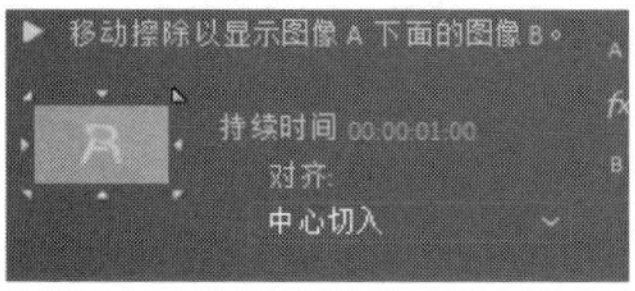

图3-29

“持续时间”选项用于设置过渡效果的持续时间。双击“时间轴”面板中的过渡块，弹出“设置过渡持续时间”对话框，如图3-30所示，设置完成后，单击“确定”按钮，也可以设置过渡效果的持续时间。

“对齐”选项包含“中心切入”“起点切入”“终点切入”“自定义起点”4种切入对齐方式。

“开始”和“结束”选项（见图3-31）用于设置过渡效果的开始状态和结束状态。按住Shift键并拖曳滑块，可以使开始滑块和结束滑块以相同的数值变化。

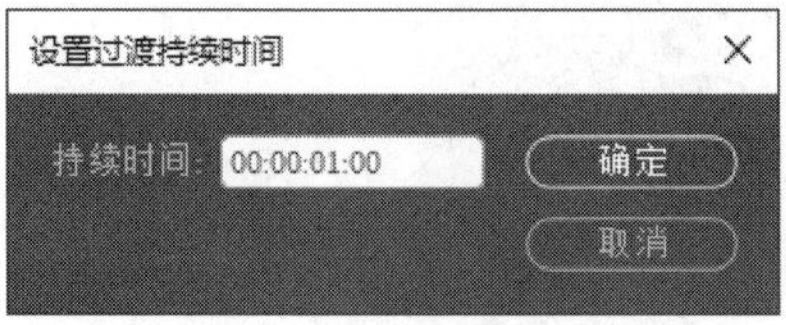

图 3-30

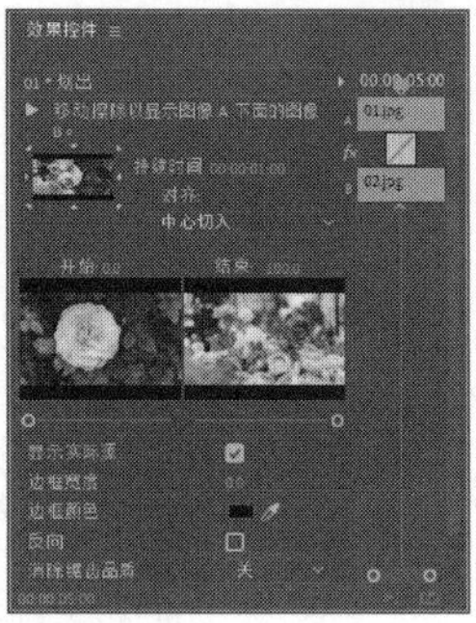

图 3-31

勾选“显示实际源”复选框，可以在上方的“开始”和“结束”视图窗中显示过渡效果的开始帧和结束帧，如图 3-31 所示。

其他选项设置会根据过渡效果的不同有不同的变化。

3.1.4 调整过渡效果

在“效果控件”面板的右侧区域和“时间轴”面板中，可以对过渡效果进行进一步的调整。

在“效果控件”面板中，将鼠标指针移动到过渡中线上，当鼠标指针呈状时拖曳鼠标，可以改变影片的持续时间和过渡效果的影响区域，如图 3-32 所示。将鼠标指针移动到过渡块上，当鼠标指针呈状时拖曳鼠标，可以改变过渡效果的切入位置，如图 3-33 所示。

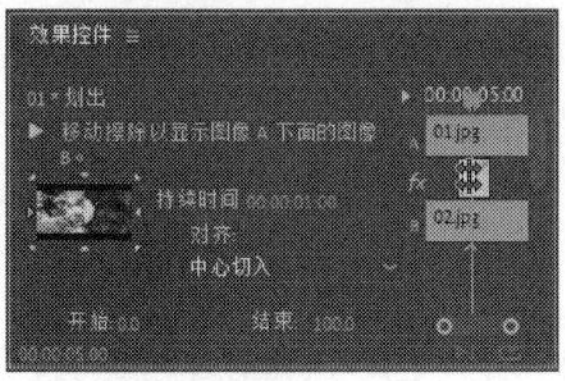

图 3-32

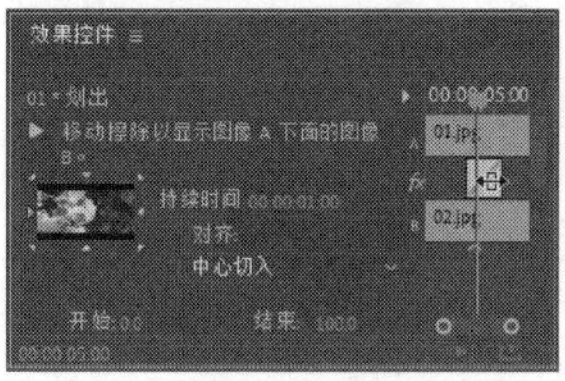

图 3-33

在“效果控件”面板中，将鼠标指针移动到过渡块的左侧边缘，当鼠标指针呈状时拖曳鼠标，可以改变过渡效果的长度，如图 3-34 所示。在“时间轴”面板中，将鼠标指针移动到过渡块的右侧边缘，当鼠标指针呈状时拖曳鼠标，也可以改变过渡效果的长度，如图 3-35 所示。

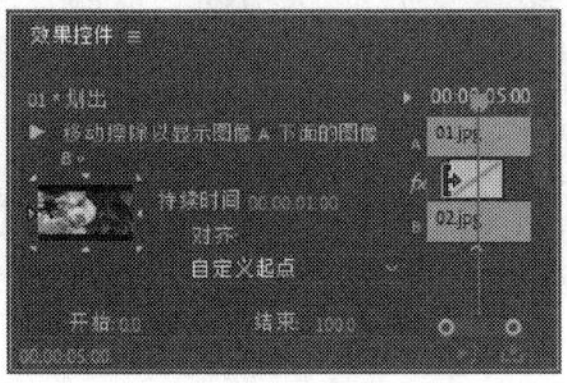

图 3-34

图 3-35

3.1.5 设置默认过渡效果

选择“编辑 > 首选项 > 时间轴”命令，弹出“首选项”对话框，可以在其中分别设定视频过渡和音频过渡的默认持续时间，如图 3-36 所示。

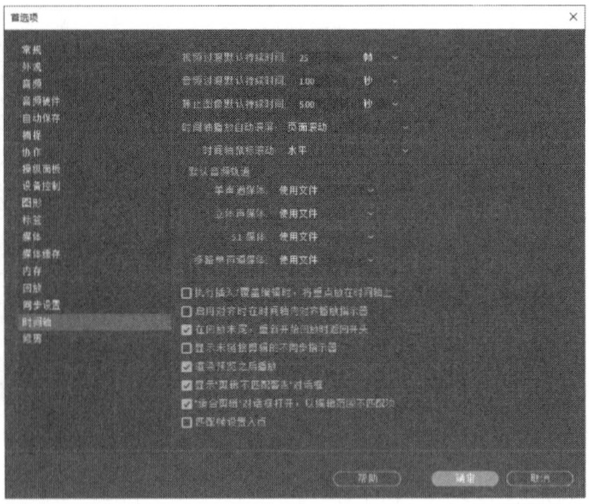

图 3-36

3.2 高级过渡效果

Premiere Pro 2020 将各种过渡效果根据类型的不同分别放在“效果”面板中的“视频过渡”文件夹的子文件夹中，便于用户根据过渡类型进行查找。

3.2.1 课堂案例——添加唯美古风短视频的转场

微课视频

扫码观看
本案例视频

扩展案例

案例学习目标

学习使用过渡效果制作转场。

案例知识要点

使用“导入”命令导入素材文件，使用“立方体旋转”特效、“推”特效、“中心拆分”特效和“翻转”特效制作素材之间的过渡效果，使用“效果控件”面板调整过渡效果，最终效果如图 3-37 所示。

图 3-37

效果所在位置

Ch03/添加唯美古风短视频的转场/添加唯美古风短视频的转场. prproj。

1. 添加并调整素材

（1）启动 Premiere Pro 2020，选择“文件 > 新建 > 项目”命令，弹出“新建项目”对话框，如图3-38所示，单击“确定”按钮，新建项目。

（2）选择“文件 > 导入”命令，弹出“导入”对话框，选择本书云盘中的“Ch03/添加唯美古风短视频的转场/素材/01~04”文件，如图3-39所示。单击“打开”按钮，将素材文件导入“项目”面板中，如图3-40所示。双击“项目”面板中的“01”文件，在“源”监视器窗口中打开“01”文件。将时间标签放置在00:00:09:11处，按I键，创建标记入点，如图3-41所示。

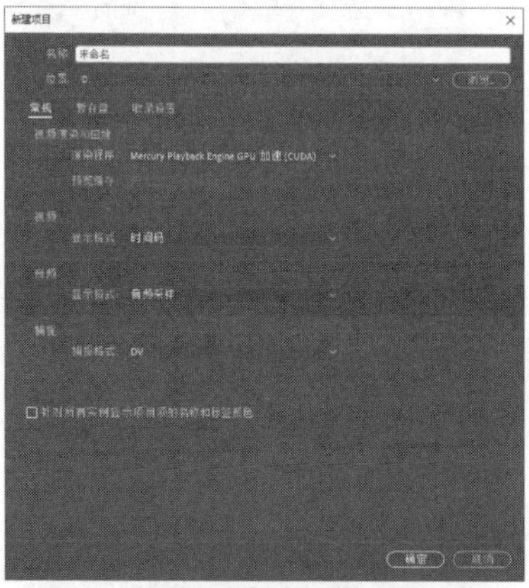

图3-38

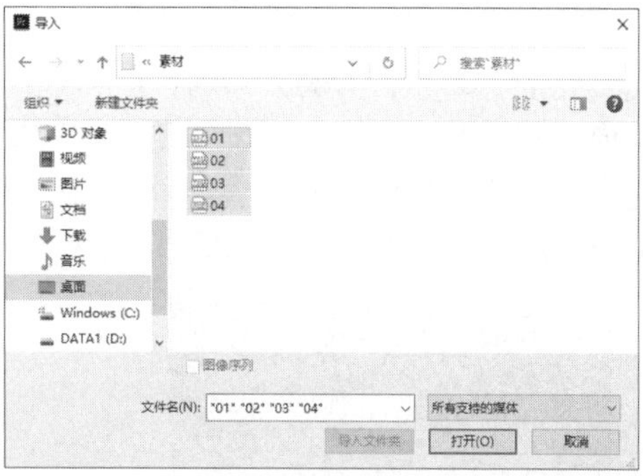

图3-39

（3）将时间标签放置在00:00:14:23处，按O键，创建标记出点，如图3-42所示。选中“源”监视器窗口中的“01”文件并将其拖曳到“时间轴”面板中，生成“01”序列，将“01”文件放置到“视频1（V1）”轨道中，如图3-43所示。

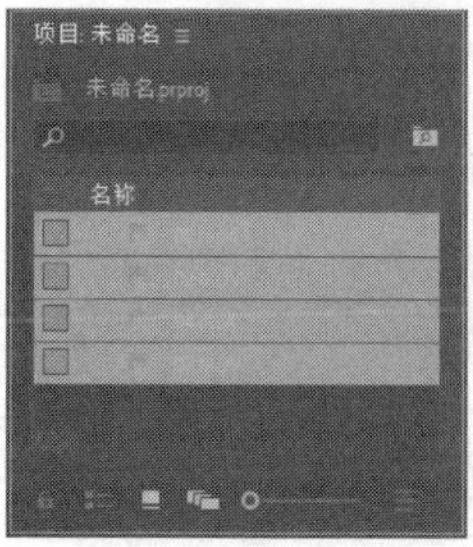

图3-40

图3-41

图3-42

（4）按住Alt键的同时，选择下方的音频，如图3-44所示。按Delete键，删除音频，如图3-45所示。

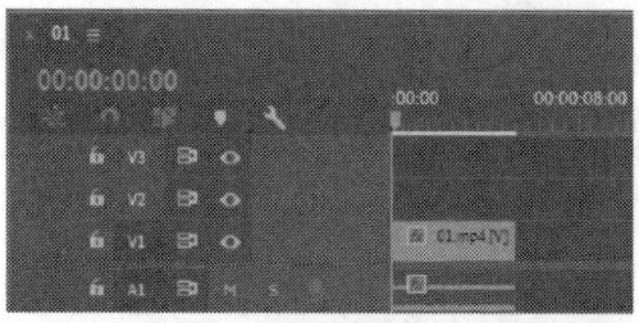

图3-43

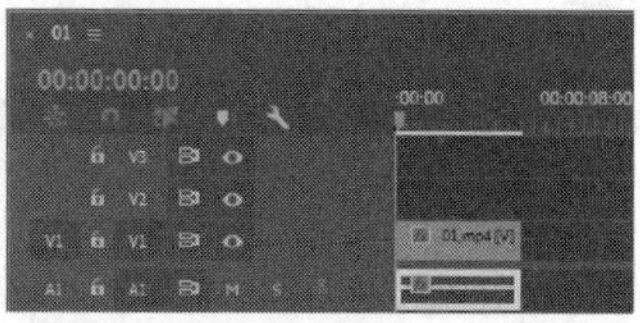

图3-44

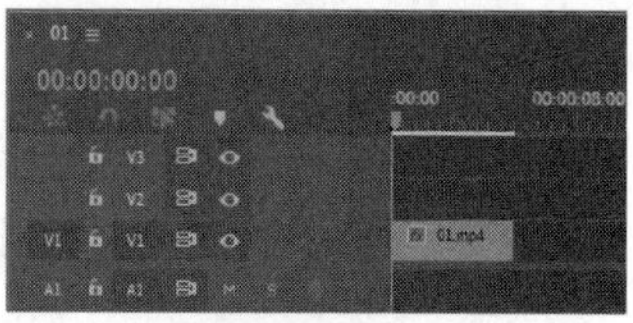

图3-45

（5）双击“项目”面板中的“02”文件，在“源”监视器窗口中打开“02”文件。将时间标签放置在00:00:09:21处，按O键，创建标记出点，如图3-46所示。选中“源”监视器窗口中的“02”文件并将其拖曳到“时间轴”面板中的“视频1（V1）”轨道中，如图3-47所示。

图 3-46

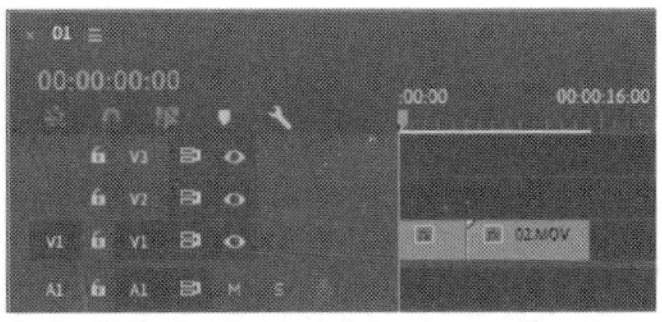

图 3-47

（6）选中“项目”面板中的“03”文件并将其拖曳到“时间轴”面板中的“视频 1（V1）”轨道中，如图 3-48 所示。将时间标签放置在 00:00:20:00 处。选择“剃刀工具”，将时间标签移到“时间轴”面板中的“03”文件上，在时间标签的位置单击，切割文件，如图 3-49 所示。

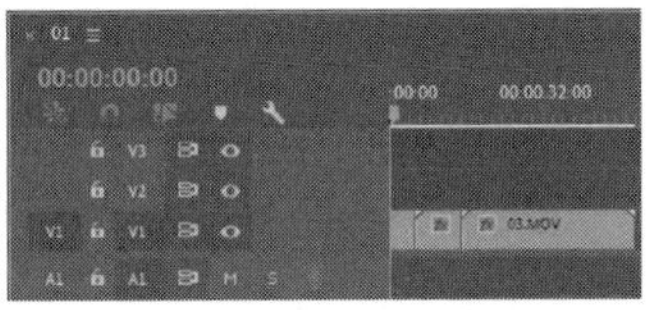

图 3-48

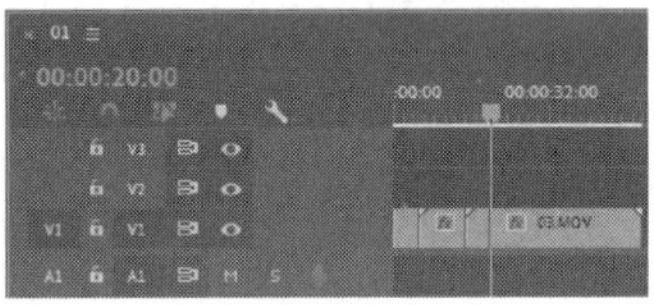

图 3-49

（7）将时间标签放置在 00:00:37:00 处。将鼠标指针移到“时间轴”面板中的“03”文件上，在时间标签的位置单击，切割文件，如图 3-50 所示。选择“选择工具”，选择切割后左侧的文件。选择“编辑 > 波纹删除”命令，删除选中的文件，如图 3-51 所示。

（8）将时间标签放置在 00:00:27:21 处，如图 3-52 所示。将鼠标指针放在“03”文件的结束位置，单击显示编辑点。当鼠标指针呈状时，向左拖曳到 00:00:27:21 处，如图 3-53 所示。

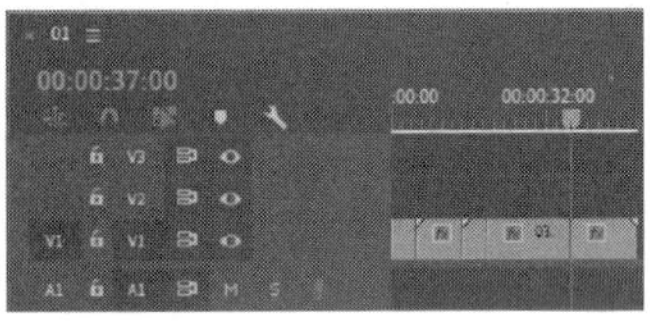

图 3-50

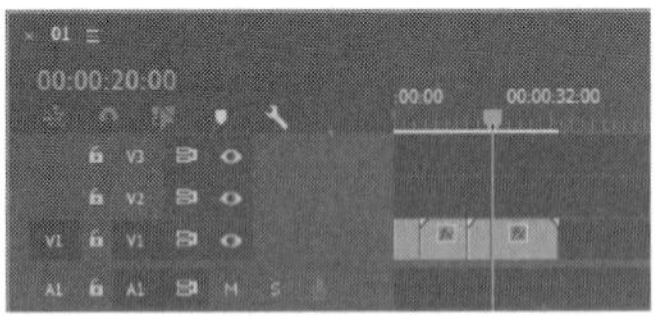

图 3-51

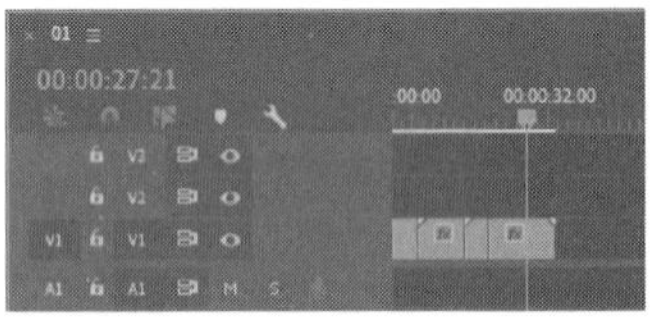

图 3-52

（9）选中“项目”面板中的“04”文件并将其拖曳到“时间轴”面板中的“视频 1（V1）”轨道中，如图 3-54 所示。将时间标签放置在 00:00:42:28 处。将鼠标指针放在“04”文件的结束位置，单击显示编辑点。当鼠标指针呈状时，向左拖曳到 00:00:42:28 处，如图 3-55 所示。

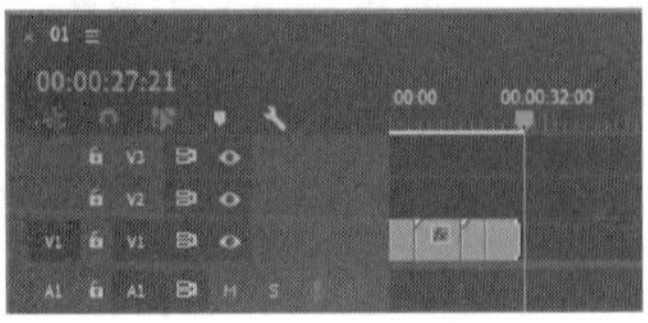

图 3-53

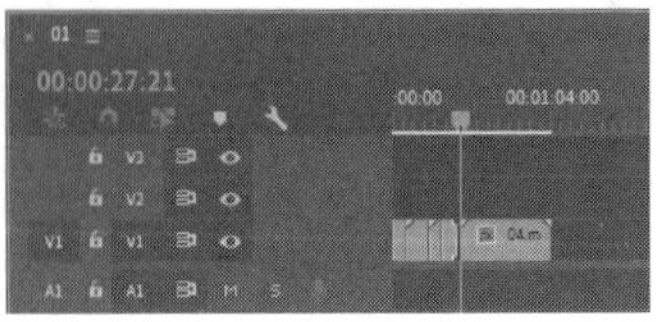

图 3-54

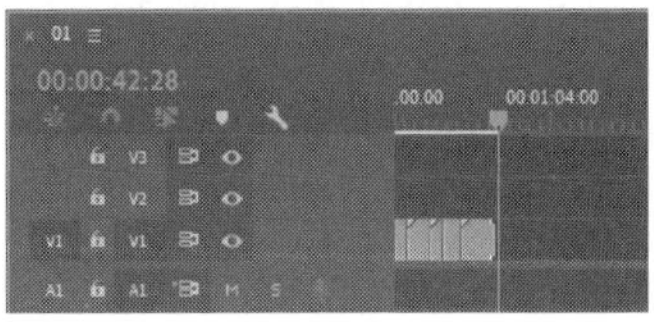

图 3-55

2. 为素材添加过渡效果

（1）在“效果”面板中展开“视频过渡”分类选项，单击“3D 运动”文件夹左侧的按钮将其展开，选中“立方体旋转”特效，如图 3-56 所示。将“立方体旋转”特效拖曳到“时间轴”面板“视频 1（V1）”轨道中“01”文件的开始位置，如图 3-57 所示。选择“时间轴”面板中的“立方体旋转”特效，在“效果控件”面板中将“持续时间”选项设置为 00:00:01:00，如图 3-58 所示。

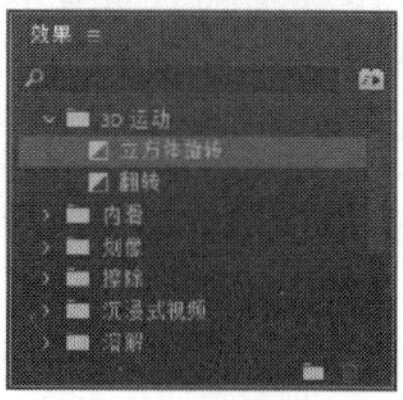
图 3-56

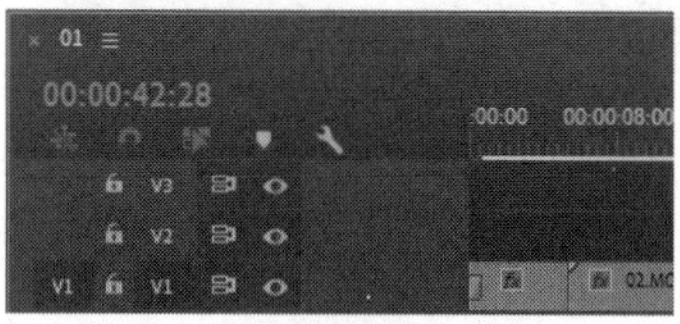
图 3-57

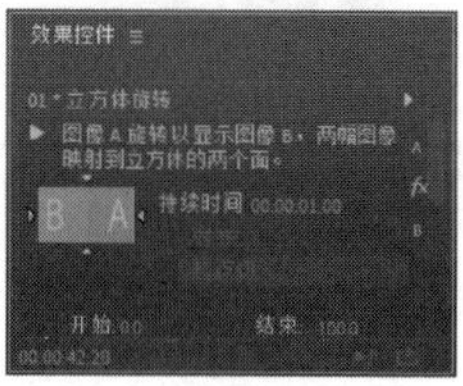
图 3-58

（2）在“效果”面板中单击“内滑”文件夹左侧的按钮将其展开，选中“推”特效，如图 3-59 所示。将“推”特效拖曳到“时间轴”面板“视频 1（V1）”轨道中“02”文件的开始位置，如图 3-60 所示。

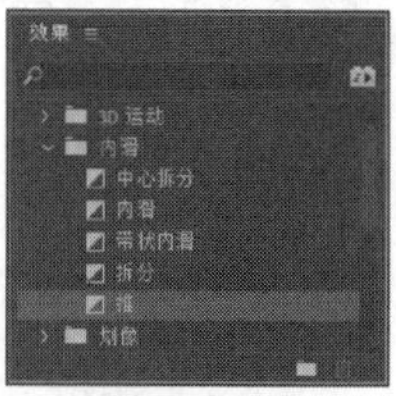
图 3-59

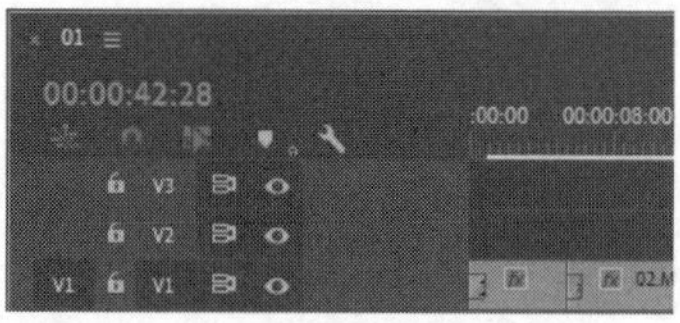
图 3-60

（3）在“效果”面板中选中“中心拆分”特效，如图 3-61 所示。将“中心拆分”特效拖曳到“时间轴”面板“视频 1（V1）”轨道中“03”文件的开始位置，如图 3-62 所示。选择“时间轴”面板中的“中心拆分”特效，在“效果控件”面板中将“持续时间”选项设置为 00:00:02:00，“对齐”选项设置为“中心切入”，如图 3-63 所示。

图 3-61

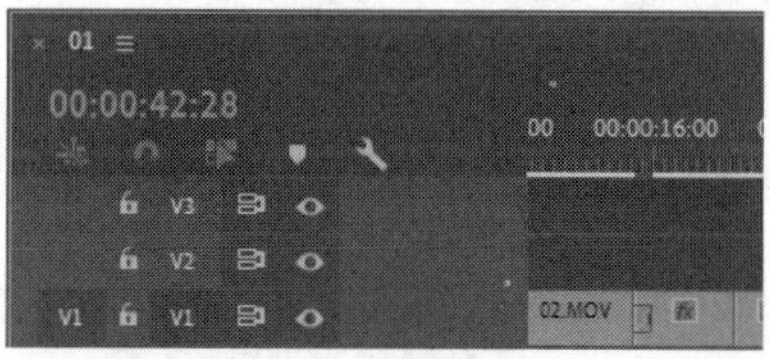
图 3-62

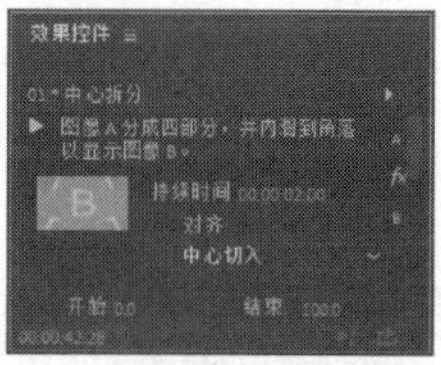
图 3-63

（4）在“效果”面板中选中“推”特效。将“推”特效拖曳到“时间轴”面板“视频 1（V1）”轨道中的第 1 个“03”文件的结束位置和第 2 个“03”文件的开始位置，如图 3-64 所示。

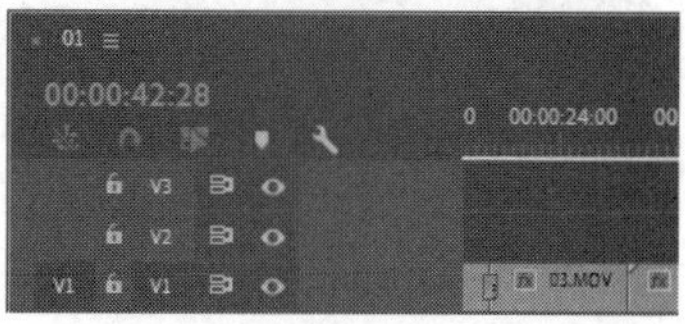
图 3-64

（5）在“效果”面板中单击“3D 运动”文件夹左侧的按钮将其展开，选中“翻转”特效，如图 3-65 所示。将“翻转”特效拖曳到“时间轴”面板“视频 1（V1）”轨道中“04”文件的开始位置，如图 3-66 所示。选择“时间轴”面板中的“翻转”特效，在“效果控件”面板中将“持续时间”选项设置为 00:00:01:25，“对齐”选项设置为“中心切入”，如图 3-67 所示。唯美古风短视频的转场添加完成。

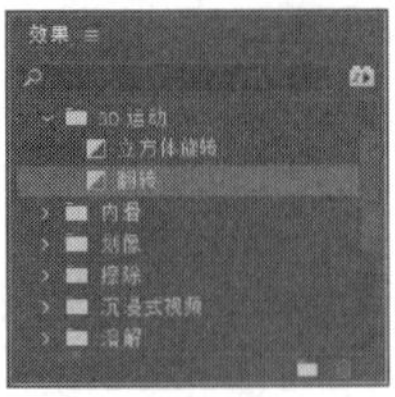

图 3-65

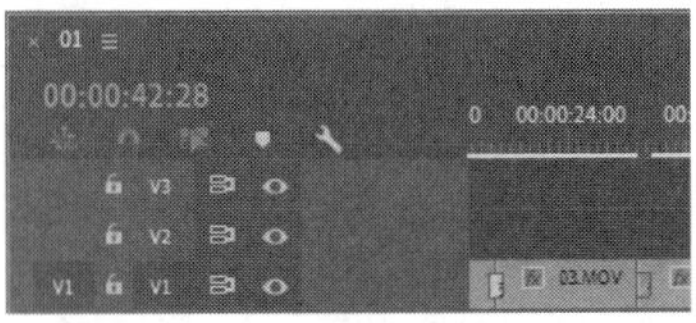

图 3-66

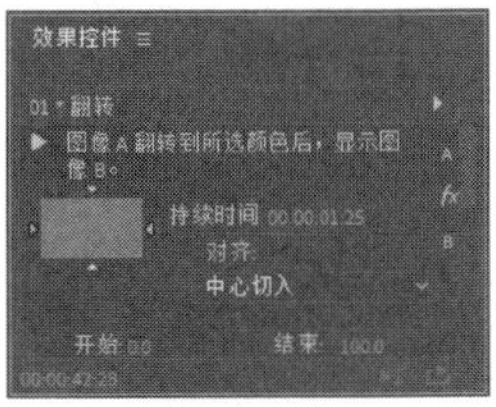

图 3-67

3.2.2 3D 运动

“3D 运动”效果包含两种视频过渡特效，如图 3-68 所示。不同特效的应用效果如图 3-69 所示。

图 3-68

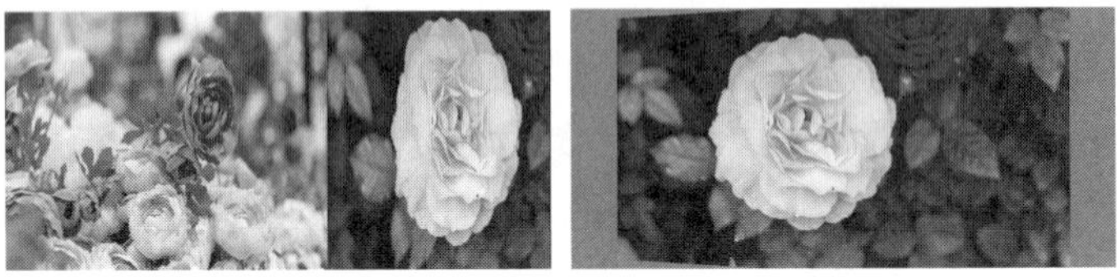

立方体旋转　　翻转

图 3-69

3.2.3 内滑

“内滑”效果包含 5 种视频过渡特效，如图 3-70 所示。不同特效的应用效果如图 3-71 所示。

图 3-70

中心拆分　　内滑

带状内滑　　拆分　　推

图 3-71

3.2.4 划像

“划像”效果包含 4 种视频过渡特效，如图 3-72 所示。不同特效的应用效果如图 3-73 所示。

图 3-72

交叉划像　圆划像　盒形划像　菱形划像

图 3-73

3.2.5 课堂案例——添加美食创意宣传片的转场

微课视频

扫码观看本案例视频　扩展案例

案例学习目标

学习使用过渡效果制作转场。

案例知识要点

使用“导入”命令导入视频文件，使用“划出”特效、“随机块”特效、“VR 光线”特效、“插入”特效和“随机擦除”特效制作视频之间的过渡效果，使用“效果控件”面板编辑过渡效果，最终效果如图 3-74 所示。

效果所在位置

Ch03/添加美食创意宣传片的转场/添加美食创意宣传片的转场.prproj。

图 3-74

1. 添加并调整素材

（1）启动 Premiere Pro 2020，选择“文件 > 新建 > 项目”命令，弹出“新建项目”对话框，如图 3-75 所示，单击“确定”按钮，新建项目。

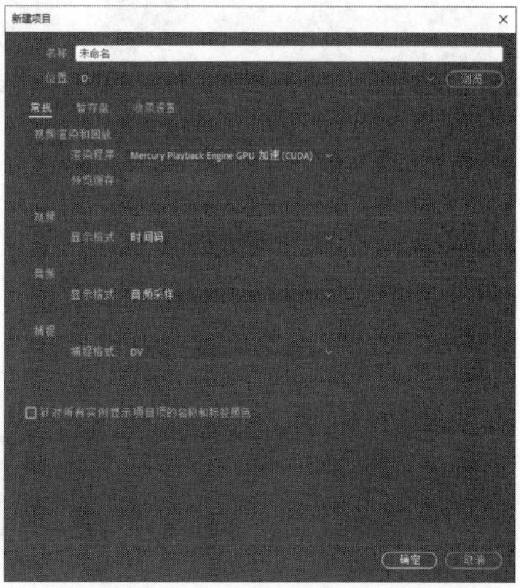

图 3-75

（2）选择“文件 > 导入”命令，弹出“导入”对话框，选择本书云盘中的“Ch03/添加美食创意宣传片的转场/素材/01”文件，如图 3-76 所示。单击“打开”按钮，将素材文件导入“项目”面板中，如图 3-77 所示。在“项目”面板中，选中“01”文件并将其拖曳到“时间轴”面板中，生成“01”序列，将“01”文件放置到“视频 1（V1）”轨道中，如图 3-78 所示。

（3）按住 Alt 键的同时，选择下方的音频，如图 3-79 所示。按 Delete 键，删除音频，如图 3-80 所示。

图 3-76

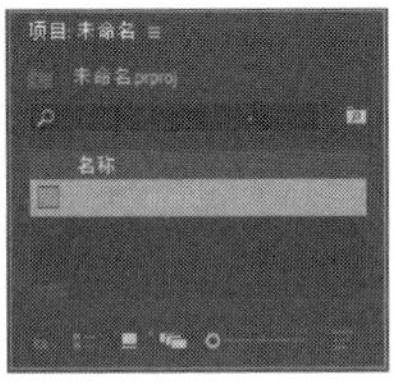

图 3-77

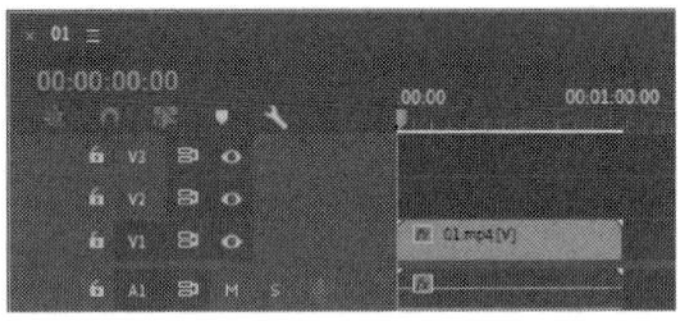

图 3-78

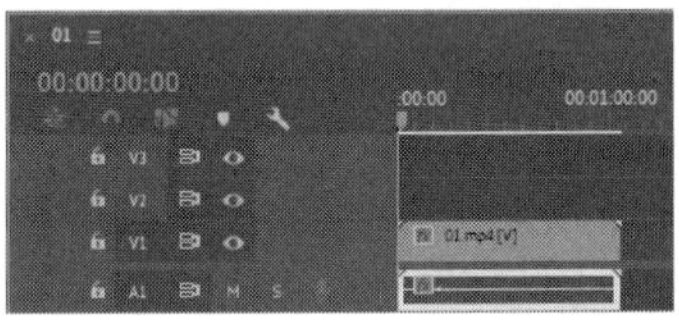

图 3-79

（4）选择“时间轴”面板中的“01”文件。在“01”文件上单击鼠标右键，在弹出的快捷菜单中选择“速度/持续时间”命令，在弹出的对话框中进行设置，如图 3-81 所示。单击“确定”按钮，效果如图 3-82 所示。

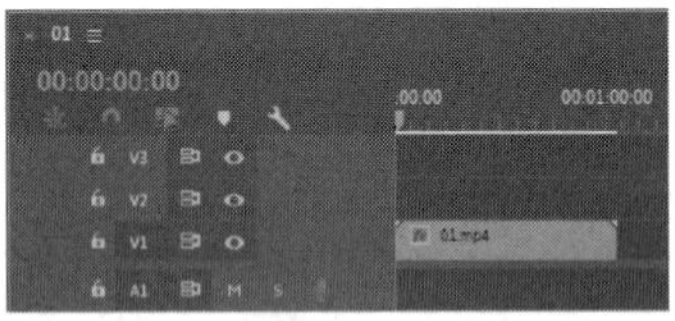

图 3-80

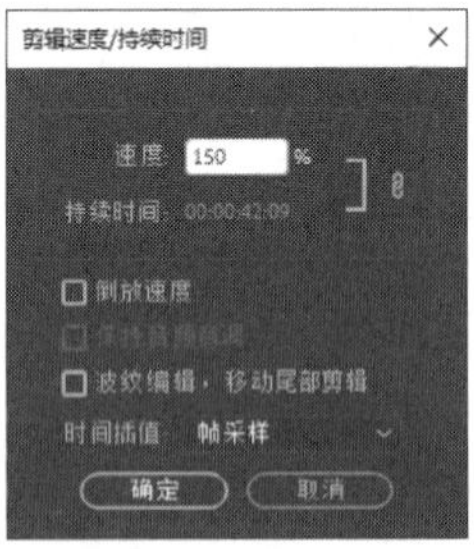

图 3-81

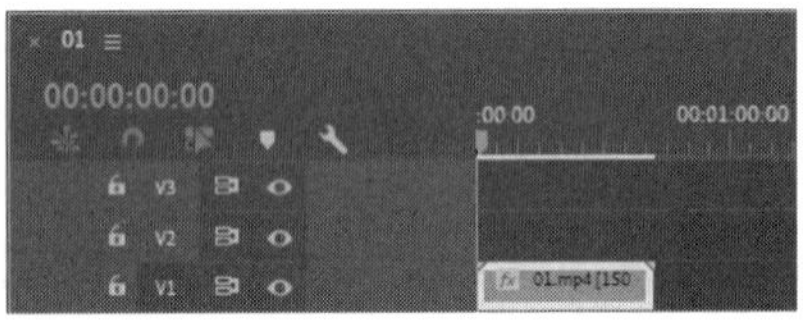

图 3-82

（5）将时间标签放置在 00:00:05:20 处。选择“剃刀工具”，将鼠标指针移到“时间轴”面板中的“01”文件上，在时间标签的位置单击，切割文件，如图 3-83 所示。将时间标签放置在 00:00:08:17 处。将鼠标指针移到“时间轴”面板中的“01”文件上，在时间标签的位置单击，切割文件，如图 3-84 所示。

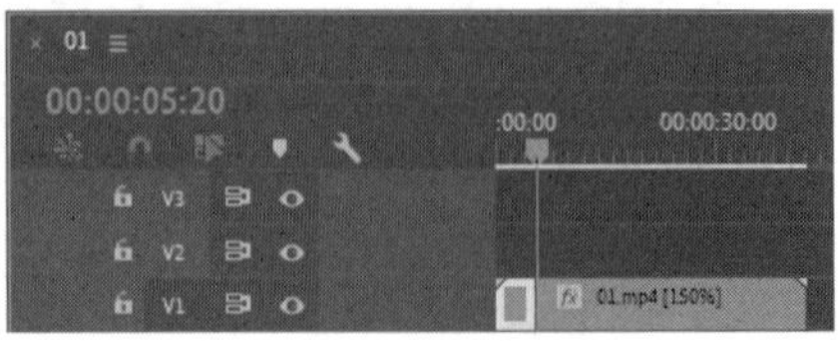

图 3-83

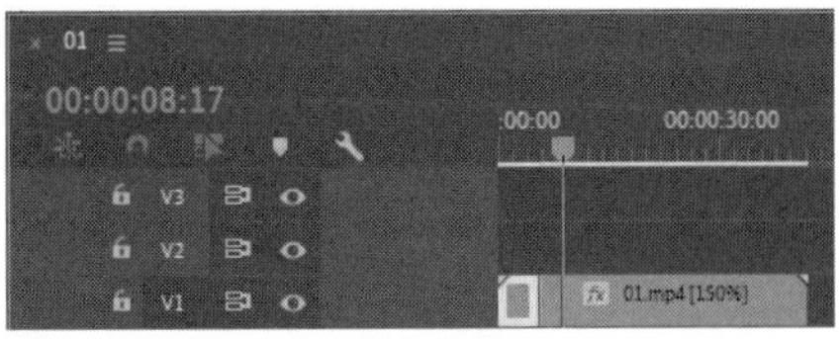

图 3-84

（6）选择“选择工具” ，选择切割后左侧的文件，如图 3-85 所示。选择“编辑 > 波纹删除”命令，删除选中的文件，如图 3-86 所示。

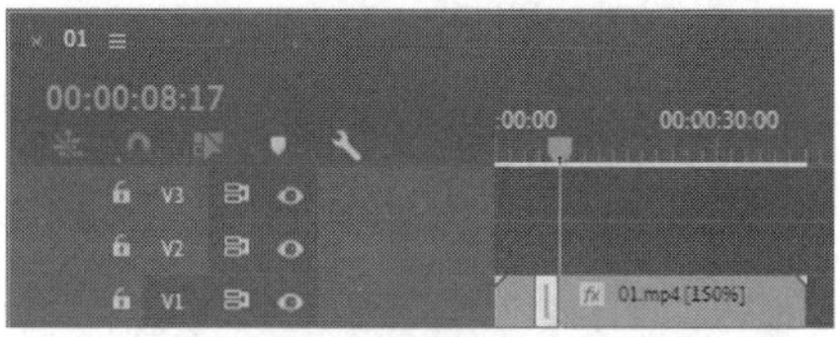

图 3-85

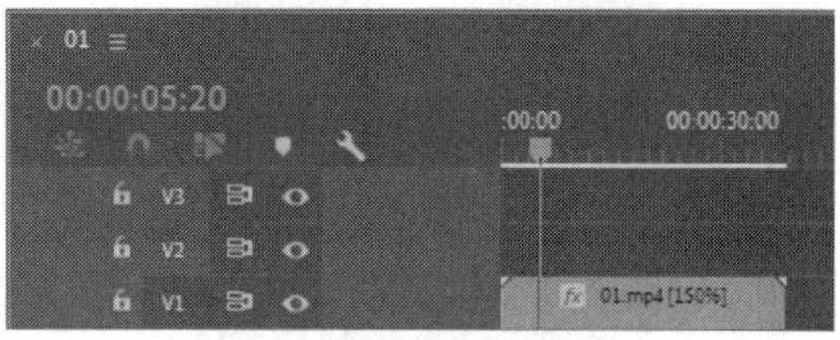

图 3-86

（7）将时间标签放置在 00:00:11:20 处。选择“剃刀工具” ，将鼠标指针移到“时间轴”面板中的“01”文件上，在时间标签的位置单击，切割文件，如图 3-87 所示。选择“选择工具” ，选择切割后左侧的文件。在文件上单击鼠标右键，在弹出的快捷菜单中选择“速度/持续时间”命令，弹出“剪辑速度/持续时间”对话框，在其中勾选“波纹编辑，移动尾部剪辑”复选框，其他选项的设置如图 3-88 所示。单击“确定”按钮，效果如图 3-89 所示。

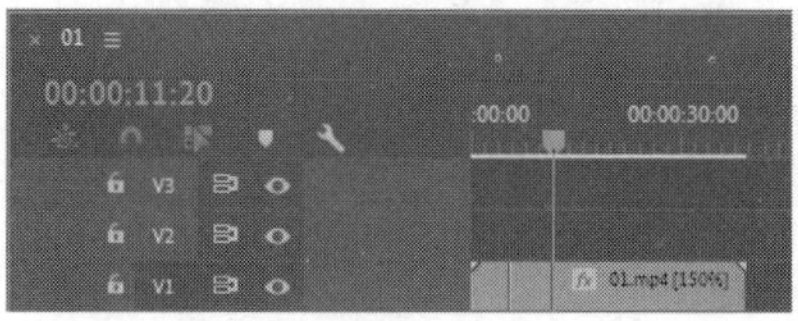

图 3-87

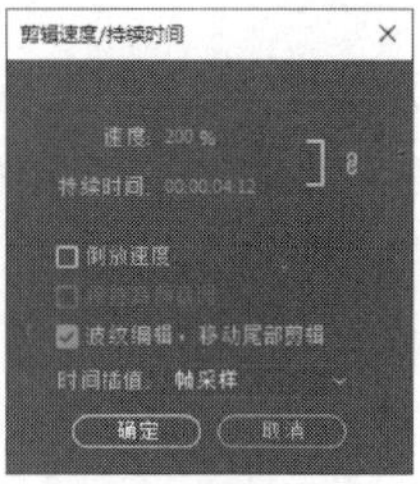

图 3-88

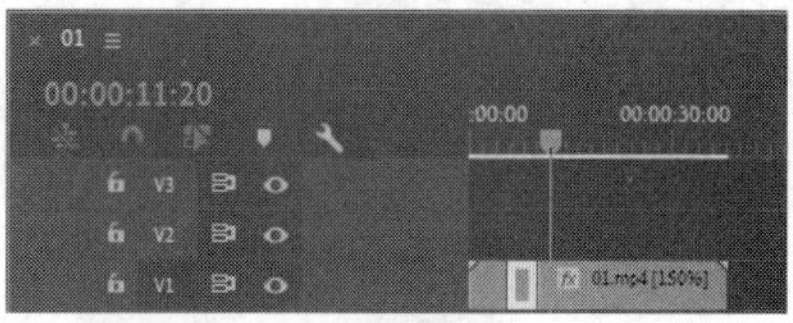

图 3-89

（8）将时间标签放置在 00:00:12:16 处。选择“剃刀工具” ，将鼠标指针移到“时间轴”面板中的“01”文件上，在时间标签的位置单击，切割文件，如图 3-90 所示。

（9）选择“选择工具” ，选择切割后左侧的文件。选择“编辑 > 波纹删除”命令，删除选中的文件，如图 3-91 所示。将时间标签放置在 00:00:12:03 处。选择“剃刀工具” ，将鼠标指针移到“时间轴”面板中的“01”文件上，在时间标签的位置单击，切割文件，如图 3-92 所示。

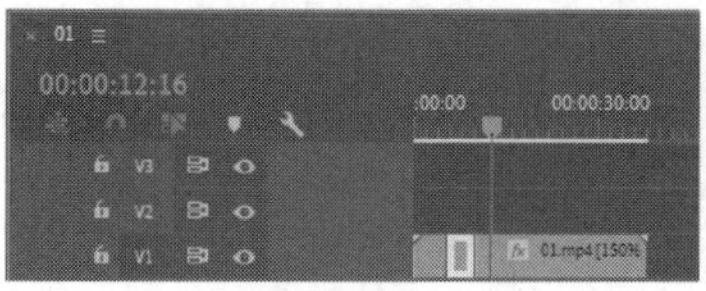

图 3-90

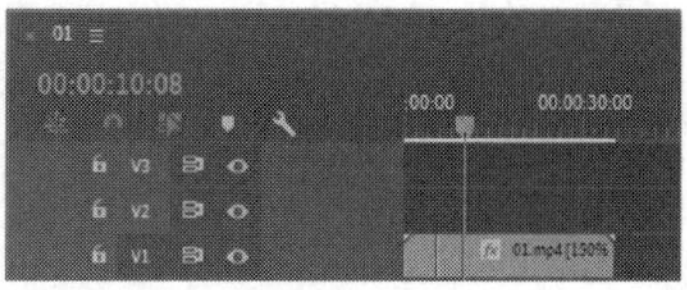

图 3-91

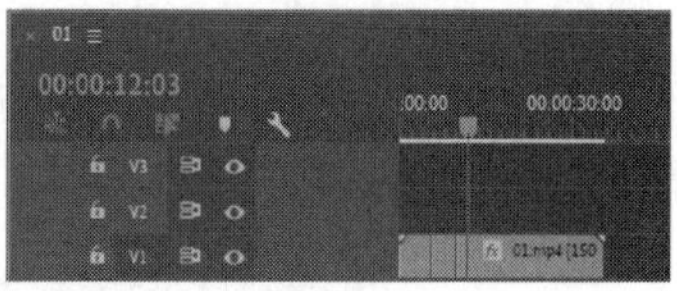

图 3-92

（10）选择“选择工具” ，选择切割后左侧的文件。在文件上单击鼠标右键，在弹出的快捷菜单中选择“速度/持续时间”命令，弹出“剪辑速度/持续时间”对话框，其中各选项的设置如图 3-93 所示。单击“确定”按钮，效果如图 3-94 所示。

（11）将时间标签放置在 00:00:20:17 处。选择“剃刀工具” ，将鼠标指针移到“时间轴”面板中的“01”文件上，在时间标签的位置单击，切割文件，如图 3-95 所示。将时间标签放置在 00:00:25:19 处。将鼠标指针移到“时间轴”面板中的“01”文件上，在时间标签的位置单击，切割文件，如图 3-96 所示。

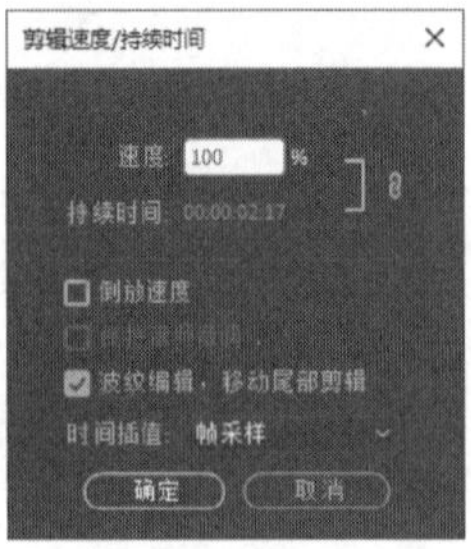

图 3-93

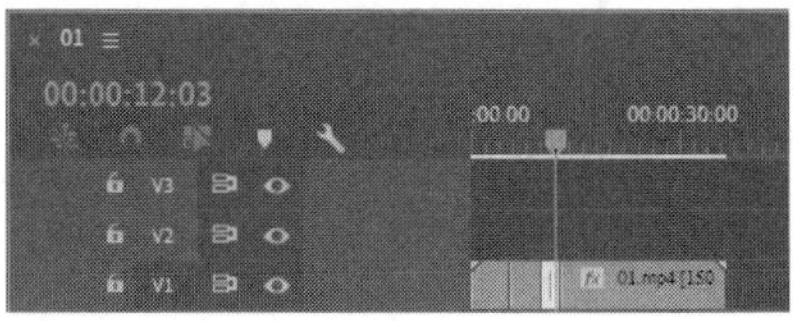

图 3-94

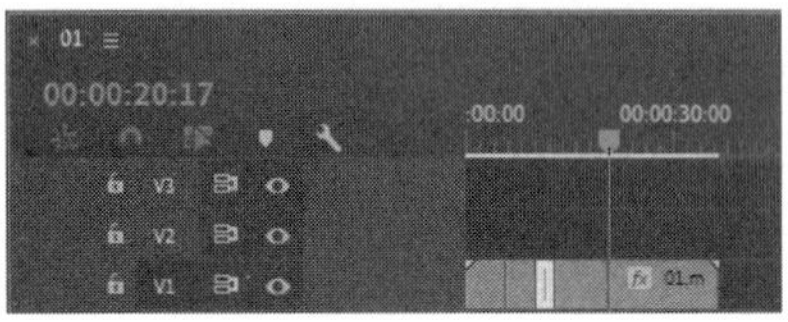

图 3-95

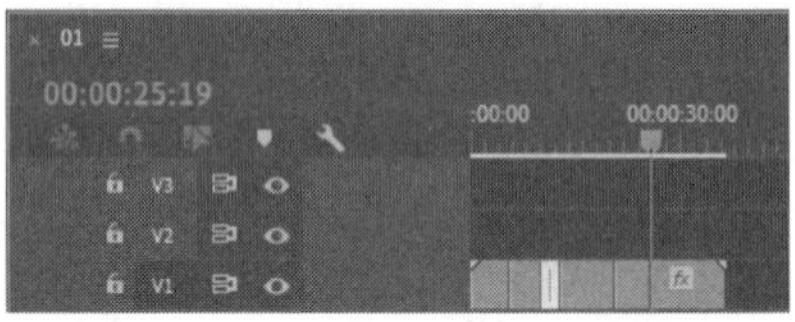

图 3-96

（12）选择“选择工具”，选择切割后右侧的文件。在文件上单击鼠标右键，在弹出的快捷菜单中选择“速度/持续时间”命令，弹出“剪辑速度/持续时间”对话框，其中各选项的设置如图 3-97 所示。单击“确定”按钮，效果如图 3-98 所示。

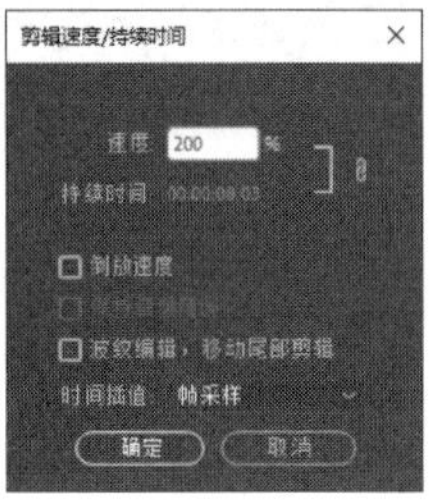

图 3-97

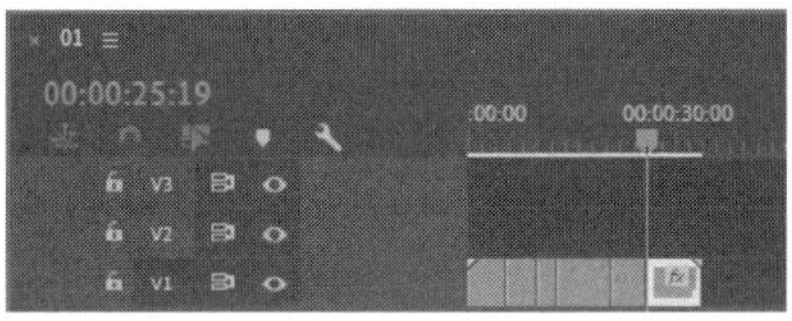

图 3-98

2. 为素材添加过渡效果

（1）在“效果”面板中展开“视频过渡”分类选项，单击“擦除”文件夹左侧的按钮将其展开，选中“划出”特效，如图 3-99 所示。将“划出”特效拖曳到“时间轴”面板中第 1 个“01”文件的开始位置，如图 3-100 所示。

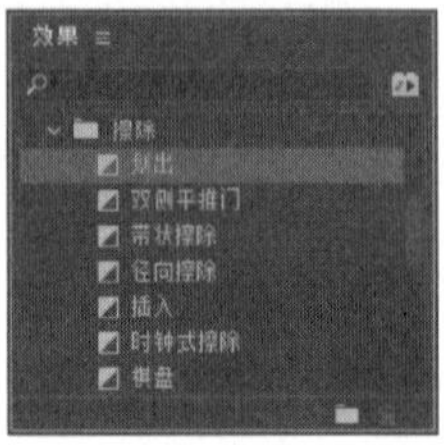

图 3-99

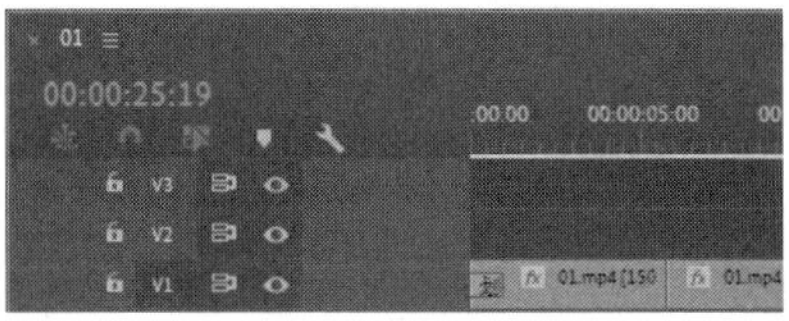

图 3-100

（2）选择“时间轴”面板中的“划出”特效，如图 3-101 所示。在“效果控件”面板中将“持续时间”选项设置为 00:00:03:00，如图 3-102 所示。

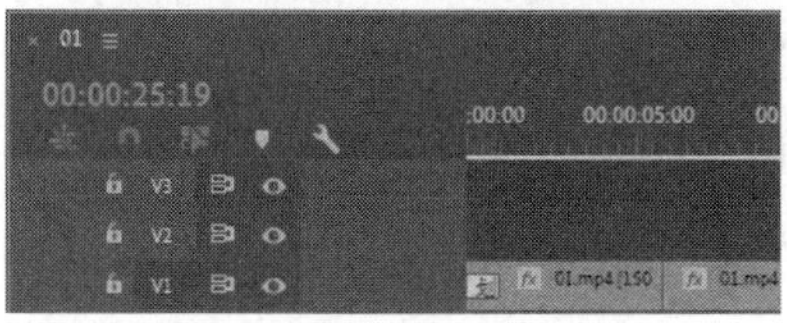

图 3-101

图 3-102

（3）在“效果”面板中选中“随机块”特效，如图 3-103 所示。将“随机块”特效拖曳到“时间轴”面板中第 3 个“01”文件的结束位置和第 4 个“01”文件的开始位置，如图 3-104 所示。

图 3-103

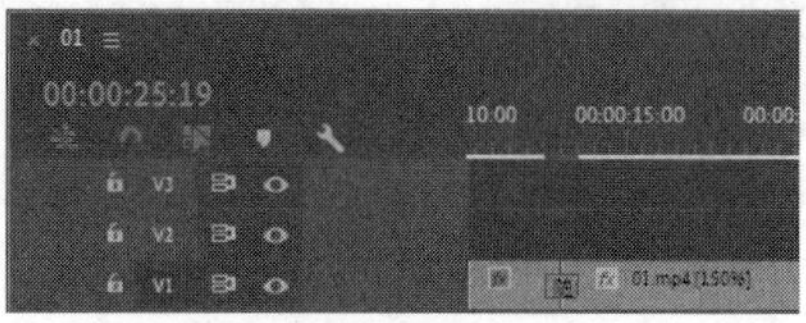

图 3-104

（4）在“效果”面板中单击“沉浸式视频”文件夹左侧的按钮将其展开，选中“VR 光线”特效，如图 3-105 所示。将“VR 光线”特效拖曳到“时间轴”面板中第 4 个“01”文件的结束位置和第 5 个“01”文件的开始位置，如图 3-106 所示。选择“时间轴”面板中的“VR 光线”特效，在“效果控件”面板中将“持续时间”选项设置为 00:00:03:00，如图 3-107 所示。

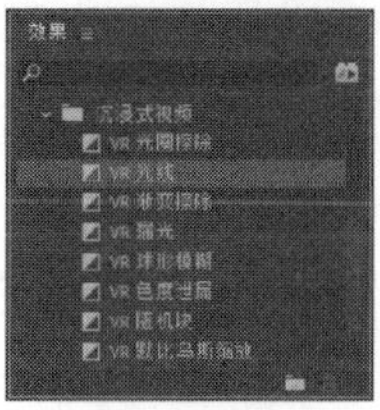

图 3-105

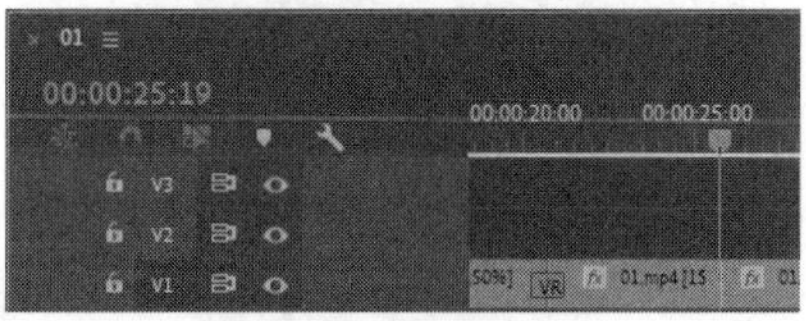

图 3-106

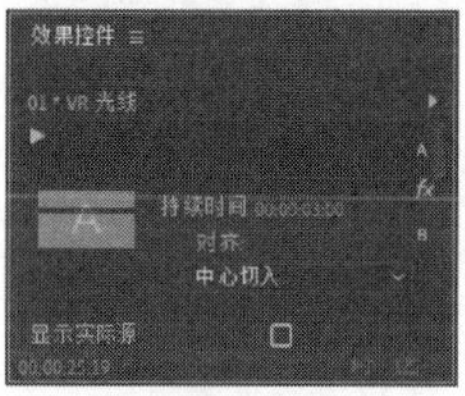

图 3-107

（5）在“效果”面板中单击“擦除”文件夹左侧的按钮将其展开，选中“插入”特效，如图 3-108 所示。将“插入”特效拖曳到“时间轴”面板中第 5 个“01”文件的结束位置和第 6 个“01”文件的开始位置，如图 3-109 所示。选择“时间轴”面板中的“插入”特效，在“效果控件”面板中将“持续时间”选项设置为 00:00:03:06，如图 3-110 所示。

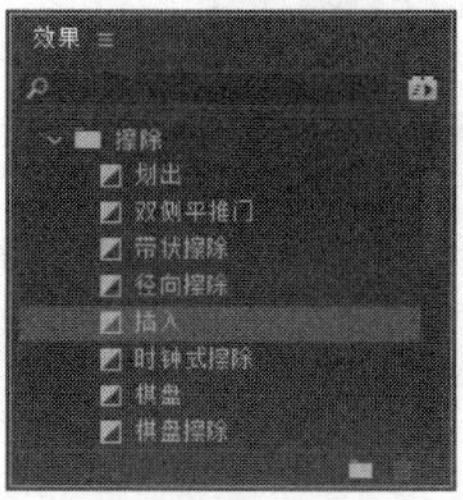

图 3-108

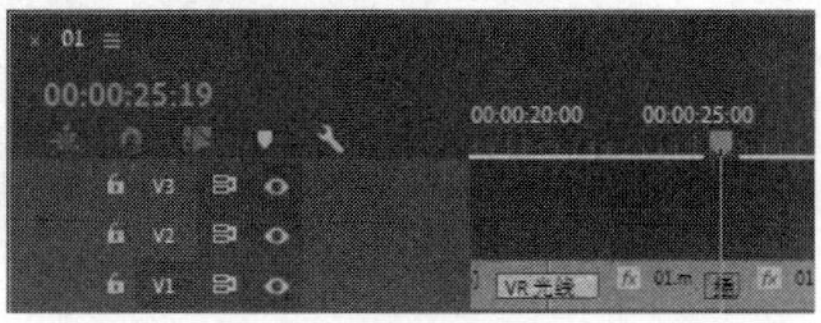

图 3-109

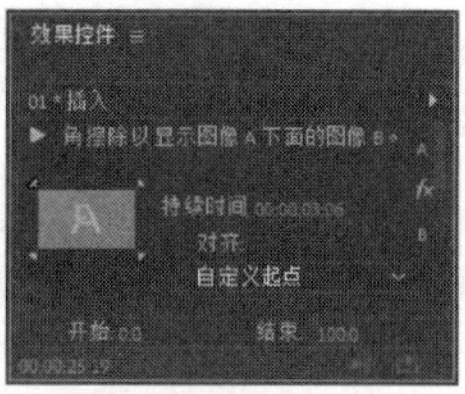

图 3-110

（6）在“效果”面板中选中“随机擦除”特效，如图 3-111 所示。将“随机擦除”特效拖曳到“时间轴”面板中第 6 个“01”文件的结束位置，如图 3-112 所示。选择“时间轴”面板中的“随机擦除”特效，在“效果控件”面板中将“持续时间”选项设置为 00:00:02:00，如图 3-113 所示。美食创意宣传片的转场添加完成。

图 3-111

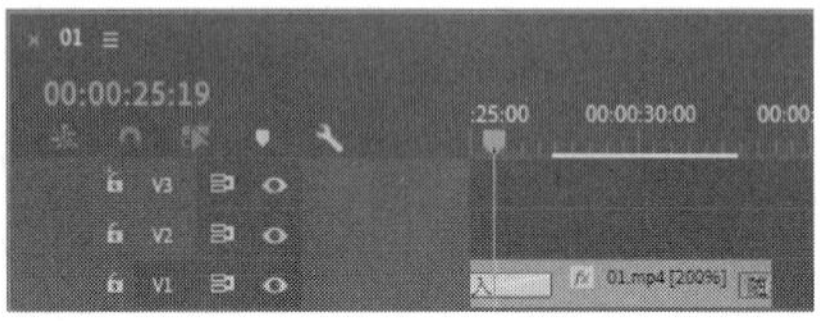

图 3-112

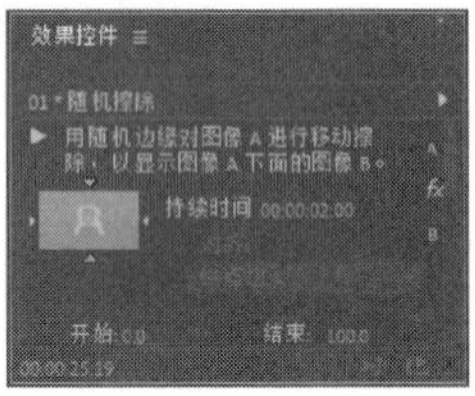

图 3-113

3.2.6 擦除

“擦除”效果包含 17 种视频过渡特效，如图 3-114 所示。不同特效的应用效果如图 3-115 所示。

图 3-114

划出　双侧平推门　带状擦除

径向擦除　插入　时钟式擦除

图 3-115

棋盘

棋盘擦除

楔形擦除

水波块

油漆飞溅

渐变擦除

百叶窗

螺旋框

随机块

随机擦除

风车

图 3-115（续）

3.2.7 沉浸式视频

“沉浸式视频”效果包含 8 种视频过渡特效，如图 3-116 所示。不同特效的应用效果如图 3-117 所示。

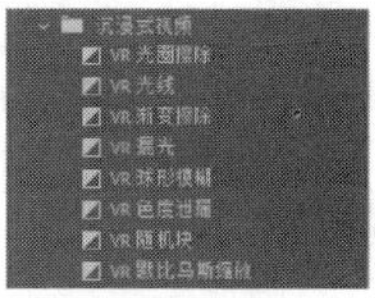

图 3-116

VR 光圈擦除

VR 光线

VR 渐变擦除

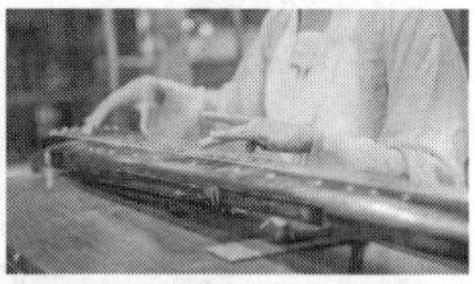
VR 漏光

VR 球形模糊

VR 色度泄漏

VR 随机块

VR 默比乌斯缩放

图 3-117

3.2.8 课堂案例——添加可爱猫咪短视频的转场

微课视频

扫码观看
本案例视频

扩展案例

案例学习目标

学习使用过渡效果制作转场。

案例知识要点

使用“导入”命令导入素材文件，使用“交叉缩放”特效、“叠加溶解”特效、“翻页”特效和“VR 色度泄漏”特效制作素材之间的过渡效果，使用“效果控件”面板调整过渡效果，最终效果如图 3-118 所示。

图 3-118

效果所在位置

Ch03/添加可爱猫咪短视频的转场/添加可爱猫咪短视频的转场.prproj。

（1）启动 Premiere Pro 2020，选择“文件 > 新建 > 项目”命令，弹出“新建项目”对话框，如图 3-119 所示，单击“确定”按钮，新建项目。选择“文件 > 新建 > 序列”命令，弹出“新建序列”对话框，切换至“设置”选项卡，其中各选项的设置如图 3-120 所示，单击“确定”按钮，新建序列。

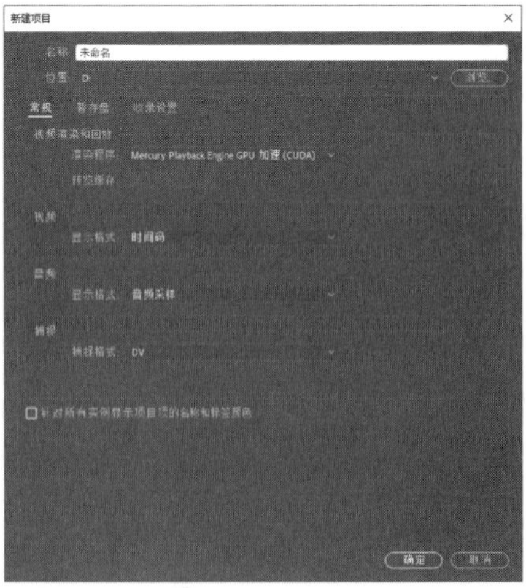

图 3-119

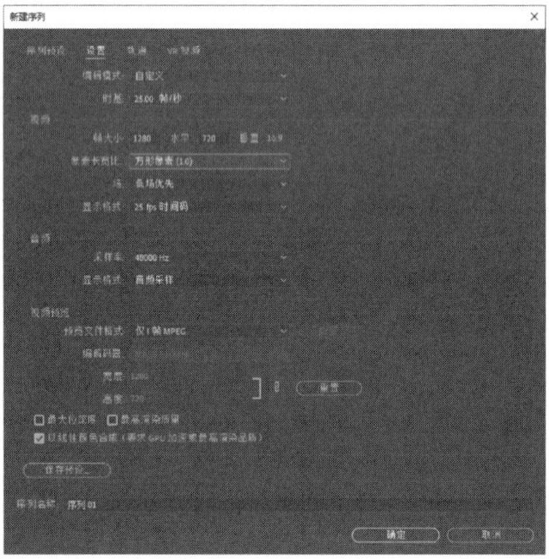

图 3-120

（2）选择“文件 > 导入”命令，弹出“导入”对话框，选择本书云盘中的“Ch03\添加可爱猫咪短视频的转场\素材\01~05”文件，如图 3-121 所示。单击“打开”按钮，将素材文件导入“项目”面板中，如图 3-122 所示。

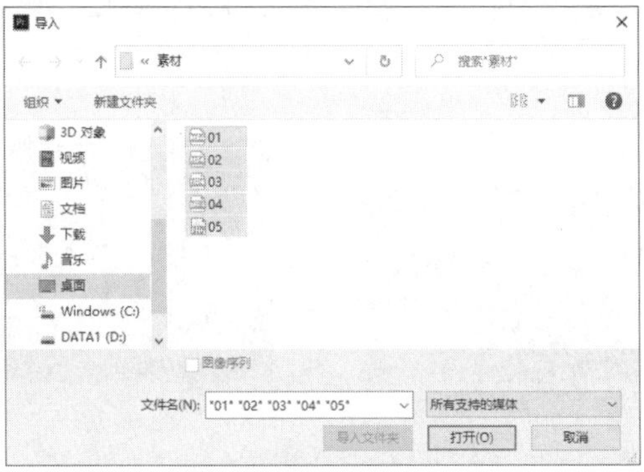

图 3-121

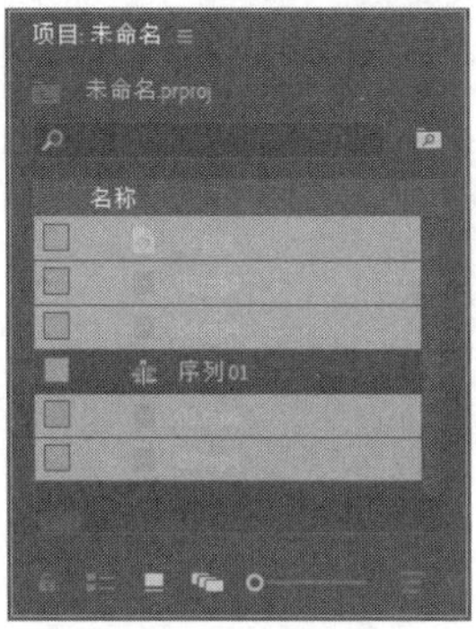

图 3-122

（3）选择“时间轴”面板，在 00:00:00:00 处按 M 键创建标记，如图 3-123 所示。用相同的方法分别在 00:00:05:00、00:00:10:00、00:00:15:00 和 00:00:20:00 处添加标记，如图 3-124 所示。

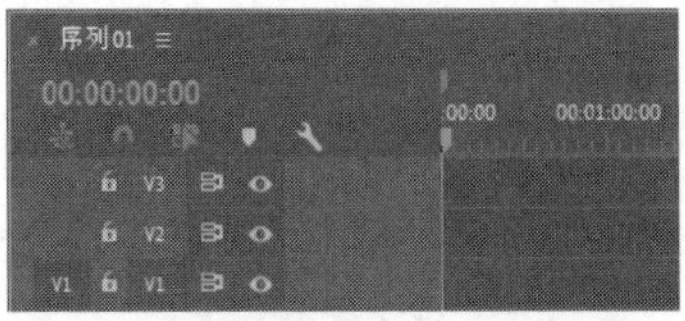

图 3-123

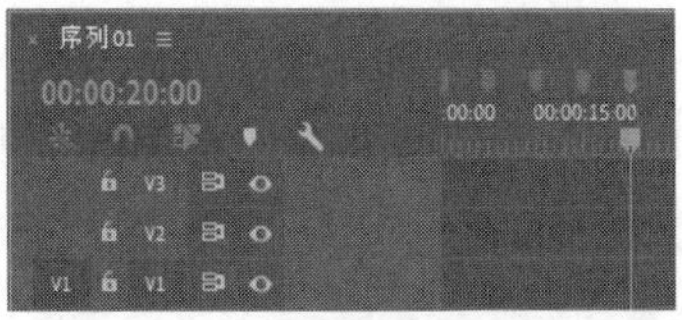

图 3-124

（4）将时间标签放置在 00:00:00:00 处。在“项目”面板中，按顺序选中“01”“02”“03”“04”文件。选择“剪辑 > 自动匹配序列”命令，在弹出的对话框中进行设置，如图 3-125 所示。单击“确定”按钮，自动匹配序列，此时“时间轴”面板如图 3-126 所示。

（5）在“项目”面板中，选中“05”文件并将其拖曳到“时间轴”面板的“视频 2（V2）”轨道中，如图 3-127 所示。将鼠标指针移至“05”文件的结束位置，单击显示编辑点，向右拖曳到“04”文件的结束位置，如图 3-128 所示。

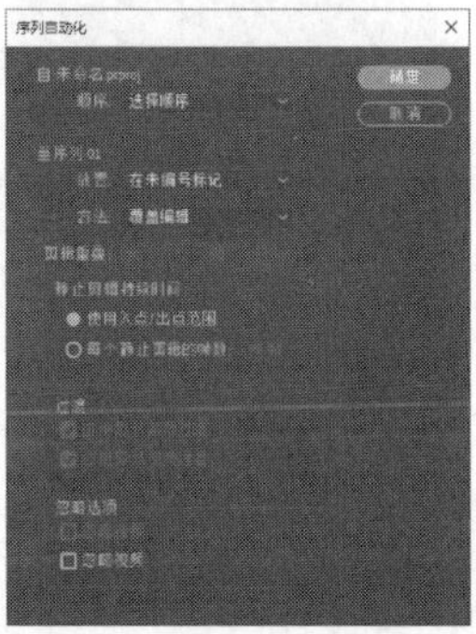

图 3-125

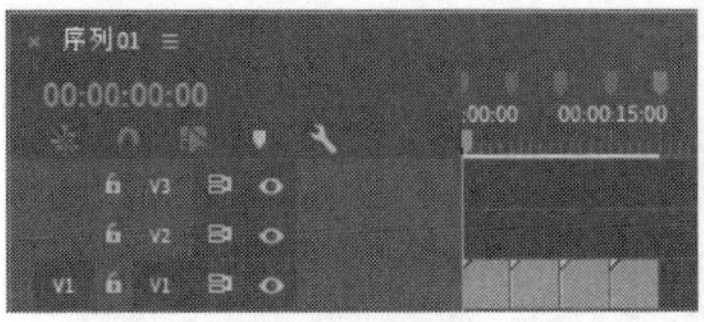

图 3-126

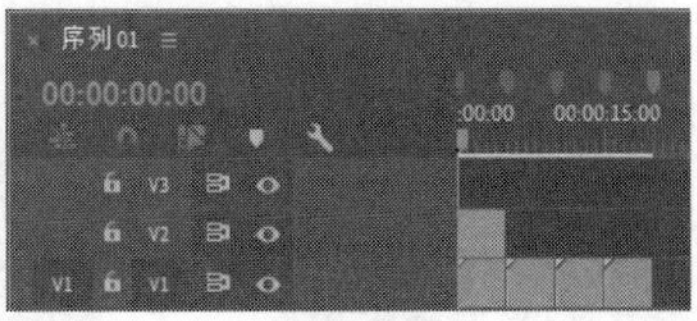

图 3-127

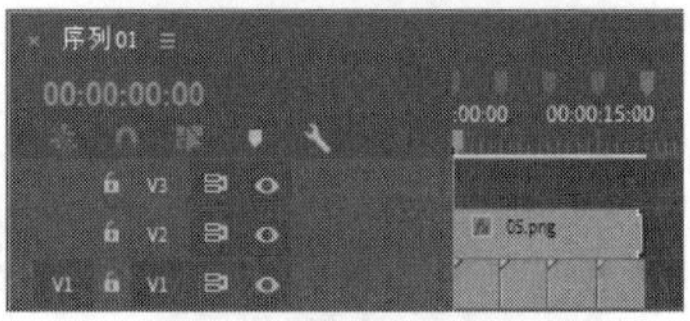

图 3-128

（6）选择“时间轴”面板中的“05”文件，在“效果控件”面板中展开“运动”选项，将“位置”选项设置为 196.0 和 620.0，如图 3-129 所示。在“效果”面板中展开“视频过渡”分类选项，单击“缩放”文件夹左侧的❯按钮将其展开，选中“交叉缩放”效果，如图 3-130 所示。

图 3-129

（7）将“交叉缩放”特效拖曳到“时间轴”面板中“02”文件的开始位置，如图 3-131 所示。将时间标签放置在 00:00:05:00 处。选中“时间轴”面板中的“交叉缩放”特效，在“效果控件”面板中将“持续时间”选项设置为 00:00:02:00，“对齐”选项设置为“中心切入”，如图 3-132 所示。

图 3-130

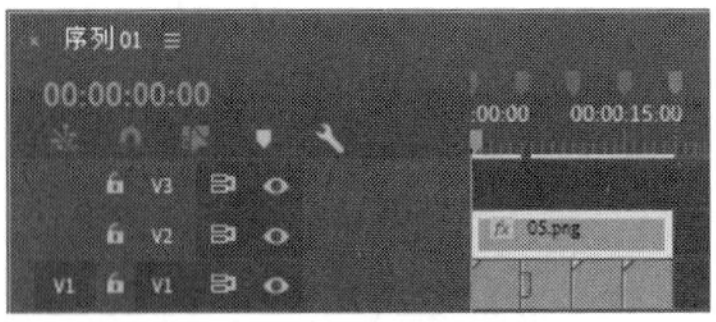

图 3-131

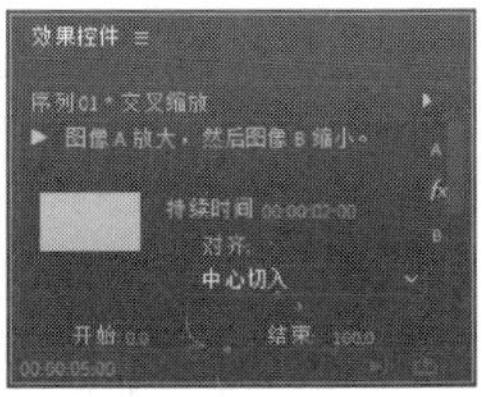

图 3-132

（8）在“效果”面板中单击“溶解”文件夹左侧的按钮将其展开，选中“叠加溶解”特效，如图 3-133 所示。将“叠加溶解”特效拖曳到“时间轴”面板中“03”文件的开始位置。将时间标签放置在 00:00:10:00 处。选中“时间轴”面板中的“随机块”特效，在“效果控件”面板中将“持续时间”选项设置为 00:00:03:00，“对齐”选项设置为“中心切入”，如图 3-134 所示。

（9）在“效果”面板中单击“页面剥落”文件夹左侧的按钮将其展开，选中“翻页”特效，如图 3-135 所示。将“翻页”特效拖曳到“时间轴”面板中“04”文件的开始位置。将时间标签放置在 00:00:15:00 处。选中“时间轴”面板中的“翻页”特效，在“效果控件”面板中将“持续时间”选项设置为 00:00:02:00，“对齐”选项设置为“中心切入”，如图 3-136 所示。

图 3-133

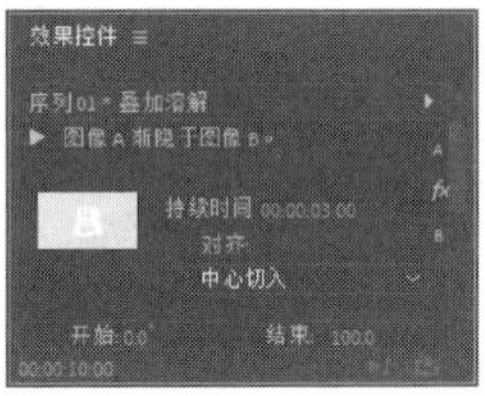

图 3-134

图 3-135

（10）在“效果”面板中单击“沉浸式视频”文件夹左侧的按钮将其展开，选中“VR 色度泄漏”特效，如图 3-137 所示。将“VR 色度泄漏”特效拖曳到“时间轴”面板中“04”文件和“05”文件的结束位置，如图 3-138 所示。可爱猫咪短视频的转场添加完成。

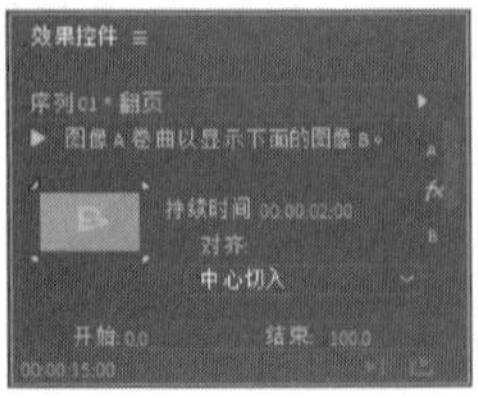

图 3-136

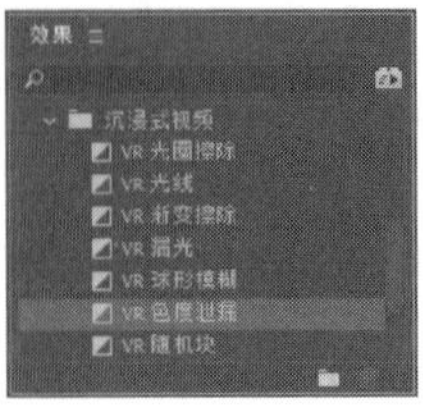

图 3-137

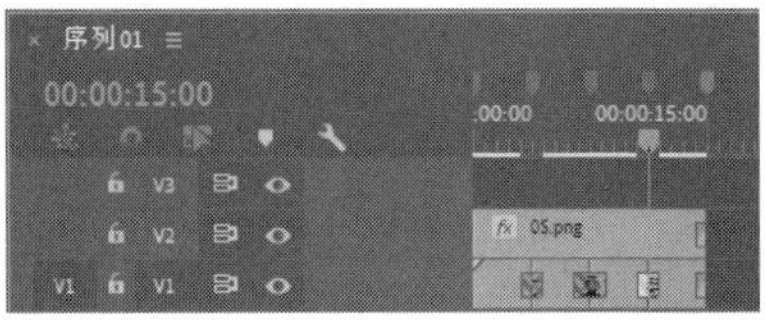

图 3-138

3.2.9 溶解

“溶解”效果包含 7 种视频过渡特效，如图 3-139 所示。不同特效的应用效果如图 3-140 所示。

图 3-139

MorphCut

交叉溶解

叠加溶解

白场过渡

胶片溶解

非叠加溶解

黑场过渡

图 3-140

3.2.10 缩放

“缩放”效果包含一种视频过渡特效，如图 3-141 所示。该特效的应用效果如图 3-142 所示。

图 3-141

交叉缩放

图 3-142

3.2.11 页面剥落

“页面剥落”效果包含两种视频过渡特效，如图 3-143 所示。不同特效的应用效果如图 3-144 所示。

图 3-143

翻页

页面剥落

图 3-144

课堂练习——添加企业形象宣传片的转场

扫码观看
课堂练习视频

练习知识要点

使用“导入”命令导入素材文件，使用“带状擦除”特效、“白场过渡”特效和“黑场过渡”特效制作素材之间的过渡效果，使用“效果控件”面板调整过渡效果，最终效果如图 3-145 所示。

效果所在位置

Ch03/添加企业形象宣传片的转场/添加企业形象宣传片的转场.prproj。

图 3-145

课后习题——添加北京大栅栏短视频的转场

扫码观看
课后习题视频

习题知识要点

使用“导入”命令导入视频文件，使用“划出”特效、“VR 漏光”特效、“随机块”特效和“黑场过渡”特效制作视频之间的过渡效果，使用“效果控件”面板调整过渡效果，最终效果如图 3-146 所示。

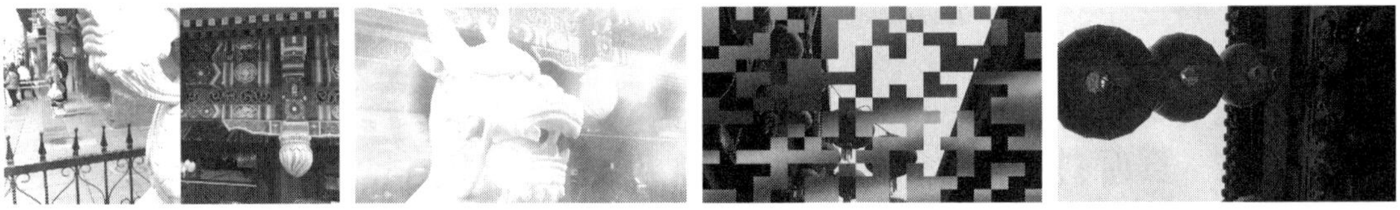

图 3-146

效果所在位置

Ch03/添加北京大栅栏短视频的转场/添加北京大栅栏短视频的转场. prproj。

04

第 4 章 视频效果的应用

本章主要介绍 Premiere Pro 2020 中的视频效果。这些效果可以应用在视频、图片和文字上。通过对本章的学习，读者可以快速了解并掌握制作视频效果的精髓，从而创作出丰富多彩的视觉效果。

学习目标

- ✧ 了解视频效果的应用。
- ✧ 掌握关键帧的使用方法。
- ✧ 掌握多种视频效果。

技能目标

- ✧ 掌握武汉城市形象宣传片的波纹转场的制作方法。
- ✧ 掌握都市生活短视频的卷帘转场的制作方法。
- ✧ 掌握青春生活短视频的翻页转场的制作方法。

素养目标

- ✧ 培养对素材进行各类效果操作的实际应用能力。
- ✧ 培养使用时间轴来创建各种动画实现创意目标的能力。
- ✧ 培养通过不断实践和尝试积极探索的能力。

4.1 应用视频效果

为素材添加一个视频效果很简单，只需从“效果”面板中拖曳一个成品到“时间轴”面板中的素材片段上即可。如果素材片段处于选中状态，也可以双击“效果”面板中的效果成品或直接将效果成品拖曳到该片段的“效果控件”面板中。

4.2 关键帧

在 Premiere Pro 2020 中，可以添加、选择和编辑关键帧。下面对关键帧的基本操作进行具体介绍。

4.2.1 关键帧技术

要使效果随时间改变，可以使用关键帧技术来实现。创建一个关键帧后，就可以指定相应效果属性在确切的时间点上的值。当为多个关键帧赋予不同的值时，Premiere Pro 2020 会自动计算关键帧之间的值，这个处理过程称为“插补”。对于大多数标准效果，可以在素材的整个时间长度中设置关键帧。对于固定效果，如位置和缩放效果，可以设置关键帧，使素材产生动画，也可以移动、复制或删除关键帧，还可以改变插补的模式。

4.2.2 激活关键帧

为了设置视频效果的属性，必须激活属性的关键帧，任何支持关键帧的效果属性都有“切换动画”按钮，单击该按钮，可插入一个关键帧。插入关键帧（激活关键帧）后，就可以在不同的时间标签调整素材属性，如图 4-1 所示。

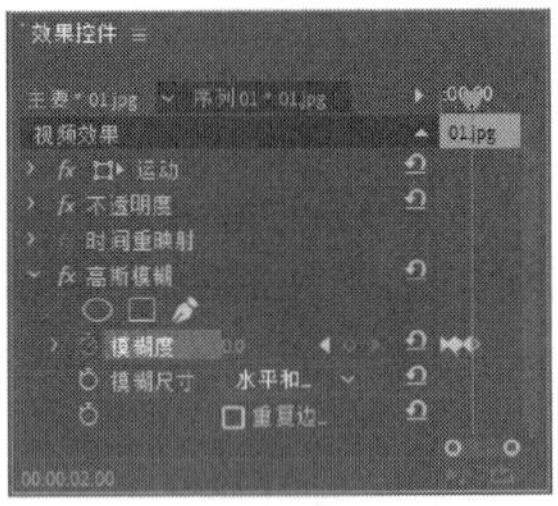

图 4-1

4.3 视频效果

在认识了视频效果的基本使用方法之后，下面将对 Premiere Pro 2020 中的各视频效果进行详细的介绍。

4.3.1 课堂案例——制作武汉城市形象宣传片的波纹转场

案例学习目标

学习使用“扭曲”效果制作波纹转场。

案例知识要点

使用“导入”命令导入素材文件，使用入点和出点调整素材文件，

微课视频

扫码观看
本案例视频

扩展案例

使用“湍流置换”特效和“效果控件”面板制作波纹转场，最终效果如图 4-2 所示。

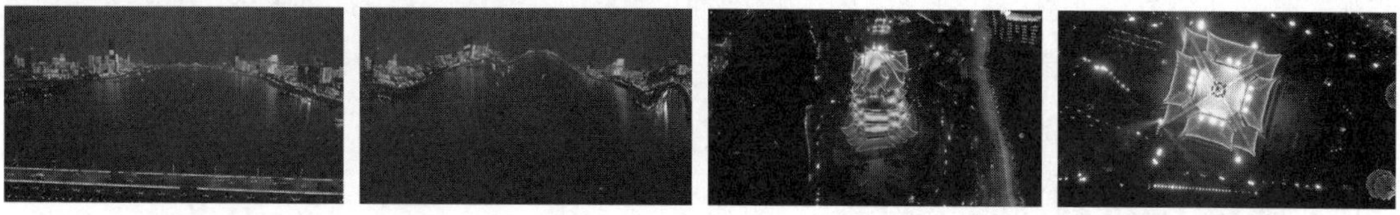

图 4-2

效果所在位置

Ch04/制作武汉城市形象宣传片的波纹转场/制作武汉城市形象宣传片的波纹转场.prproj。

1. 添加并调整素材

（1）启动 Premiere Pro 2020，选择“文件 > 新建 > 项目”命令，弹出“新建项目”对话框，如图 4-3 所示，单击“确定”按钮，新建项目。

（2）选择“文件 > 导入”命令，弹出“导入”对话框，选择本书云盘中的“Ch04/制作武汉城市形象宣传片的波纹转场/素材/01~03”文件，如图 4-4 所示。单击“打开”按钮，将素材文件导入“项目”面板中，如图 4-5 所示。双击“项目”面板中的“01”文件，在“源”监视器窗口中打开“01”文件。将时间标签放置在 00:00:18:00 处，按 I 键，创建标记入点，如图 4-6 所示。

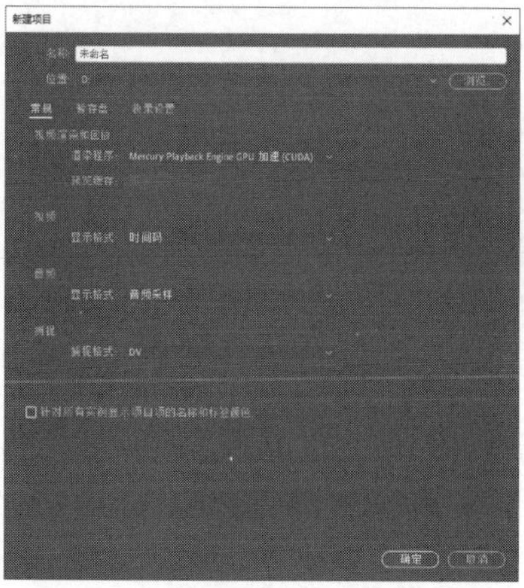

图 4-3

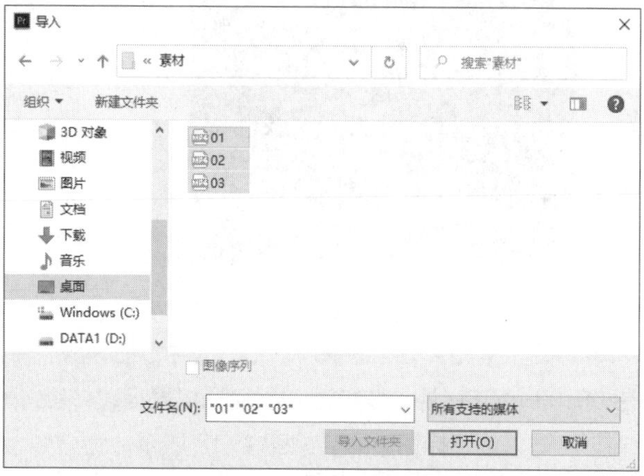

图 4-4

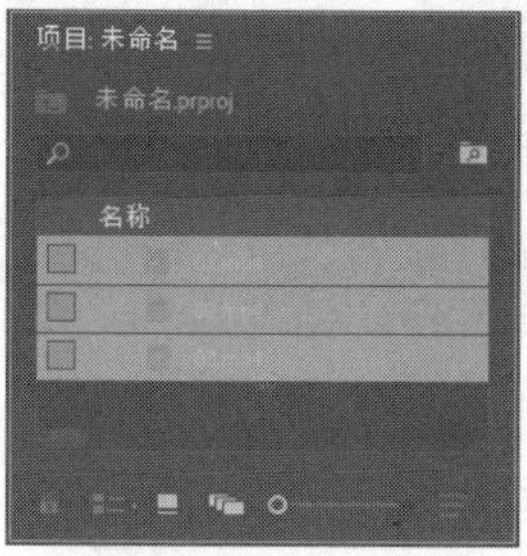

图 4-5

图 4-6

（3）将时间标签放置在 00:00:25:00 处，按 O 键，创建标记出点，如图 4-7 所示。选中“源”监视器窗口中的“01”文件并将其拖曳到“时间轴”面板中，生成“01”序列，将“01”文件放置到“视频 1（V1）”轨道中，如图 4-8 所示。

图 4-7

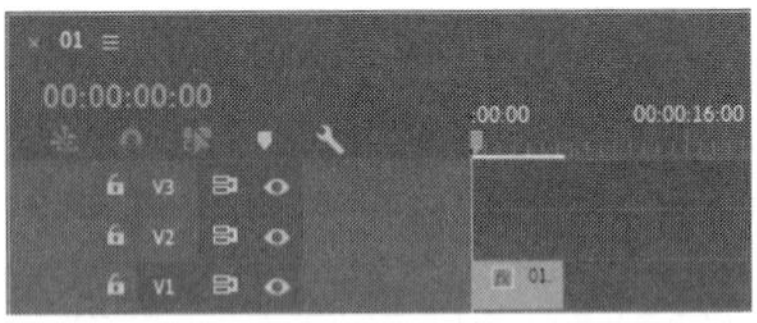

图 4-8

（4）双击“项目”面板中的“02”文件，在“源”监视器窗口中打开“02”文件。将时间标签放置在 00:00:10:00 处，按 O 键，创建标记出点，如图 4-9 所示。选中“源”监视器窗口中的“02”文件并将其拖曳到“时间轴”面板的“视频 1（V1）”轨道中，如图 4-10 所示。

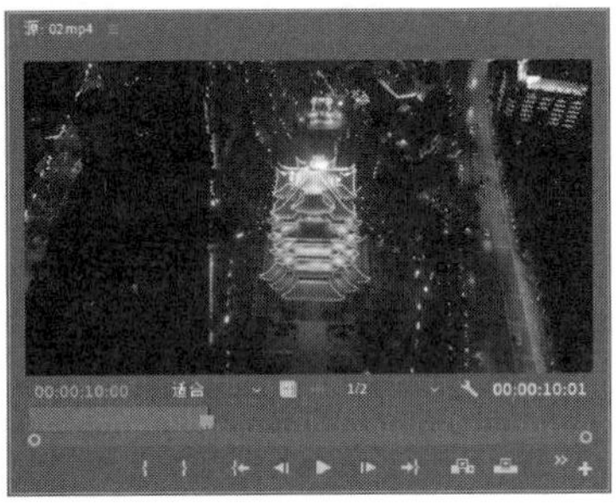

图 4-9

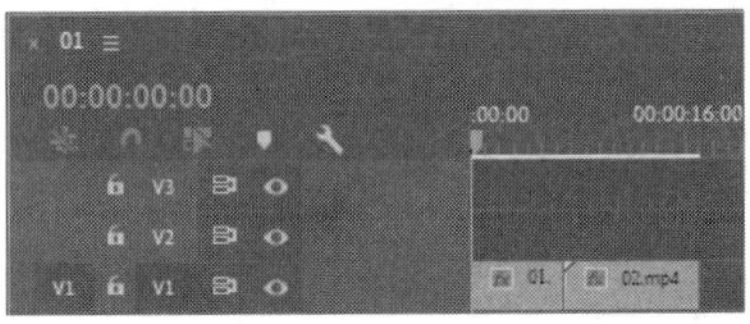

图 4-10

（5）双击“项目”面板中的“03”文件，在“源”监视器窗口中打开“03”文件。将时间标签放置在 00:00:17:00 处，按 I 键，创建标记入点，如图 4-11 所示。将时间标签放置在 00:00:25:00 处，按 O 键，创建标记出点，如图 4-12 所示。

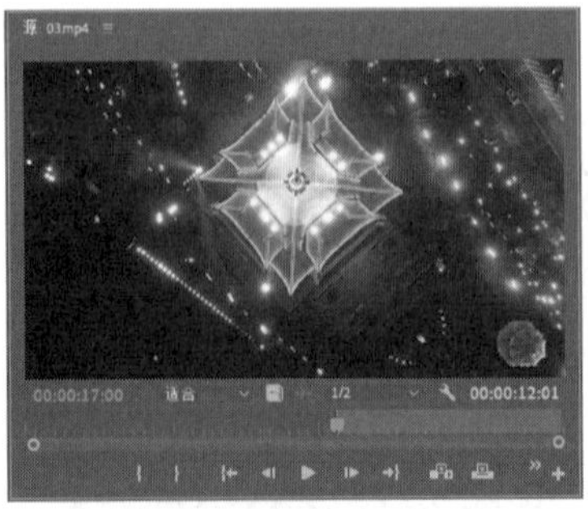

图 4-11

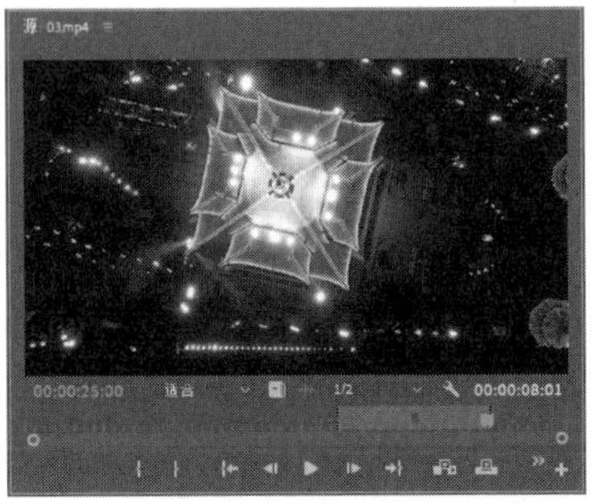

图 4-12

（6）选中“源”监视器窗口中的“03”文件并将其拖曳到“时间轴”面板的“视频 1（V1）”轨道中，如图 4-13 所示。

2. 制作波纹转场

（1）选择“项目”面板，选择“文件 > 新建 > 调整图层”命令，弹出图 4-14 所示的对话框，单击“确定”按钮，在“项目”面板中新建调整图层，如图 4-15 所示。

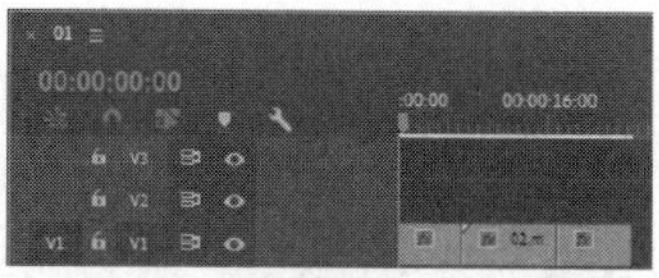

图 4-13

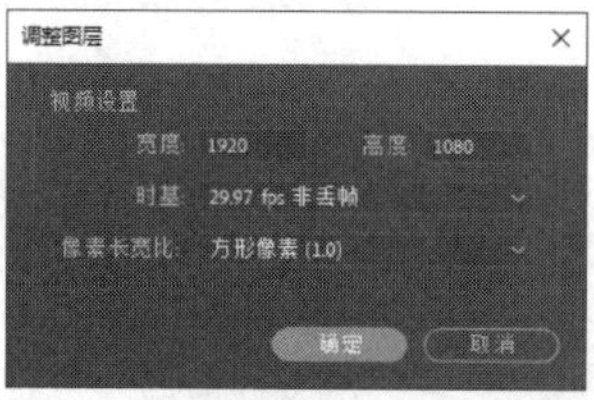

图 4-14

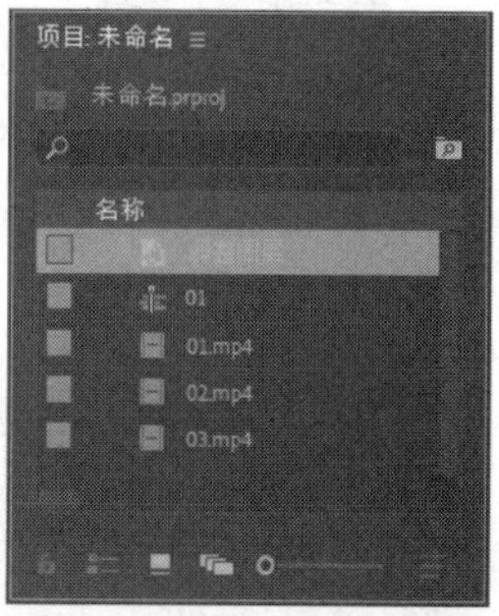

图 4-15

（2）将时间标签放置在 00:00:04:15 处，选择“项目”面板中的“调整图层”，将其拖曳到“时间轴”面板中的“视频 2（V2）”轨道中，如图 4-16 所示。

（3）在“效果”面板中展开“视频效果”分类选项，单击“扭曲”文件夹左侧的按钮将其展开，选中“湍流置换”特效，如图 4-17 所示。将“湍流置换”特效拖曳到“时间轴”面板“视频 2（V2）”轨道中的“调整图层”文件上，如图 4-18 所示。

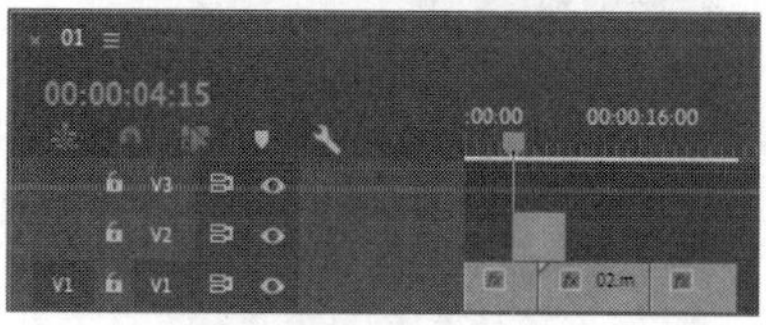

图 4-16

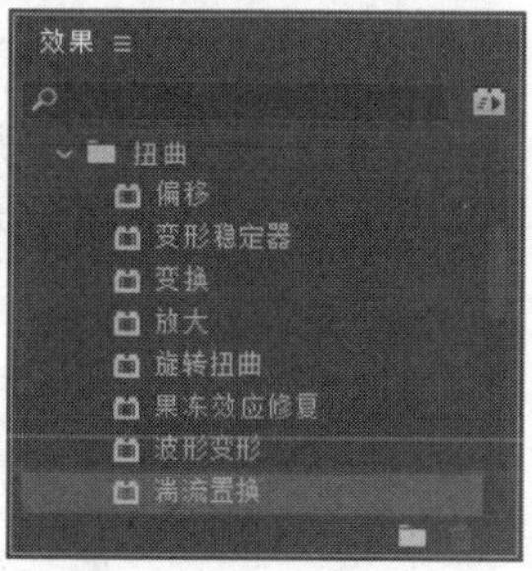

图 4-17

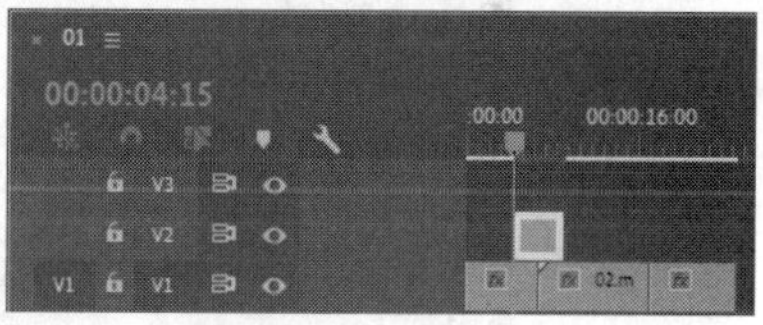

图 4-18

（4）选中“时间轴”面板中的“调整图层”文件。在“效果控件”面板中展开“湍流置换”特效，将“数量”选项设置为 0.0，“演化”选项设置为 0.0°，单击“数量”和“演化”选项左侧的“切换动画”按钮，如图 4-19 所示，记录第 1 个动画关键帧。

（5）将时间标签放置在 00:00:06:25 处。将“数量”选项设置为 100.0，“演化”选项设置为 50.0°，如图 4-20 所示，记录第 2 个动画关键帧。

（6）将时间标签放置在 00:00:09:13 处。将“数量”选项设置为 0.0，“演化”选项设置为 0.0°，如图 4-21 所示，记录第 3 个动画关键帧。选择“时间轴”面板，按 Ctrl+C 组合键，复制“调整图层”，如图 4-22 所示。

（7）单击“视频 2（V2）”轨道左侧的轨道名称，将其设置为目标轨道。单击“视频 1（V1）”轨道左侧的轨道名称，取消目标轨道的选择，如图 4-23 所示。将时间标签放置在 00:00:14:24 处。按 Ctrl+V 组合键，粘贴复制的文件，如图 4-24 所示。武汉城市形象宣传片的波纹转场制作完成。

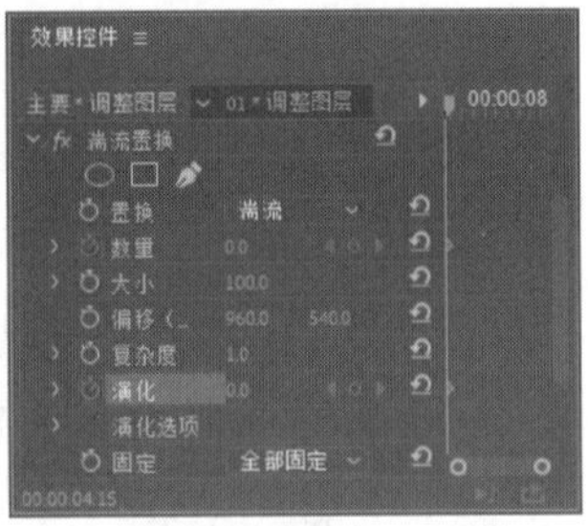
图 4-19

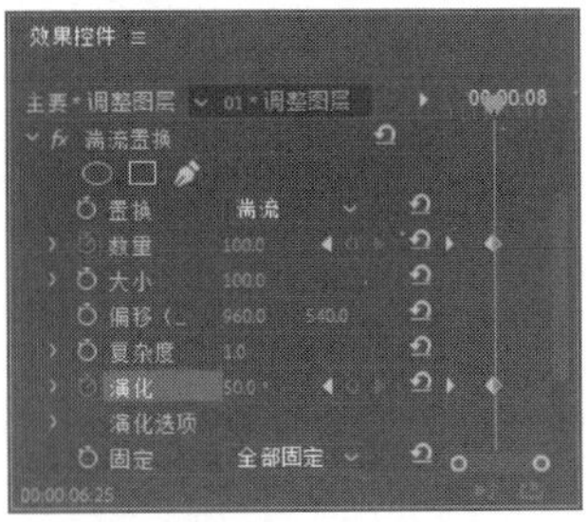
图 4-20

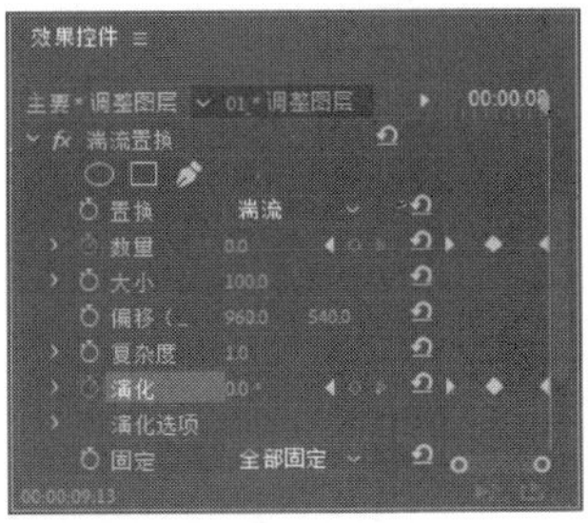
图 4-21

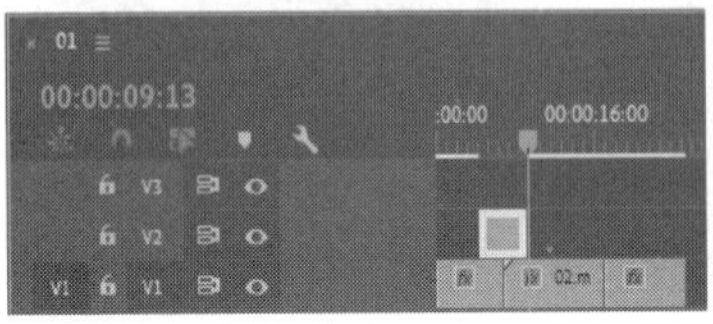
图 4-22

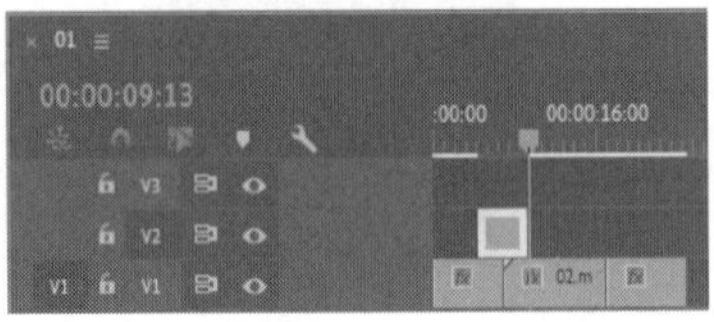
图 4-23

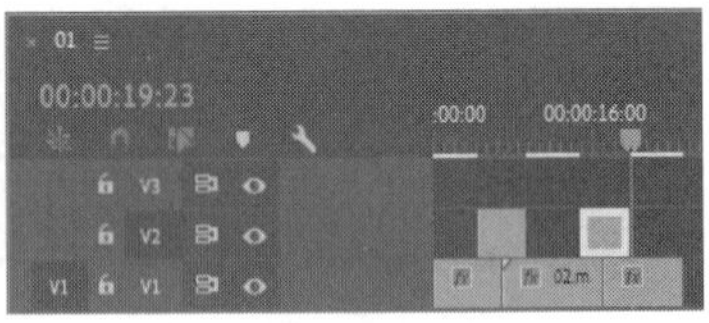
图 4-24

4.3.2 变换

“变换”效果主要通过对影像进行变换来制作各种画面效果，包含 5 种特效，如图 4-25 所示。不同特效的应用效果如图 4-26 所示。

图 4-25

原图

垂直翻转

水平翻转

羽化边缘

自动重新构图

裁剪

图 4-26

4.3.3 实用程序

“实用程序”效果只包含“Cineon 转换器”一种特效，该特效主要用于使用 Cineon 转换器对影像色调进行调整和设置，如图 4-27 所示。该特效应用前后的效果如图 4-28 所示。

图 4-27

原图

Cineon 转换器

图 4-28

4.3.4 扭曲

“扭曲”效果主要通过对图像进行几何扭曲变形来制作各种画面变形效果，包含 12 种特效，如图 4-29 所示。不同特效的应用效果如图 4-30 所示。

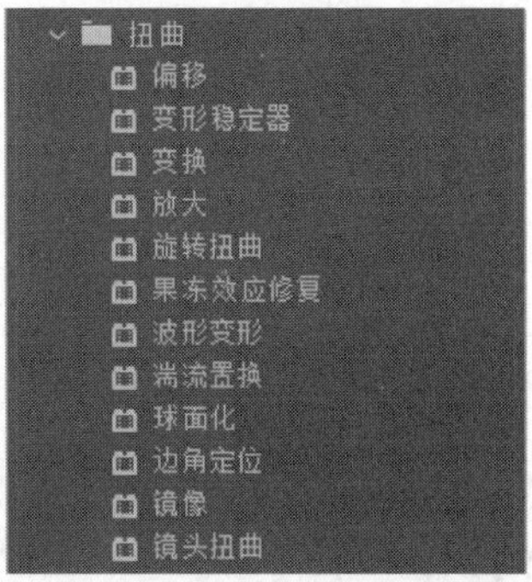

图 4-29

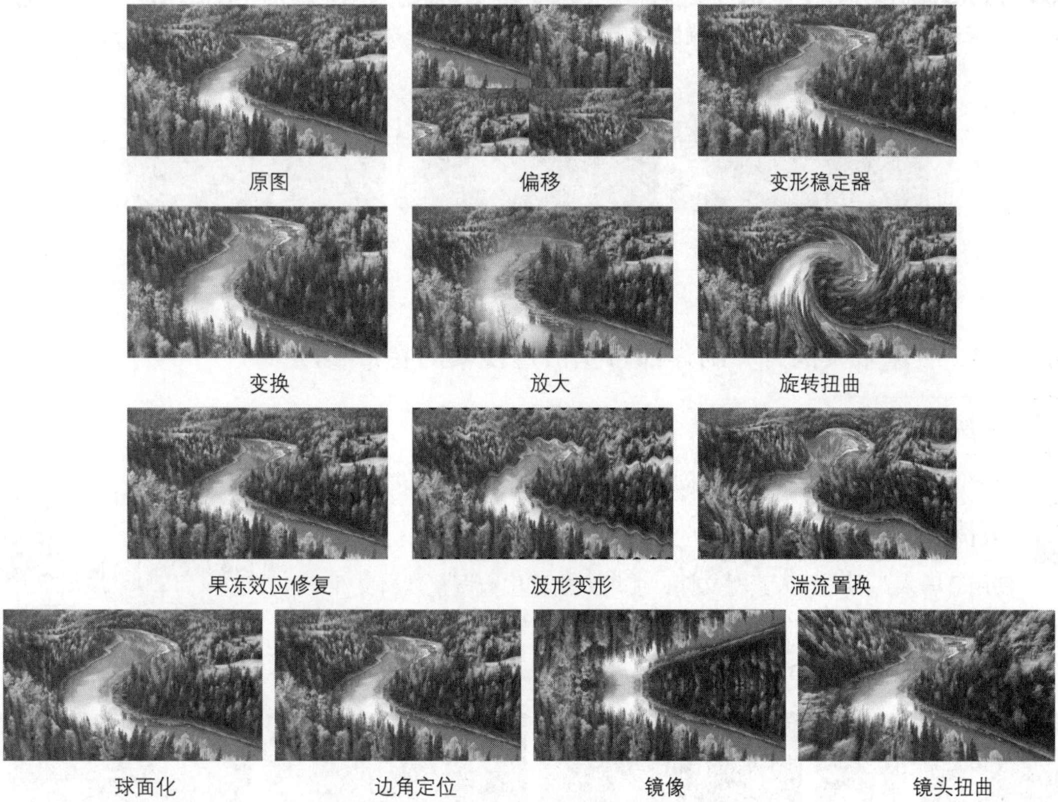

图 4-30

4.3.5 时间

“时间”效果用于对素材的时间特性进行控制，包含两种特效，如图 4-31 所示。不同特效的应用效果如图 4-32 所示。

图 4-31

原图 残影 色调分离时间

图 4-32

4.3.6 杂色与颗粒

图 4-33

“杂色与颗粒”效果主要用于去除素材画面中的擦痕及噪点，包含 6 种特效，如图 4-33 所示。不同特效的应用效果如图 4-34 所示。

原图 中间值（旧版） 杂色 杂色 Alpha

杂色 HLS 杂色 HLS 自动 蒙尘与划痕

图 4-34

4.3.7 课堂案例——制作都市生活短视频的卷帘转场

案例学习目标

学习使用“扭曲”效果和“模糊与锐化”效果制作卷帘转场。

微课视频

扫码观看本案例视频

扩展案例

案例知识要点

使用“导入”命令导入素材文件，使用入点和出点调整素材文件，使用“偏移”特效、“方向模糊”特效和“效果控件”面板制作卷帘转场，最终效果如图 4-35 所示。

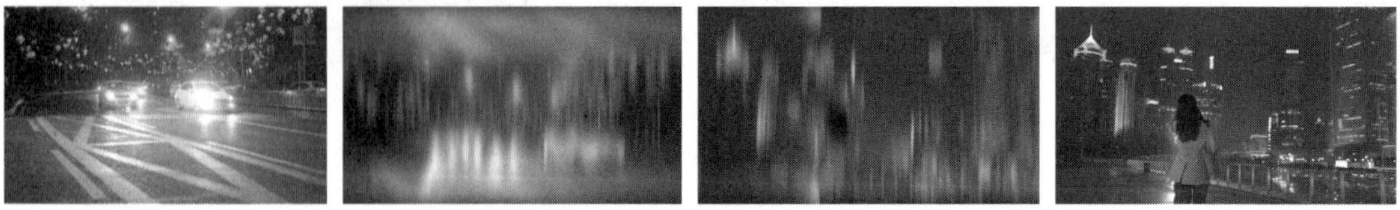

图 4-35

效果所在位置

Ch04/制作都市生活短视频的卷帘转场/制作都市生活短视频的卷帘转场.prproj。

1. *添加并调整素材*

（1）启动 Premiere Pro 2020，选择“文件 > 新建 > 项目”命令，弹出“新建项目”对话框，如图 4-36 所示，单击“确定”按钮，新建项目。

（2）选择“文件 > 导入”命令，弹出“导入”对话框，选择本书云盘中的“Ch04/制作都市生活短视频的卷帘转场/素材/01~03”文件，如图 4-37 所示。单击“打开”按钮，将素材文件导入“项目”面板中，如图 4-38 所示。双击“项目”面板中的“01”文件，在“源”监视器窗口中打开“01”文件。将时间标签放置在 00:00:02:00 处，按 I 键，创建标记入点，如图 4-39 所示。

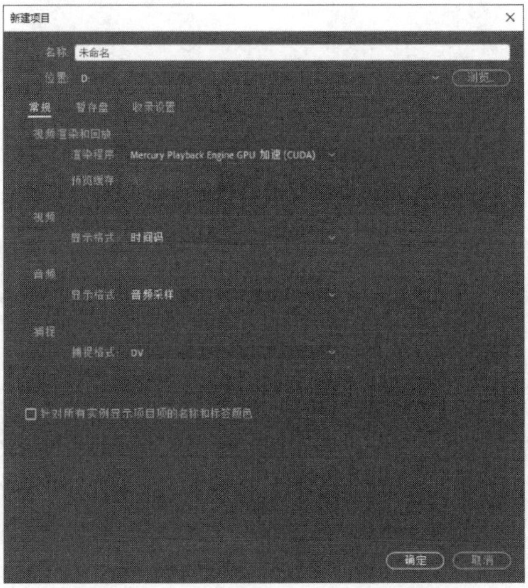

图 4-36

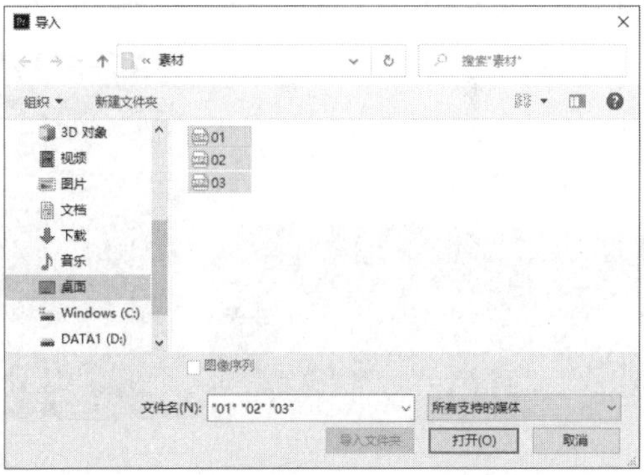

图 4-37

（3）将时间标签放置在 00:00:07:00 处，按 O 键，创建标记出点，如图 4-40 所示。选中“源”监视器窗口中的“01”文件并将其拖曳到“时间轴”面板中，生成“01”序列，将“01”文件放置到“视频 1（V1）”轨道中，如图 4-41 所示。

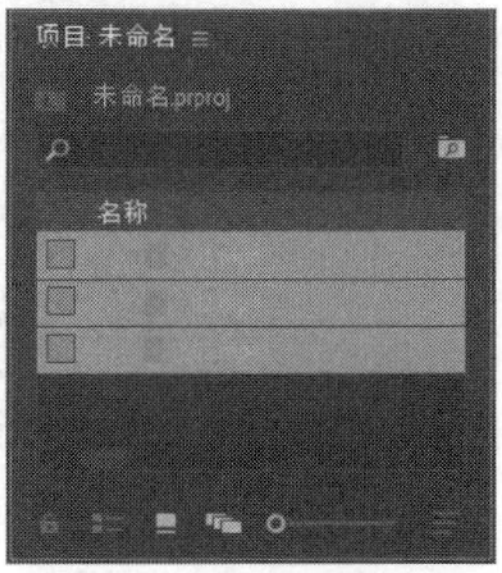

图 4-38

图 4-39

图 4-40

（4）双击“项目”面板中的“02”文件，在“源”监视器窗口中打开“02”文件。将时间标签放置在 00:01:00:00 处，按 I 键，创建标记入点，如图 4-42 所示。将时间标签放置在 00:01:05:00 处，按 O 键，创建标记出点，如图 4-43 所示。选中“源”监视器窗口中的“02”文件并将其拖曳到“时间轴”面板的“视频 1（V1）”轨道中，如图 4-44 所示。

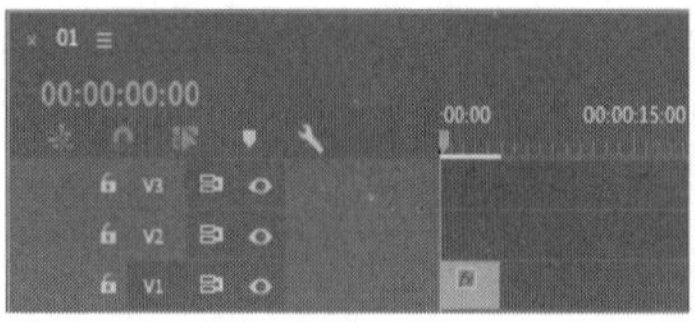

图 4-41

图 4-42

图 4-43

（5）双击“项目”面板中的“03”文件，在“源”监视器窗口中打开“03”文件。将时间标签放置在 00:00:30:05 处，按 I 键，创建标记入点，如图 4-45 所示。将时间标签放置在 00:00:35:05 处，按 O 键，创建标记出点，如图 4-46 所示。选中“源”监视器窗口中的“03”文件并将其拖曳到“时间轴”面板的“视频 1（V1）”轨道中，如图 4-47 所示。

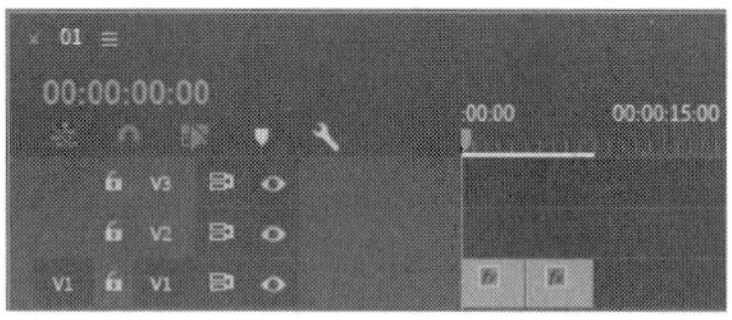

图 4-44

图 4-45

图 4-46

2. 制作卷帘转场

（1）选择“项目”面板，选择“文件 > 新建 > 调整图层”命令，弹出图 4-48 所示的对话框，单击“确定”按钮，在“项目”面板中新建调整图层，如图 4-49 所示。

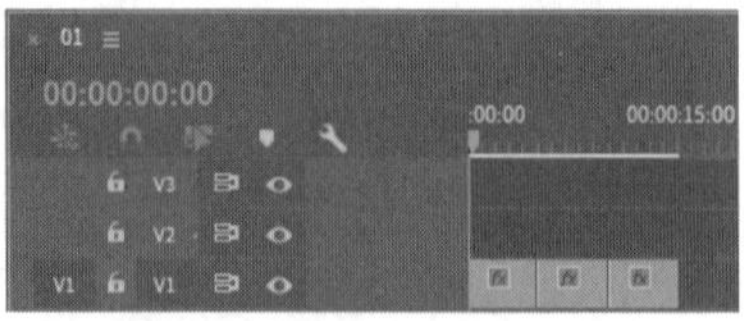

图 4-47

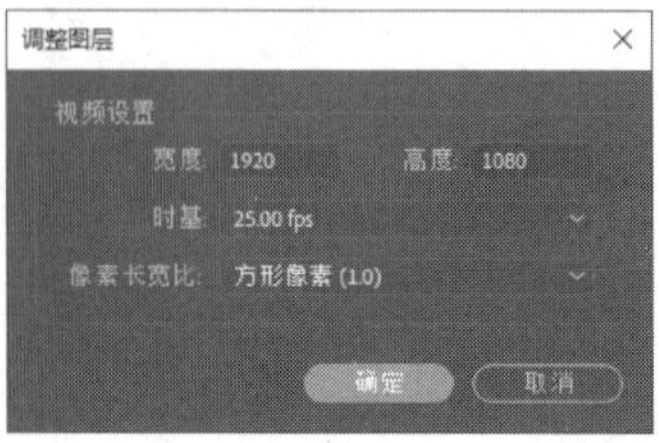

图 4-48

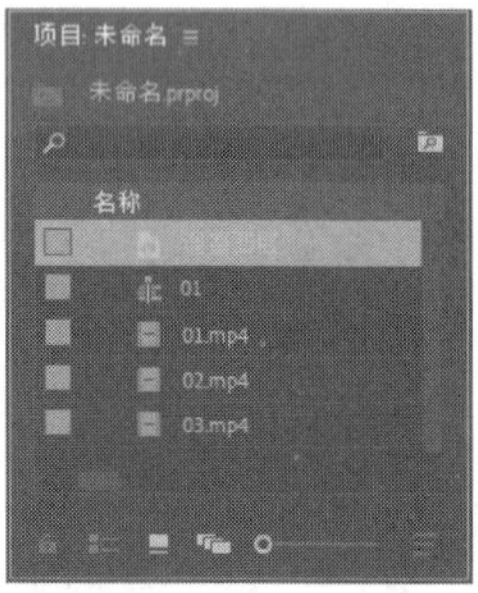

图 4-49

（2）将时间标签放置在 00:00:04:16 处。选择“项目”面板中的“调整图层”，将其拖曳到“时间轴”面板的“视频 2（V2）”轨道中，如图 4-50 所示。将时间标签放置在 00:00:05:10 处。将鼠标指针放在“调整图层”文件的结束位置，单击显示编辑点。当鼠标指针呈⯇状时，向左拖曳到 00:00:05:10 处，如图 4-51 所示。

（3）在“效果”面板中展开“视频效果”分类选项，单击“扭曲”文件夹左侧的▶按钮将其展开，选中“偏移”特效，如图 4-52 所示。将“偏移”特效拖曳到“时间轴”面板“视频 2（V2）”轨道中的“调整图层”文件上，如图 4-53 所示。

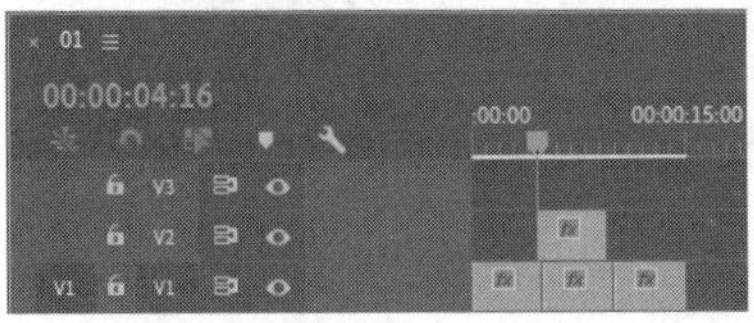

图 4-50

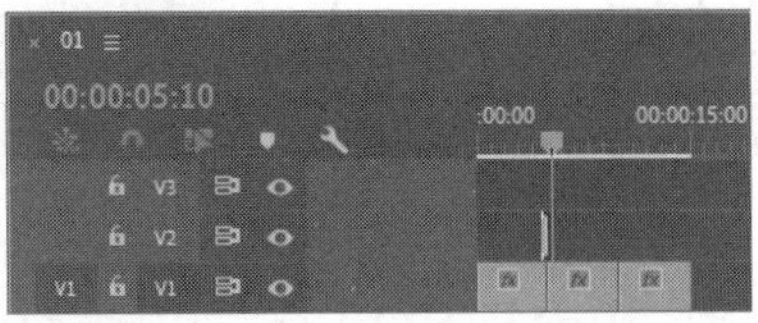

图 4-51

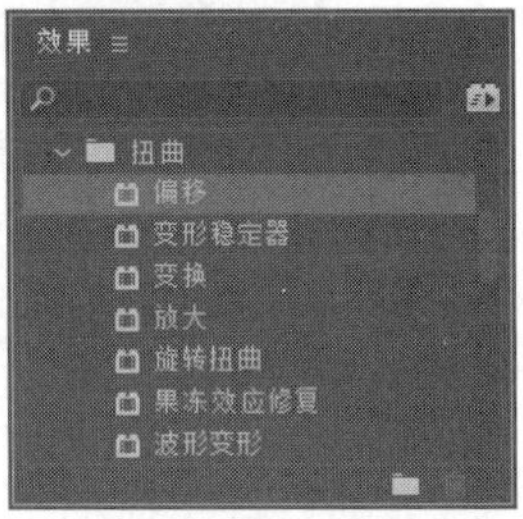

图 4-52

（4）将时间标签放置在 00:00:04:16 处。选中“时间轴”面板中的“调整图层”文件。在“效果控件”面板中展开“偏移”特效，单击“将中心移位至”选项左侧的“切换动画”按钮，如图 4-54 所示，记录第 1 个动画关键帧。将时间标签放置在 00:00:05:08 处。将“将中心移位至”选项设置为 960.0 和 2880.0，如图 4-55 所示，记录第 2 个动画关键帧。

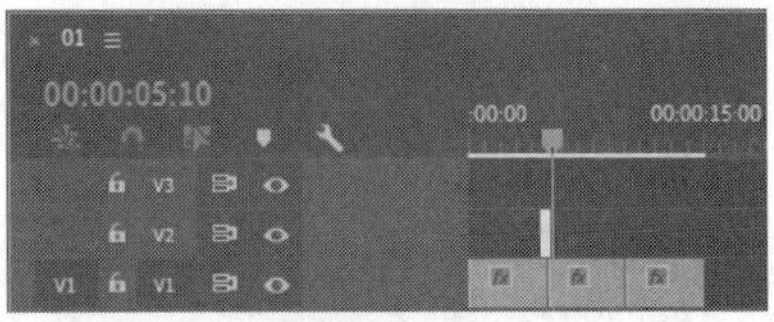

图 4-53

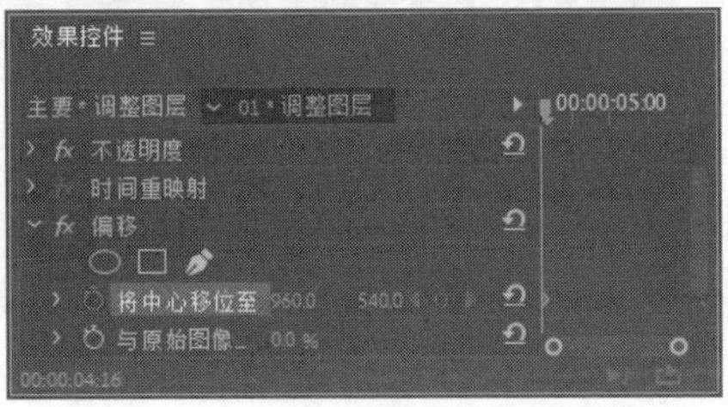

图 4-54

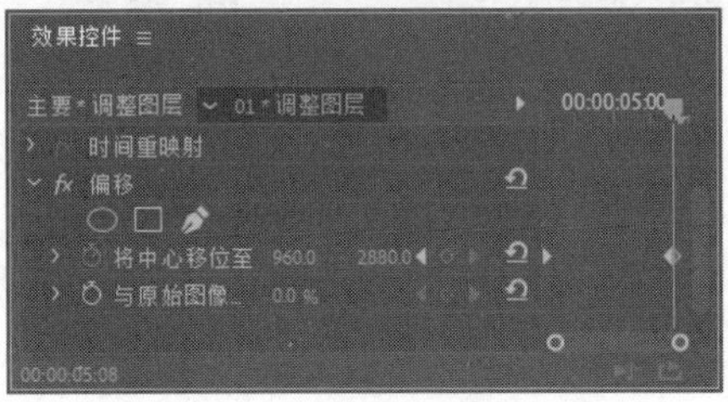

图 4-55

（5）单击“与原始图像混合”选项左侧的“切换动画”按钮，如图 4-56 所示，记录第 1 个动画关键帧。将时间标签放置在 00:00:05:09 处。将“与原始图像混合”选项设置为 100.0%，如图 4-57 所示，记录第 2 个动画关键帧。

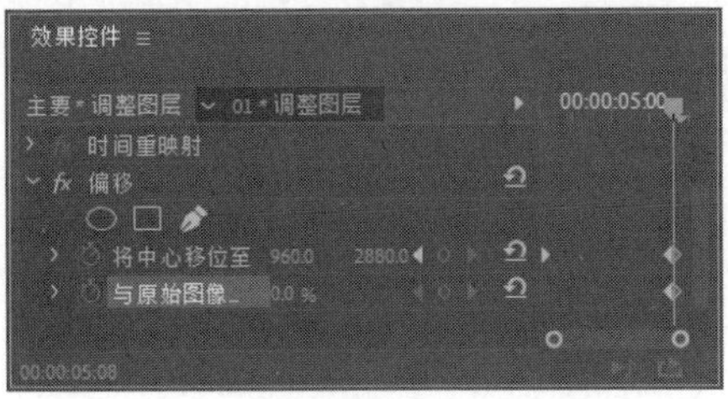

图 4-56

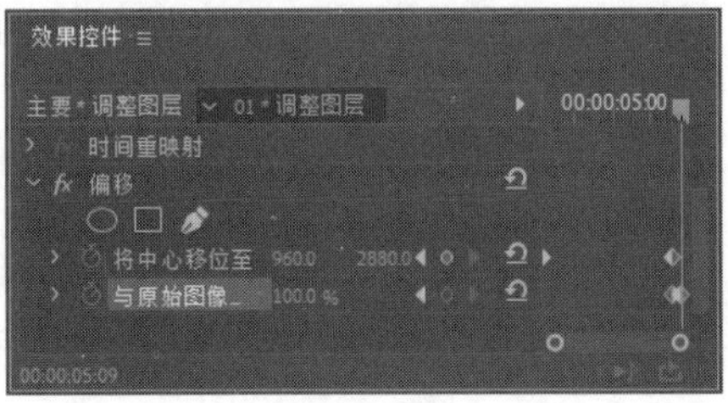

图 4-57

（6）在“效果”面板中单击“模糊与锐化”文件夹左侧的按钮将其展开，选中“方向模糊”特效，如图 4-58 所示。将“方向模糊”特效拖曳到“时间轴”面板“视频 2（V2）”轨道中的“调整图层”文件上。在“效果控件”面板中展开“方向模糊”特效，将“模糊长度”选项设置为 50.0，如图 4-59 所示。

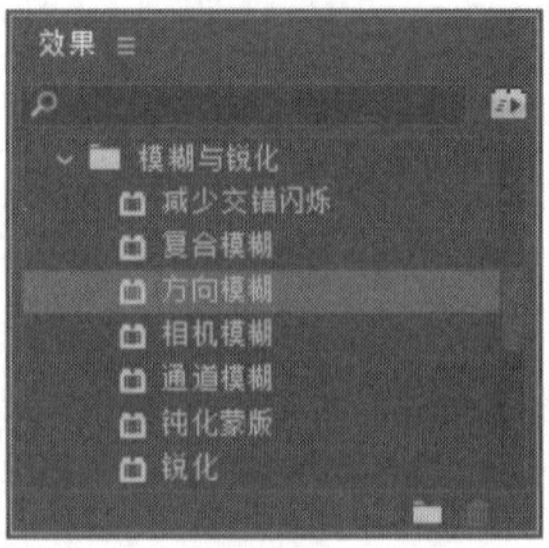

图 4-58

图 4-59

（7）选择“时间轴”面板，按 Ctrl+C 组合键，复制“调整图层”，如图 4-60 所示。单击“视频 2（V2）”轨道左侧的轨道名称，将其设置为目标轨道。单击“视频 1（V1）”轨道左侧的轨道名称，取消轨道的选择，如图 4-61 所示。将时间标签放置在 00:00:09:18 处。按 Ctrl+V 组合键，粘贴复制的文件，如图 4-62 所示。都市生活短视频的卷帘转场制作完成。

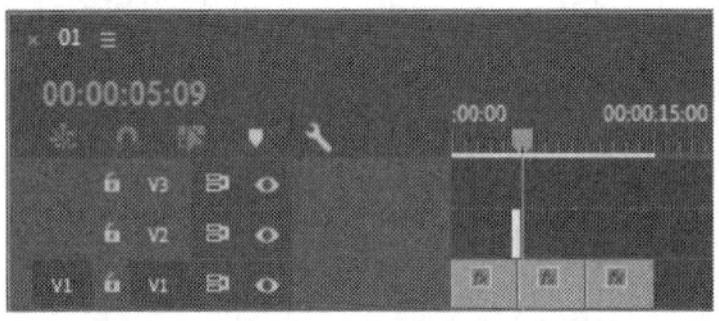

图 4-60

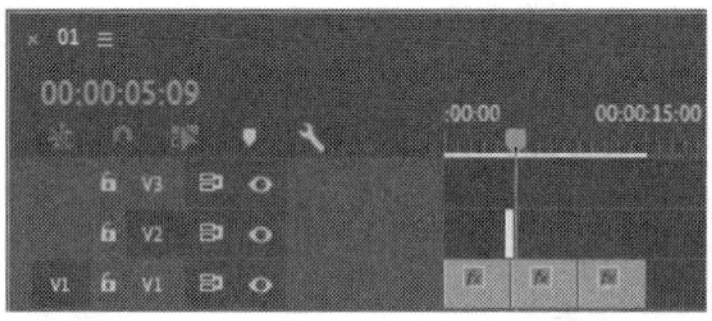

图 4-61

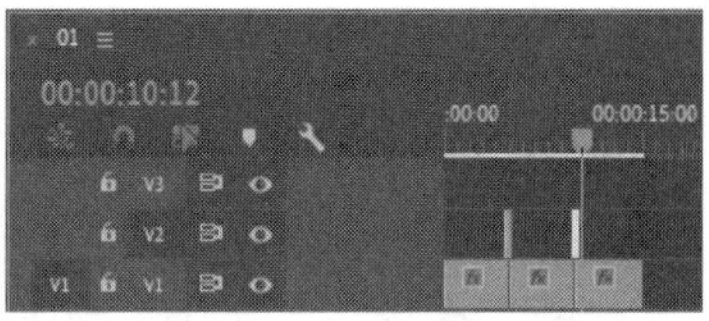

图 4-62

4.3.8 模糊与锐化

图 4-63

“模糊与锐化”效果主要用于对画面进行锐化或模糊处理，包含 8 种特效，如图 4-63 所示。不同特效的应用效果如图 4-64 所示。

图 4-64

4.3.9 沉浸式视频

“沉浸式视频”效果主要用来体现虚拟现实，包含 11 种特效，如图 4-65 所示。不同特效的应用效果如图 4-66 所示。

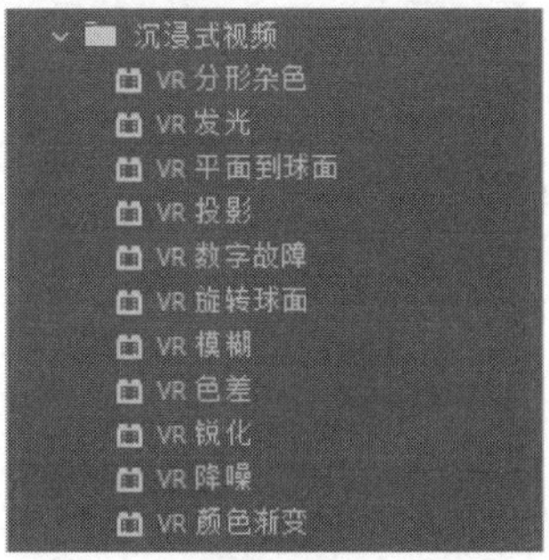

图 4-65

原图

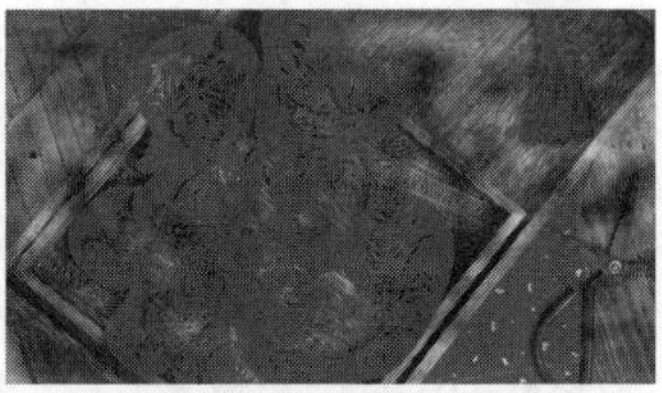
VR 分形杂色

VR 发光

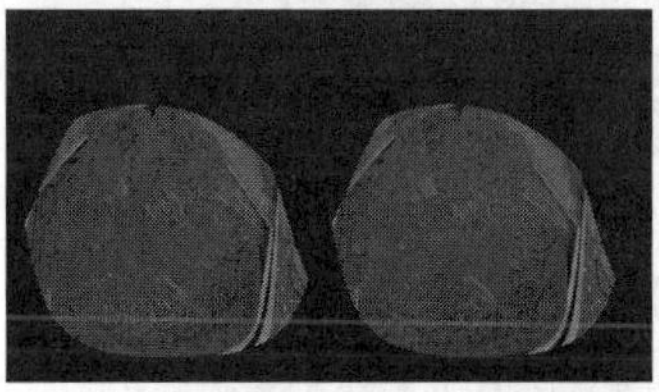
VR 平面到球面

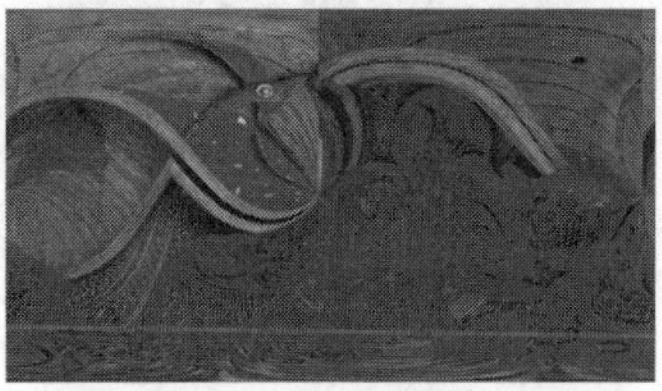
VR 投影

VR 数字故障

VR 旋转球面

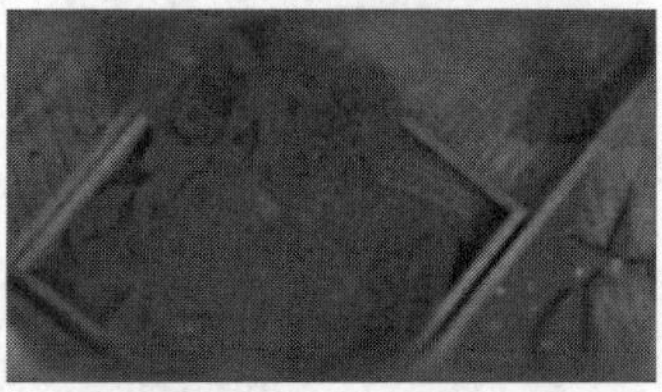
VR 模糊

VR 色差

VR 锐化

VR 降噪

VR 颜色渐变

图 4-66

4.3.10 生成

“生成”效果包含 12 种特效，如图 4-67 所示。不同特效的应用效果如图 4-68 所示。

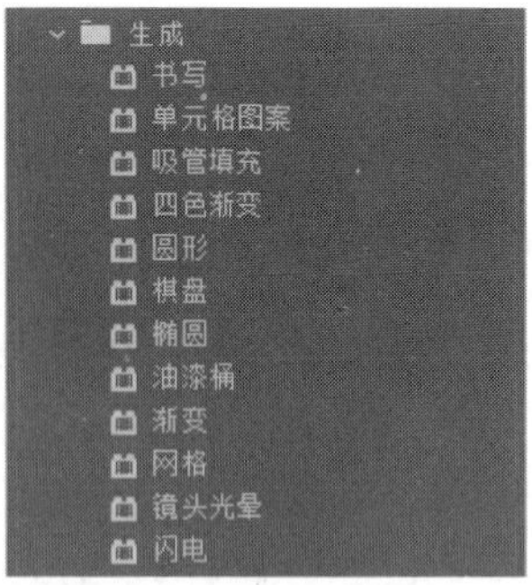

图 4-67

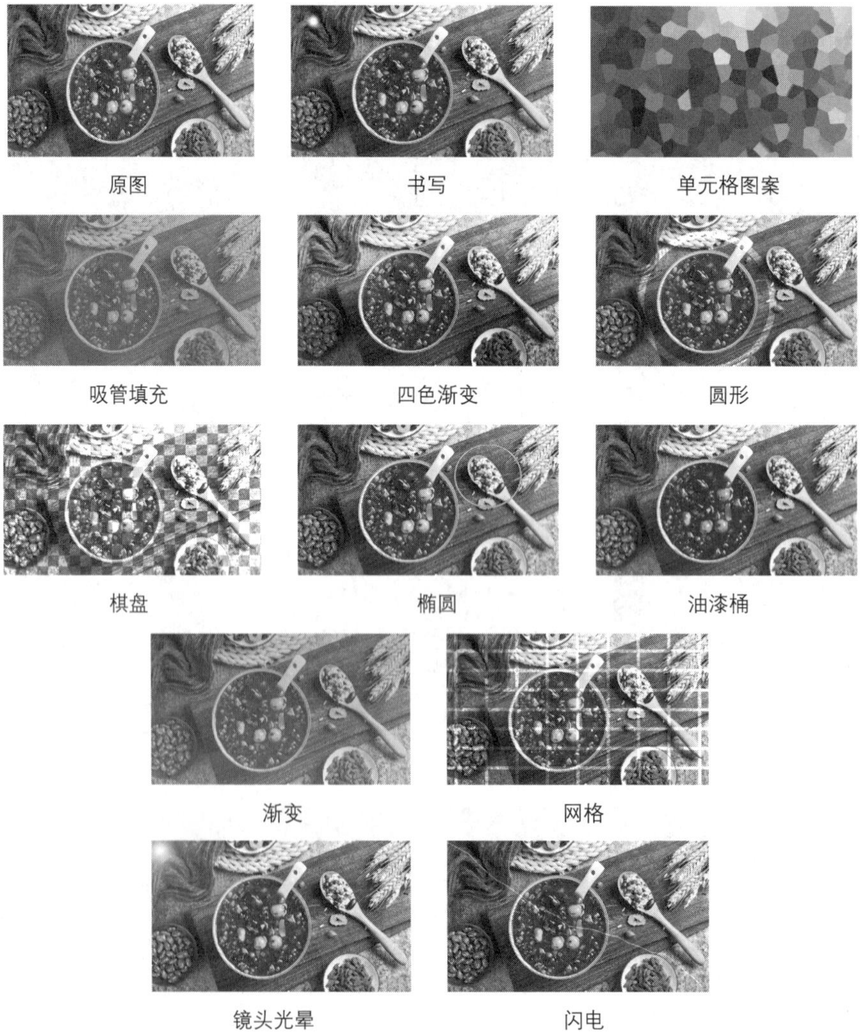

图 4-68

4.3.11 视频

“视频”效果用于对视频特性进行控制，包含 4 种特效，如图 4-69 所示。不同特效的应用效果如图 4-70 所示。

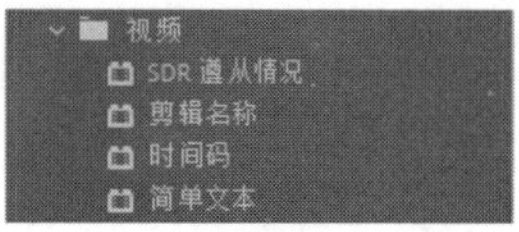

图 4-69

原图　SDR 遵从情况

剪辑名称　时间码　简单文本

图 4-70

4.3.12 过渡

“过渡”效果主要用于对两个素材进行过渡，共包含 5 种特效，如图 4-71 所示。不同特效的应用效果如图 4-72 所示。

图 4-71

原图　块溶解　径向擦除

渐变擦除　百叶窗　线性擦除

图 4-72

4.3.13 课堂案例——制作青春生活短视频的翻页转场

微课视频

扫码观看本案例视频

扩展案例

案例学习目标

学习使用“扭曲”效果、“时间”效果和“透视”效果制作翻页转场。

案例知识要点

使用“导入”命令导入素材文件，使用入点和出点调整素材文件，使用“变换”特效和“嵌套”命令制作嵌套文件，使用“残影”特效、“径向阴影”特效和“效果控件”面板制作翻页转场，最终效果如图 4-73 所示。

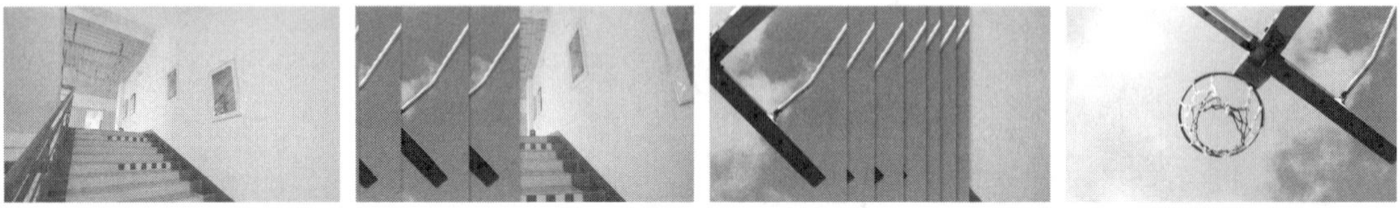

图 4-73

效果所在位置

Ch04/制作青春生活短视频的翻页转场/制作青春生活短视频的翻页转场. prproj。

1. 添加并调整素材

（1）启动 Premiere Pro 2020，选择“文件 > 新建 > 项目”命令，弹出“新建项目”对话框，如图 4-74 所示，单击“确定”按钮，新建项目。

（2）选择“文件 > 导入”命令，弹出“导入”对话框，选择本书云盘中的“Ch04/制作青春生活短视频的翻页转场/素材/01~03”文件，如图 4-75 所示。单击“打开”按钮，将素材文件导入“项目”面板中，如图 4-76 所示。双击“项目”面板中的“01”文件，在“源”监视器窗口中打开“01”文件。将时间标签放置在 00:00:04:00 处，按 I 键，创建标记入点，如图 4-77 所示。

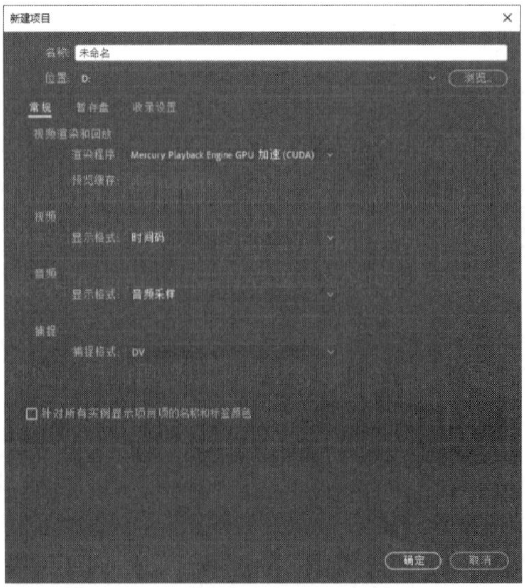

图 4-74

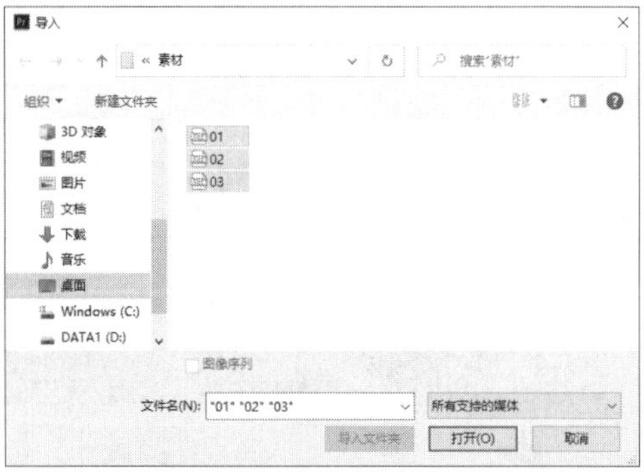

图 4-75

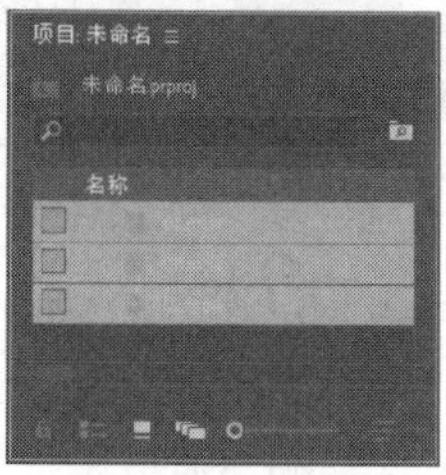

图 4-76

图 4-77

（3）将时间标签放置在 00:00:09:00 处，按 O 键，创建标记出点，如图 4-78 所示。选中“源”监视器窗口中的“01”文件并将其拖曳到“时间轴”面板中，生成“01”序列，将“01”文件放置到“视频 1（V1）”轨道中，如图 4-79 所示。

图 4-78

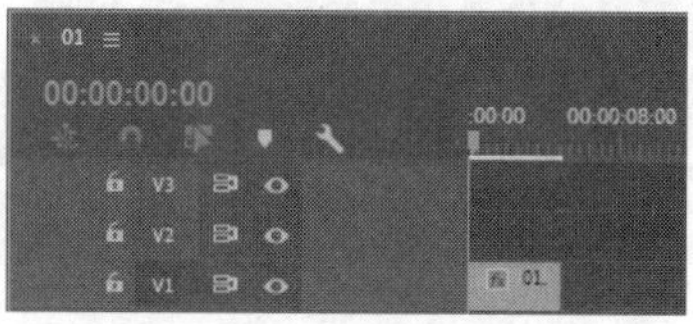

图 4-79

（4）双击“项目”面板中的“02”文件，在“源”监视器窗口中打开“02”文件。将时间标签放置在 00:00:10:00 处，按 I 键，创建标记入点，如图 4-80 所示。将时间标签放置在 00:00:18:00 处，按 O 键，创建标记出点，如图 4-81 所示。

图 4-80

图 4-81

（5）将时间标签放置在 00:00:02:00 处，选中“源”监视器窗口中的“02”文件并将其拖曳到“时间轴”面板的“视频 2（V2）”轨道中，如图 4-82 所示。选择“剃刀工具”，将鼠标指针移到“时间轴”面板中的“02”文件上，在“01”文件的结束位置单击，切割素材，如图 4-83 所示。

（6）选择“选择工具”，选择切割后右侧的“02”文件，如图 4-84 所示。将其拖曳到“视频 1（V1）”轨道中，如图 4-85 所示。

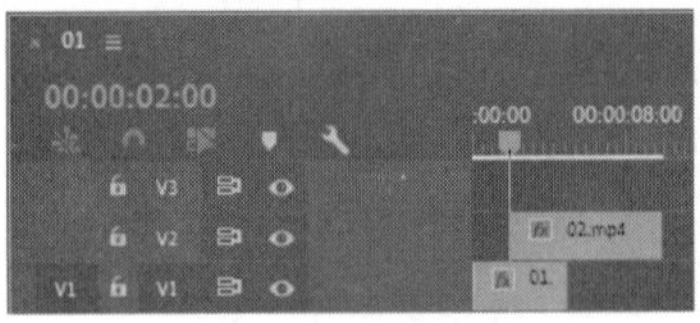

图 4-82

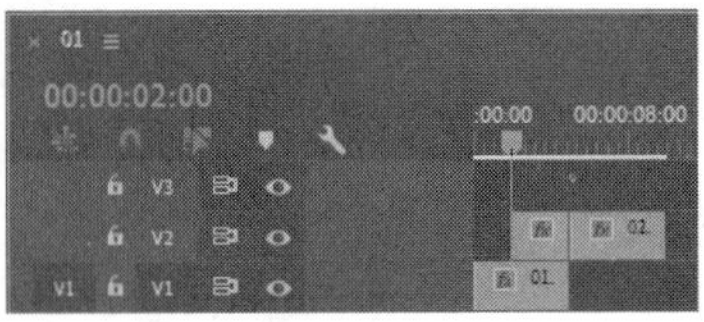

图 4-83

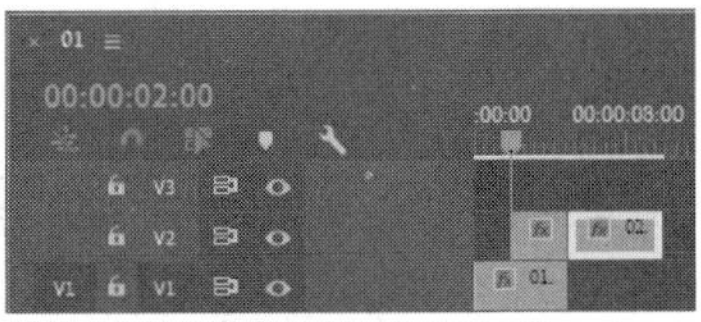

图 4-84

（7）双击“项目”面板中的“03”文件，在“源”监视器窗口中打开“03”文件。将时间标签放置在 00:00:08:00 处，按 O 键，创建标记出点，如图 4-86 所示。将时间标签放置在 00:00:07:00 处，选中“源”监视器窗口中的“03”文件并将其拖曳到“时间轴”面板的“视频 2（V2）”轨道中，如图 4-87 所示。

（8）选择“剃刀工具”，将鼠标指针移到“时间轴”面板中的“03”文件上，在“02”文件的结束位置单击，切割素材，如图 4-88 所示。选择“选择工具”，选择切割后右侧的“03”文件，将其拖曳到“视频 1（V1）”轨道中，如图 4-89 所示。

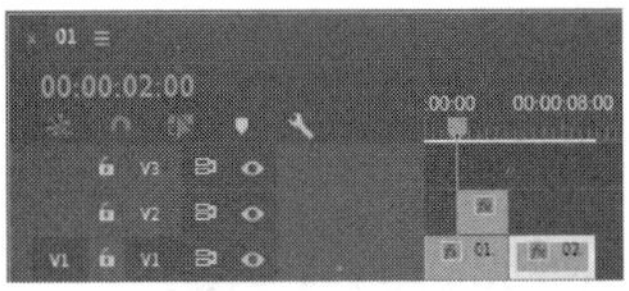

图 4-85

图 4-86

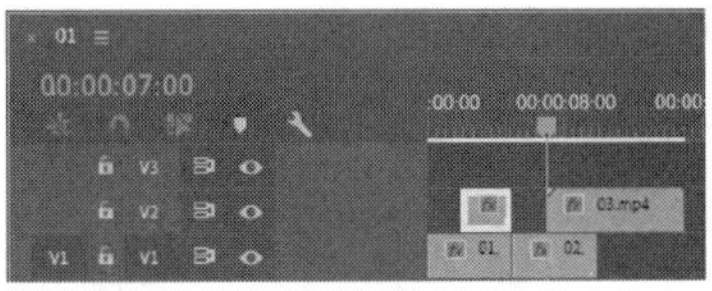

图 4-87

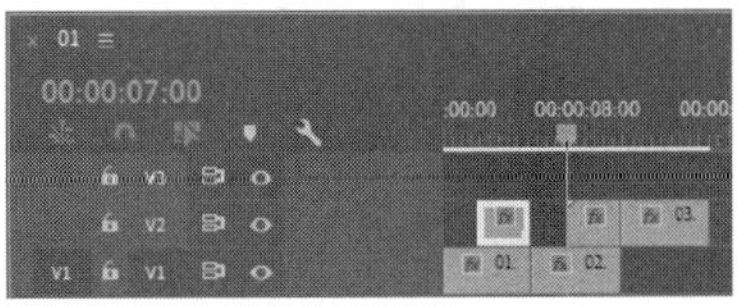

图 4-88

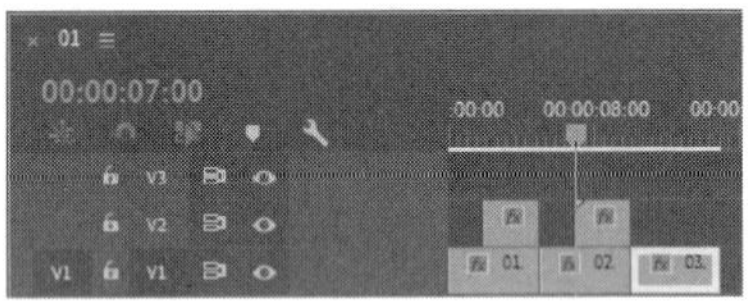

图 4-89

2. 制作翻页转场

（1）将时间标签放置在 00:00:02:00 处。在“效果”面板中展开“视频效果”分类选项，单击“扭曲”文件夹左侧的按钮将其展开，选中“变换”特效，如图 4-90 所示。将“变换”特效拖曳到“时间轴”面板“视频 2（V2）”轨道中的“02”文件上，如图 4-91 所示。

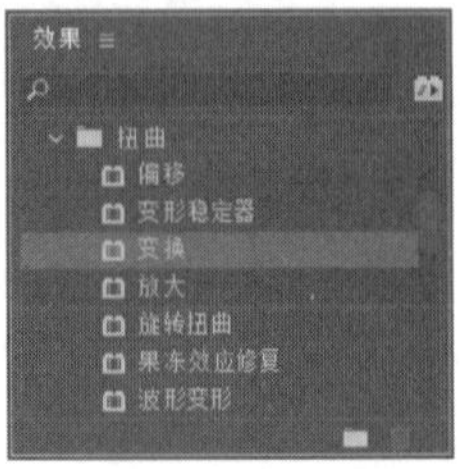

图 4-90

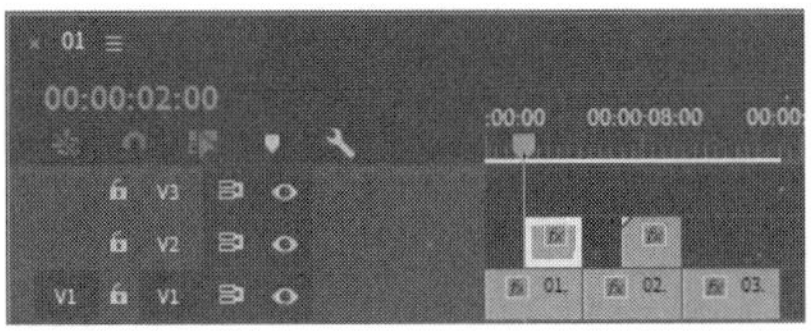

图 4-91

（2）选中“时间轴”面板中的“02”文件。在“效果控件”面板中展开“变换”特效，将“锚点”

选项设置为 2885.0 和 540.0，单击“锚点”选项左侧的“切换动画”按钮，如图 4-92 所示，记录第 1 个动画关键帧。将时间标签放置在 00:00:05:00 处，将“锚点”选项设置为 960.0 和 540.0，如图 4-93 所示，记录第 2 个动画关键帧。

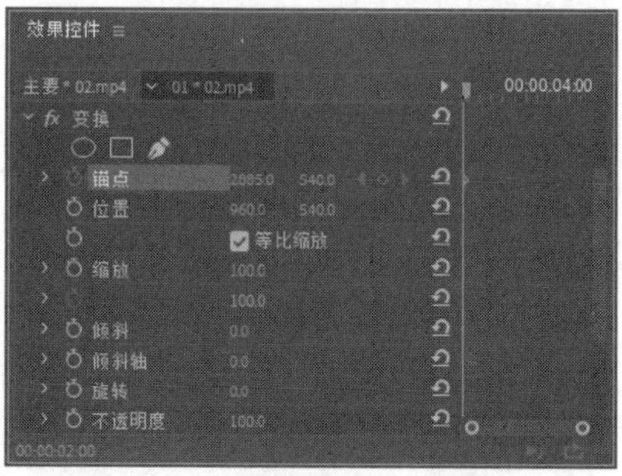

图 4-92

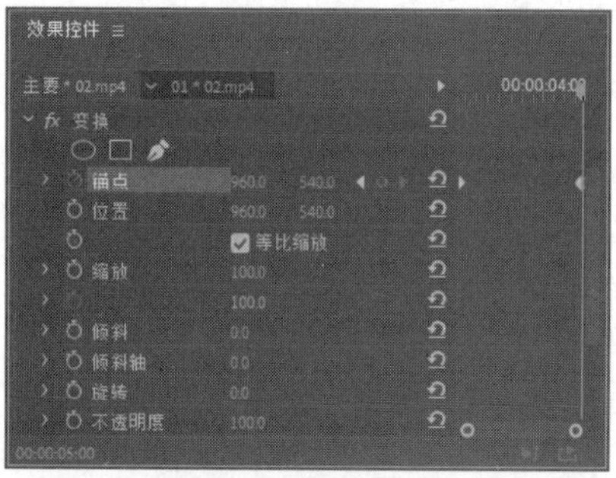

图 4-93

（3）选择右侧的关键帧，在关键帧上单击鼠标右键，在弹出的快捷菜单中选择“缓入”命令，效果如图 4-94 所示。单击“锚点”选项左侧的按钮将其展开，向左拖曳右侧的控制点，如图 4-95 所示。

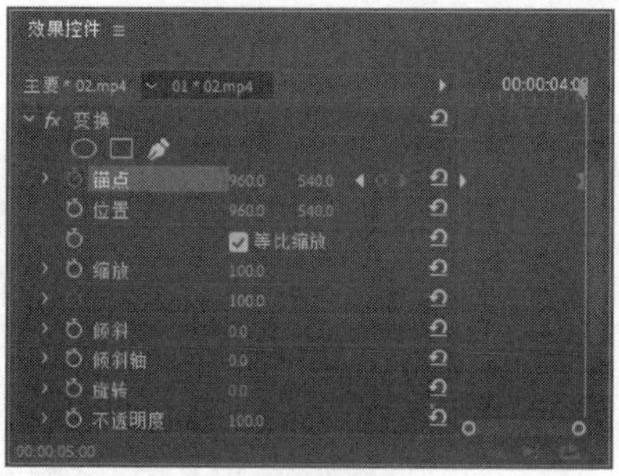

图 4-94

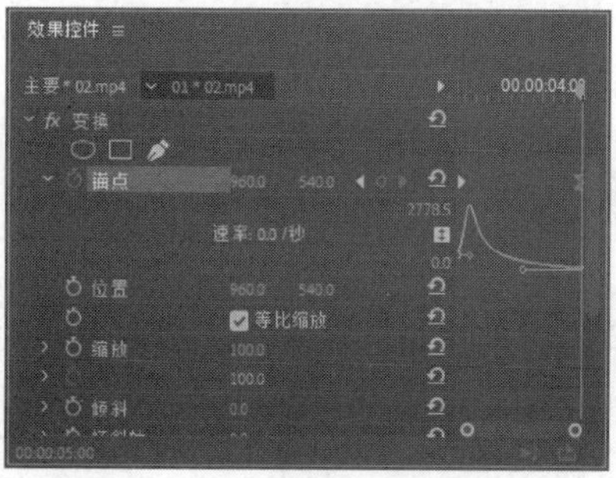

图 4-95

（4）在“时间轴”面板中的“02”文件上单击鼠标右键，在弹出的快捷菜单中选择“嵌套”命令，弹出图 4-96 所示的对话框，单击“确定”按钮，此时“时间轴”面板如图 4-97 所示。

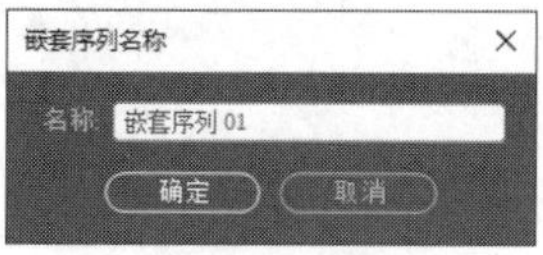

图 4-96

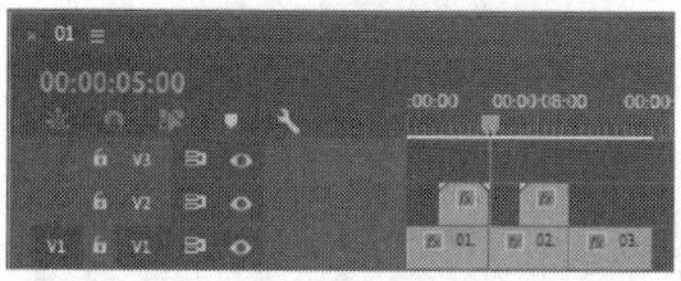

图 4-97

（5）将时间标签放置在 00:00:02:00 处。在“效果”面板中单击“时间”文件夹左侧的按钮将其展开，选中“残影”特效，如图 4-98 所示。将“残影”特效拖曳到“时间轴”面板“视频 2（V2）”轨道中的“嵌套序列 01”文件上，如图 4-99 所示。

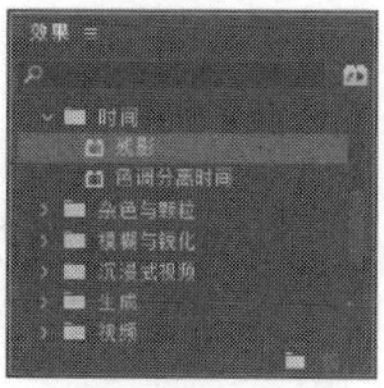

图 4-98

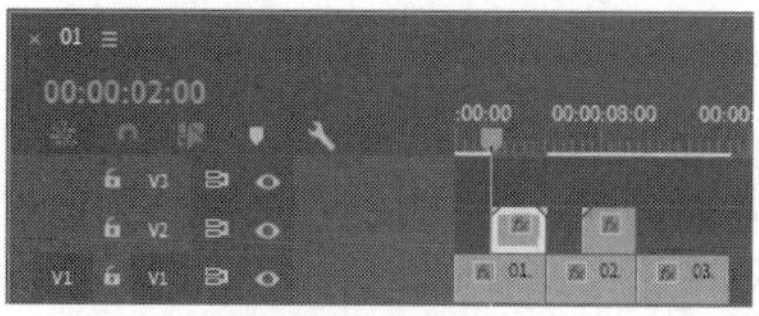

图 4-99

（6）在“效果控件”面板中展开“残影”特效，将“残影时间（秒）”选项设置为-0.200，“残影数量”选项设置为6，“残影运算符”选项设置为“从后至前组合”，单击“残影时间（秒）”选项左侧的“切换动画”按钮，如图4-100所示，记录第1个动画关键帧。将时间标签放置在00:00:05:00处。将“残影时间（秒）”选项设置为0.000，如图4-101所示，记录第2个动画关键帧。

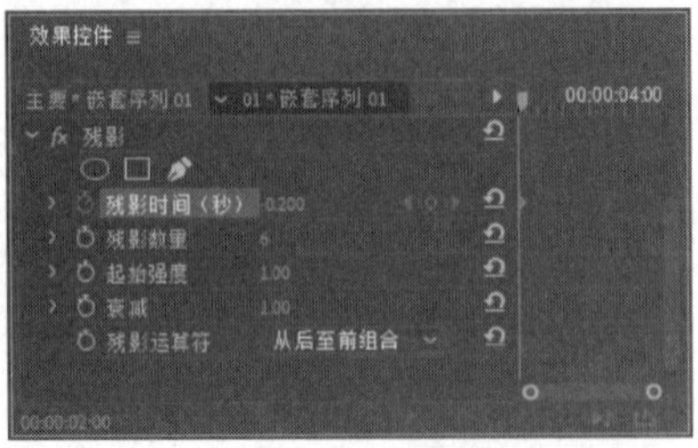

图 4-100

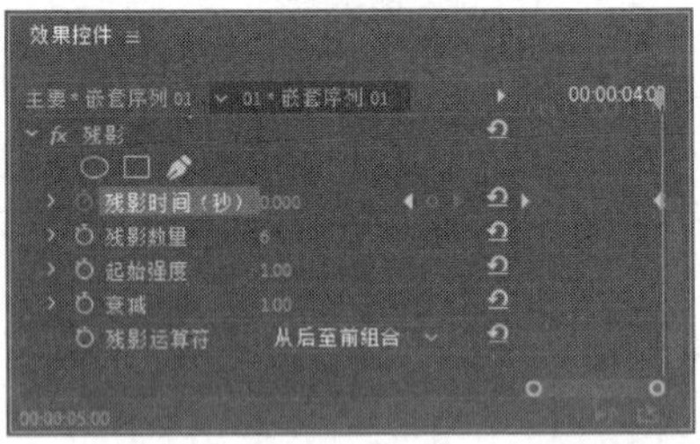

图 4-101

（7）在“效果”面板中单击“透视”文件夹左侧的按钮将其展开，选中“径向阴影”特效，如图4-102所示。将“径向阴影”特效拖曳到“时间轴”面板“视频2（V2）”轨道中的“嵌套序列01”文件上。选择“效果控件”面板，如图4-103所示；将“径向阴影”特效拖曳到“残影”特效的上方，如图4-104所示。

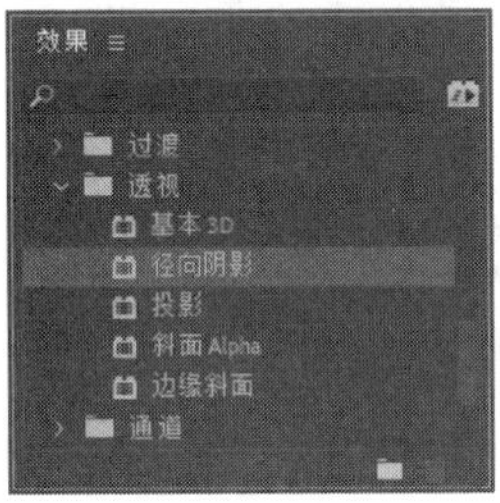

图 4-102

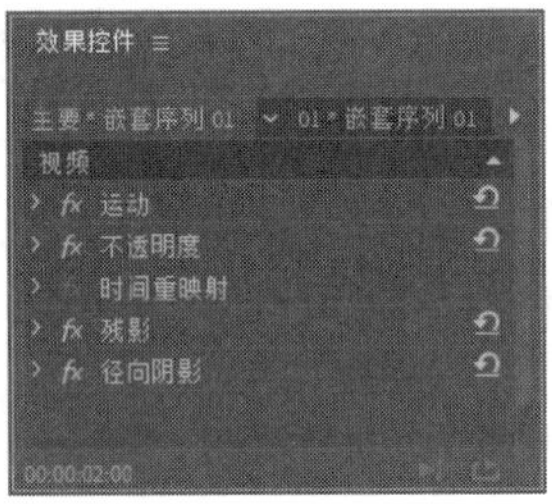

图 4-103

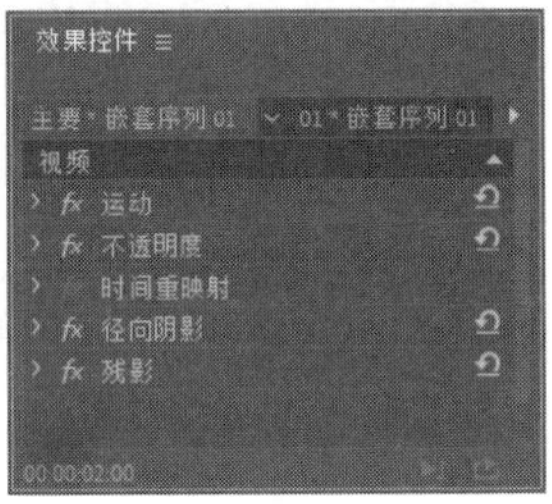

图 4-104

（8）展开“径向阴影”选项，将“投影距离”选项设置为1.0，“柔和度”选项设置为50.0，如图4-105所示。用相同的方法制作“嵌套序列02”，如图4-106所示。青春生活短视频的翻页转场制作完成。

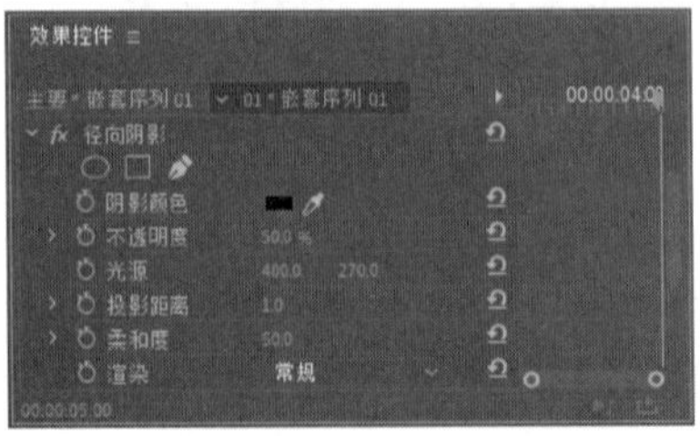

图 4-105

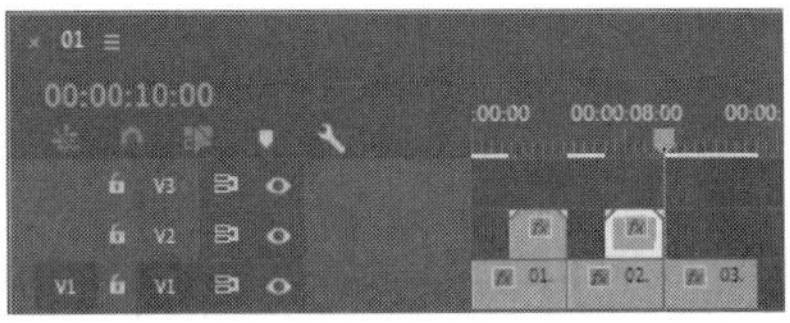

图 4-106

4.3.14 透视

“透视”效果主要用于制作三维透视效果，使素材产生立体感或空间感，包含5种特效，如图4-107所示。不同特效的应用效果如图4-108所示。

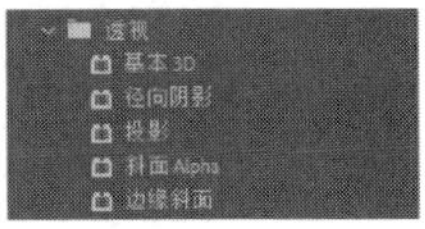

图 4-107

原图　　基本 3D　　径向阴影

投影　　斜面 Alpha　　边缘斜面

图 4-108

4.3.15 通道

“通道”效果用于对素材的通道进行处理，可以实现图像颜色、色调、饱和度和亮度等颜色属性的调整，包含 7 种特效，如图 4-109 所示。不同特效的应用效果如图 4-110 所示。

图 4-109

原图　　反转　　复合运算　　混合

算术　　纯色合成　　计算　　设置遮罩

图 4-110

4.3.16 风格化

“风格化”效果主要通过模拟一些美术风格来实现丰富的画面效果，包含 13 种特效，如图 4-111 所示。不同特效的应用效果如图 4-112 所示。

图 4-111

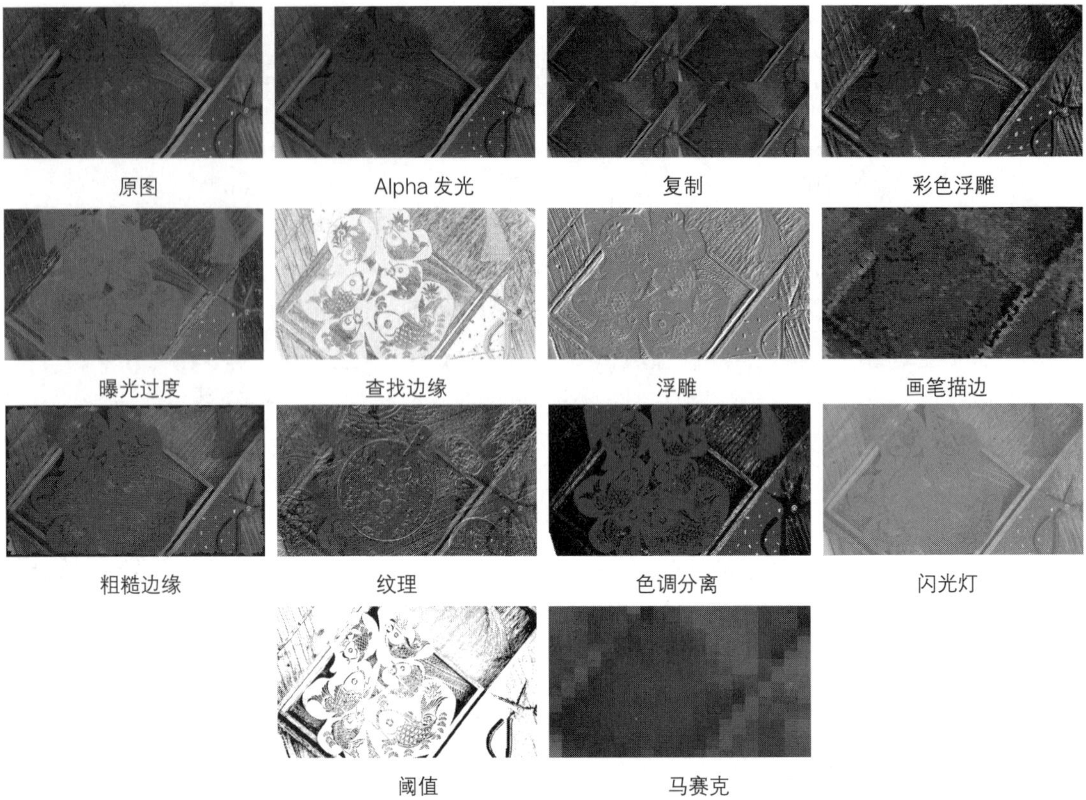

图 4-112

4.3.17　预设

- “模糊”效果

预设的“模糊”效果主要通过对影片素材的入点或出点使用预设制作出画面的快速模糊效果，包含两种特效，如图 4-113 所示。不同特效的应用效果如图 4-114 所示。

图 4-113

图 4-114

- “画中画”效果

预设的“画中画”效果主要通过对影片素材使用预设制作出画面的位置变化和比例缩放效果，包含 38 种特效，如图 4-115 所示。部分特效的应用效果如图 4-116 所示。

- “马赛克”效果

预设的“马赛克”效果主要通过对影片素材的入点或出点使用预设制作出马赛克画面效果，包含两种特效，如图 4-117 所示。不同特效的应用效果如图 4-118 所示。

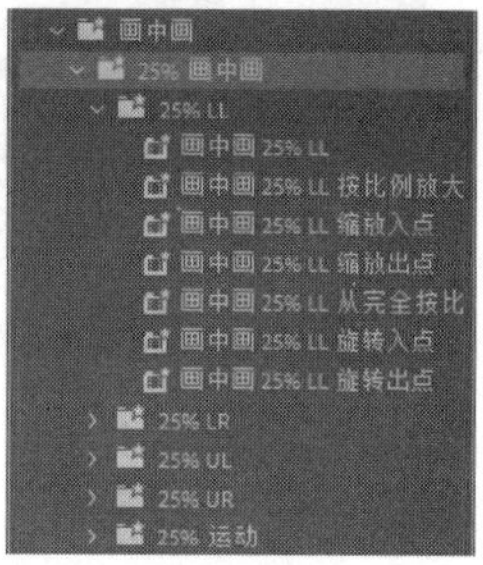

图 4-115

画中画 25%LL 按比例放大至完全

画中画 25%UR 旋转入点

画中画 25%LR 至 LL

图 4-116

图 4-117

马赛克入点

图 4-118

马赛克出点

图 4-118（续）

• “扭曲”效果

预设的“扭曲”效果主要通过对影片素材的入点或出点使用预设制作出扭曲画面效果，包含两种特效，如图 4-119 所示。不同特效的应用效果如图 4-120 所示。

图 4-119

扭曲入点

扭曲出点

图 4-120

• “卷积内核”效果

预设的“卷积内核”效果主要通过运算改变影片素材中每个像素的颜色和亮度值来改变图像的质感，包含 10 种特效，如图 4-121 所示。不同特效的应用效果如图 4-122 所示。

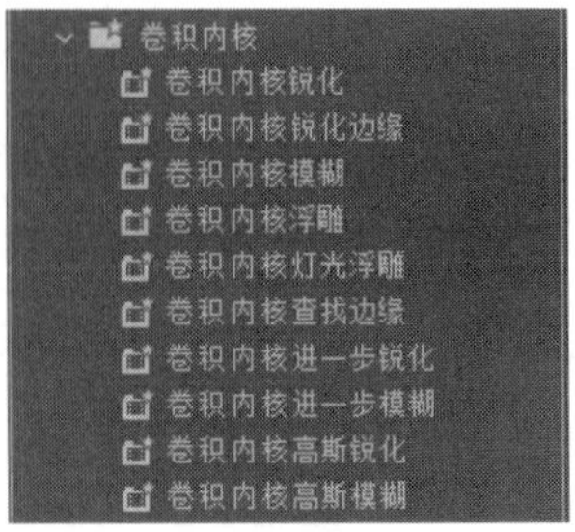

图 4-121

原图　卷积内核锐化　卷积内核锐化边缘　卷积内核模糊

卷积内核浮雕　卷积内核灯光浮雕　卷积内核查找边缘　卷积内核进一步锐化

卷积内核进一步模糊　卷积内核高斯锐化　卷积内核高斯模糊

图 4-122

- “去除镜头扭曲”效果

预设的“去除镜头扭曲”效果主要用于对影片素材去除预设的镜头扭曲，包含 62 种特效，如图 4-123 所示。部分特效的应用效果如图 4-124 所示。

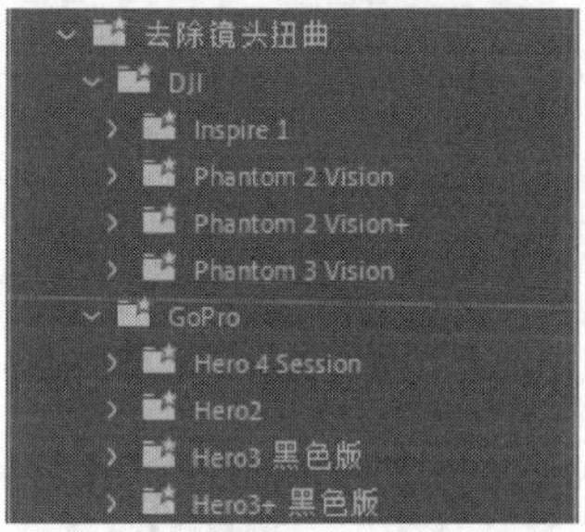

图 4-123

原图　Phantom 2 Vision（480）　Phantom 3 Vision（4K）　Hero 4 Session（1080-宽）

Hero 2（960-宽）　Hero 3 黑色版（4K 影院-宽）　Hero 3+ 黑色版（720-窄）

图 4-124

• “斜角边”效果

预设的“斜角边”效果主要通过对影片素材使用预设制作出斜角边画面效果，包含两种特效，如图 4-125 所示。不同特效的应用效果如图 4-126 所示。

图 4-125

原图　　厚斜角边　　薄斜角边

图 4-126

• “过度曝光”效果

预设的“过度曝光”效果主要通过对影片素材使用预设制作出画面的过度曝光效果，包含两种特效，如图 4-127 所示。不同特效的应用效果如图 4-128 所示。

图 4-127

过度曝光入点

过度曝光出点

图 4-128

课堂练习——制作武汉城市形象宣传片的梦幻特效

扫码观看
课堂练习视频

练习知识要点

使用“导入”命令导入素材文件，使用入点和出点调整素材文件，使用“高斯模糊”特效、“Lumetri 颜色”特效和“效果控件”面板制作梦幻特效，最终效果如图 4-129 所示。

图 4-129

效果所在位置

Ch04/制作武汉城市形象宣传片的梦幻特效/制作武汉城市形象宣传片的梦幻特效. prproj。

课后习题——制作平遥古城城市形象宣传片的旋转转场

习题知识要点

使用“导入”命令导入素材文件，使用入点和出点调整素材文件，使用“变换”特效和“效果控件”面板制作旋转转场，使用“Lumetri 颜色”特效调整素材画面颜色，最终效果如图 4-130 所示。

扫码观看
课后习题视频

图 4-130

效果所在位置

Ch04/制作平遥古城城市形象宣传片的旋转转场/制作平遥古城城市形象宣传片的旋转转场.prproj。

05 第5章 调色、合成与键控

本章主要讲解在 Premiere Pro 2020 中进行素材的调色、合成与键控的基础方法。调色、合成与键控属于剪辑中较高级的技术，使用它们可以使影片通过剪辑产生完美的画面合成效果。本章案例可帮助读者理解相关知识，从而掌握 Premiere Pro 2020 的调色、合成与键控技术。

学习目标

- ✧ 掌握视频调色技术。
- ✧ 掌握合成与键控技术。

技能目标

- ✧ 掌握古风美景短视频的绘画特效的制作方法。
- ✧ 掌握短视频的怀旧特效的制作方法。
- ✧ 掌握风景短视频画面颜色的调整方法。
- ✧ 掌握抠出唯美古风短视频中的人物的方法。
- ✧ 掌握抠出折纸素材并合成到栏目片头中的方法。

素养目标

- ✧ 培养对素材的构图、色彩和细节的敏锐感知能力。
- ✧ 培养准确地抠图和处理各种细节的能力。
- ✧ 培养良好的手眼协调能力。

5.1 视频调色技术

Premiere Pro 2020 的“效果”面板包含一些专门用于改变视频亮度、对比度和颜色的特效，这些特效集中于“视频效果”文件夹的 5 个子文件夹中，它们分别为“图像控制”“调整”“过时”“颜色校正”“Lumetri 预设”。下面分别进行详细讲解。

5.1.1 课堂案例——制作古风美景短视频的绘画特效

微课视频

扫码观看本案例视频

扩展案例

案例学习目标

学习使用多个特效制作视频的绘画特效。

案例知识要点

使用“导入”命令导入视频文件，使用“黑白”特效将彩色视频转换为灰度视频，使用“查找边缘”特效制作视频画面的边缘，使用“色阶”特效调整视频的亮度和对比度，使用“高斯模糊”特效制作视频的模糊效果，使用“旧版标题”命令和“字幕”编辑面板添加与编辑文字，使用“划出”特效制作文字过渡效果，最终效果如图 5-1 所示。

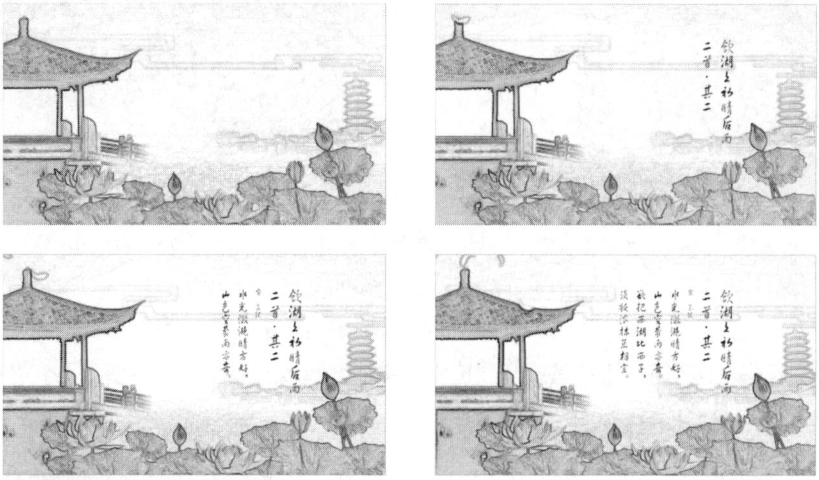

图 5-1

效果所在位置

Ch05/制作古风美景短视频的绘画特效/制作古风美景短视频的绘画特效. prproj。

1. 制作绘画特效

（1）启动 Premiere Pro 2020，选择“文件 > 新建 > 项目”命令，弹出“新建项目”对话框，如图 5-2 所示，单击“确定”按钮，新建项目。

（2）选择“文件 > 导入”命令，弹出“导入”对话框，选择本书云盘中的“Ch05/制作古风美景短视频的绘画特效/素材/01”文件，如图 5-3 所示。单击“打开”按钮，将素材文件导入“项目”面板中，如图 5-4 所示。选择“项目”面板中的“01”文件，并将其拖曳到“时间轴”面板中生成“01”序列，将“01”文件放置到“视频 1（V1）”轨道中，如图 5-5 所示。

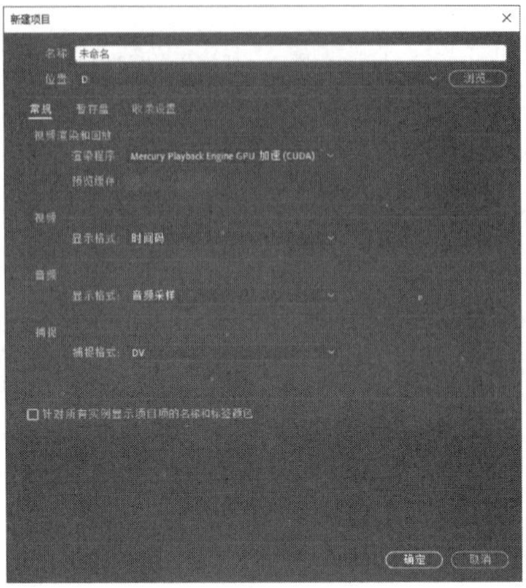

图 5-2

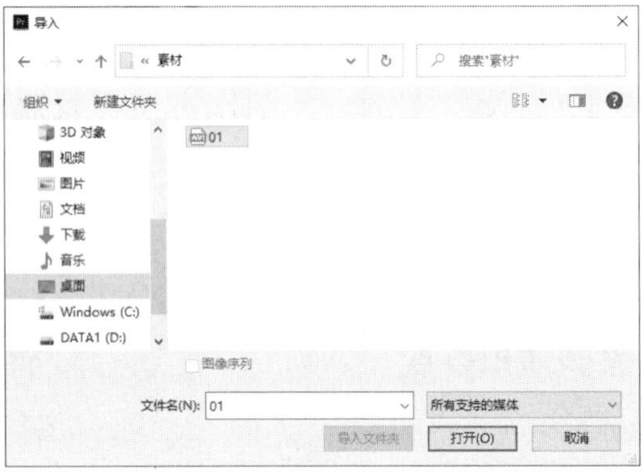

图 5-3

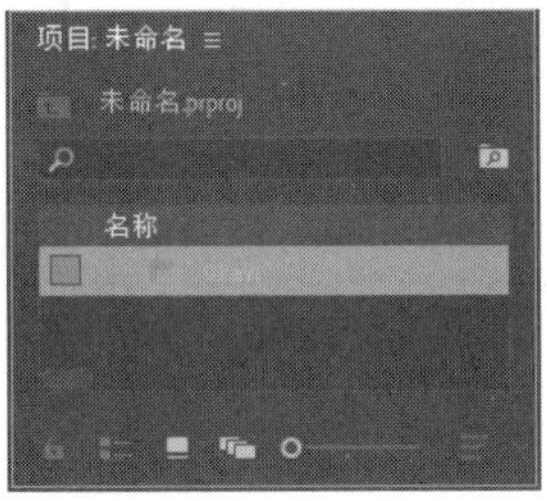

图 5-4

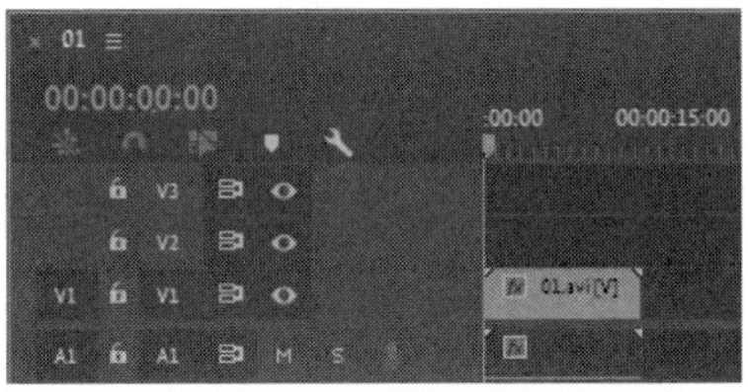

图 5-5

（3）将时间标签放置在 00:00:05:00 处。将鼠标指针放在“01”文件的结束位置，单击显示编辑点。当鼠标指针呈状时，向左拖曳到 00:00:05:00 处，如图 5-6 所示。

（4）将时间标签放置在 00:00:00:00 处。在“效果”面板中展开“视频效果”分类选项，单击“图像控制”文件夹左侧的按钮将其展开，选中“黑白”特效，如图 5-7 所示。将“黑白”特效拖曳到“时间轴”面板中的“01”文件上。

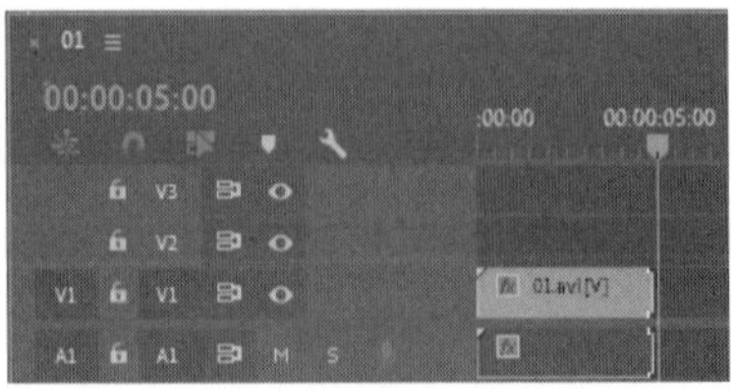

图 5-6

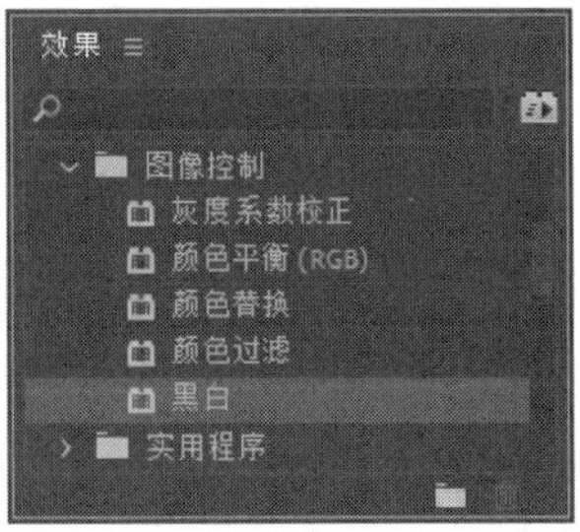

图 5-7

（5）在“效果”面板中单击“风格化”文件夹左侧的按钮将其展开，选中“查找边缘”特效，如图 5-8 所示。将“查找边缘”特效拖曳到“时间轴”面板中的“01”文件上。在“效果控件”面板中展开“查找边缘”特效，将“与原始图像混合”选项设置为 12%，如图 5-9 所示。

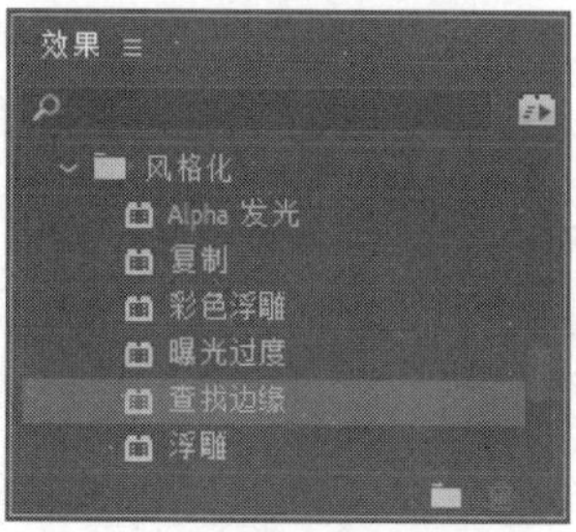

图 5-8

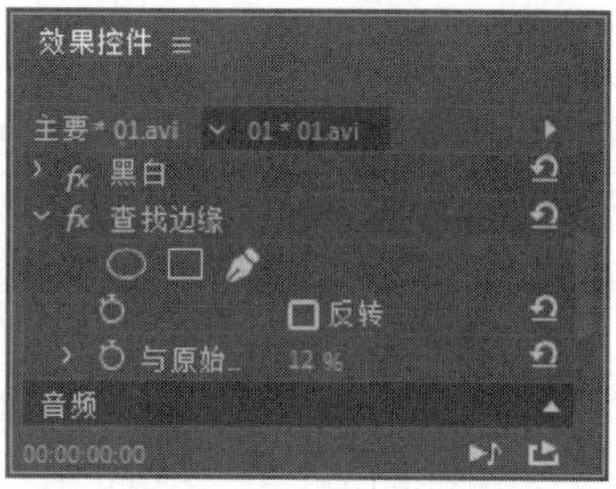

图 5-9

（6）在“效果”面板中单击“调整”文件夹左侧的按钮将其展开，选中“色阶”特效，如图 5-10 所示。将“色阶”特效拖曳到“时间轴”面板中的“01”文件上。在“效果控件”面板中展开“色阶”特效并进行参数设置，如图 5-11 所示。

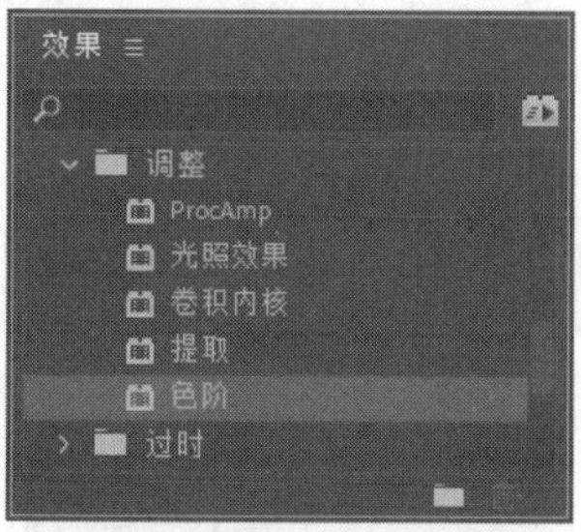

图 5-10

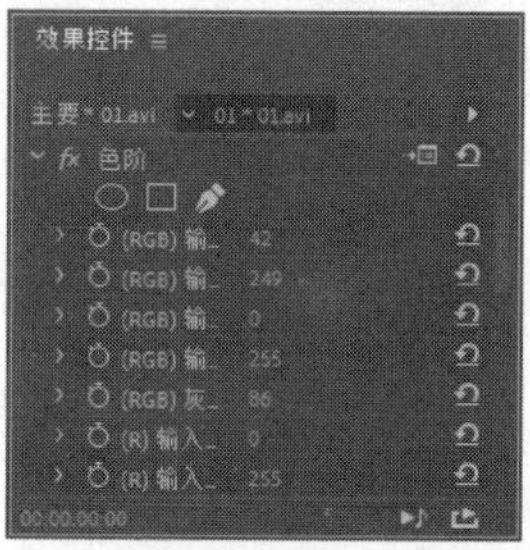

图 5-11

（7）在“效果”面板中单击“模糊与锐化”文件夹左侧的按钮将其展开，选中“高斯模糊”特效，如图 5-12 所示。将“高斯模糊”特效拖曳到“时间轴”面板中的“01”文件上。在“效果控件”面板中展开“高斯模糊”特效，将“模糊度”选项设置为 3.2，如图 5-13 所示。

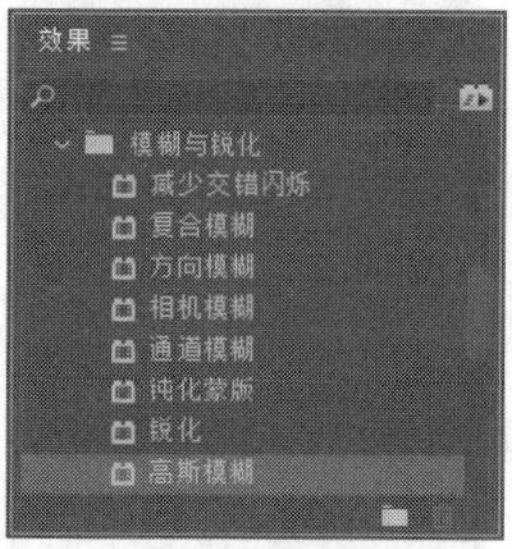

图 5-12

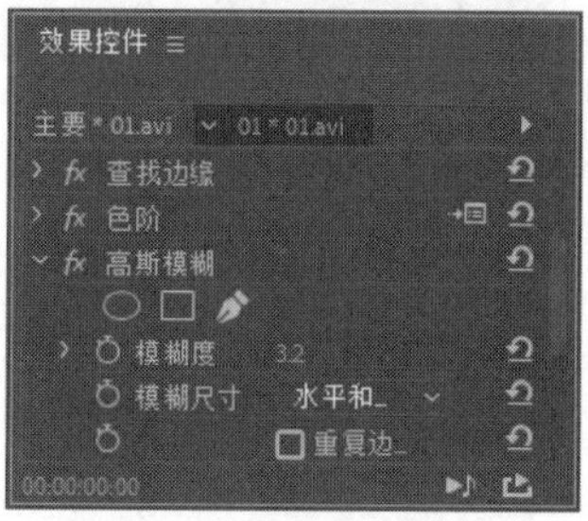

图 5-13

2. 添加并编辑文字

（1）选择“文件 > 新建 > 旧版标题”命令，弹出“新建字幕”对话框，如图 5-14 所示，单击“确定”按钮。选择“旧版标题工具”面板中的“垂直文字工具”，在“字幕”编辑面板中单击，插入光标，输入需要的文字。

（2）在“旧版标题属性”面板中展开“变换”栏，各选项的设置如图 5-15 所示。展开“属性”

栏，各选项的设置如图 5-16 所示。展开“填充”栏，各选项的设置如图 5-17 所示。“字幕”面板中的效果如图 5-18 所示，新建的字幕文件自动保存到“项目”面板中。

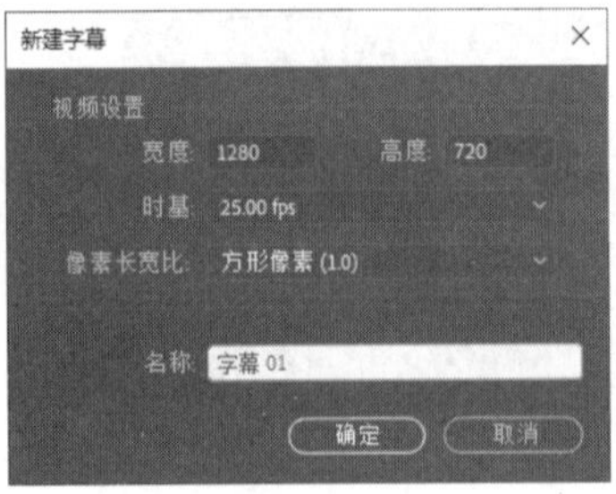

图 5-14

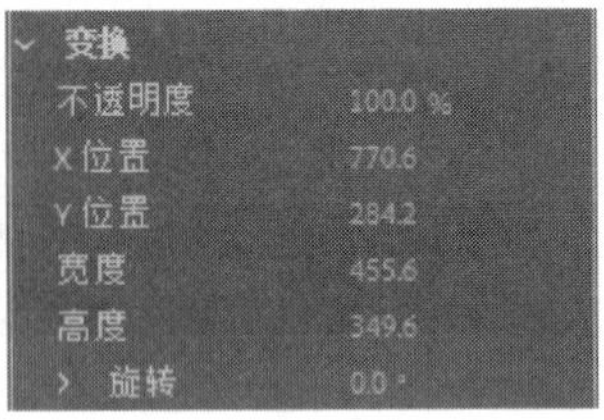

图 5-15

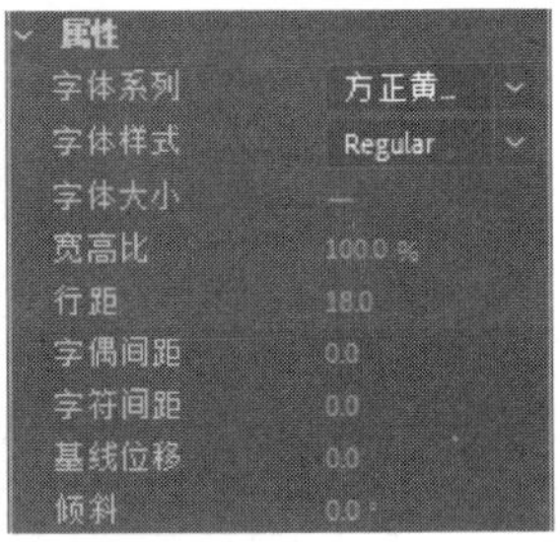

图 5-16

图 5-17

图 5-18

（3）在“项目”面板中选中“字幕 01”文件并将其拖曳到“时间轴”面板中的“视频 2（V2）”轨道中，如图 5-19 所示。在“效果”面板中展开“视频过渡”分类选项，单击“擦除”文件夹左侧的按钮将其展开，选中“划出”特效，如图 5-20 所示。

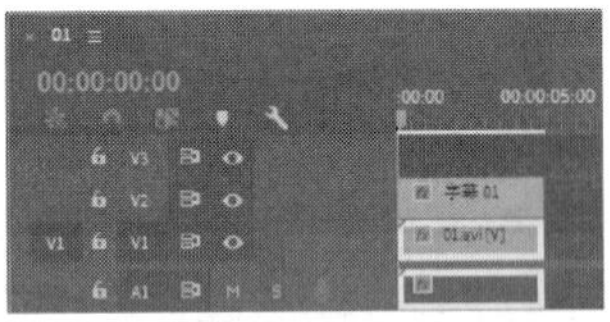

图 5-19

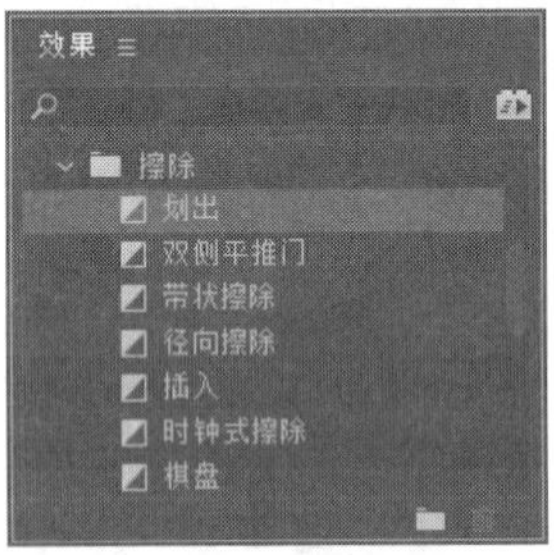

图 5-20

（4）将“划出”特效拖曳到“时间轴”面板中的“字幕 01”文件的开始位置，如图 5-21 所示。选择“时间轴”面板中的“划出”特效。在“效果控件”面板中将“持续时间”选项设置为 00:00:04:00，单击小视窗右侧的“自东向西”按钮，如图 5-22 所示。古风美景短视频的绘画特效制作完成。

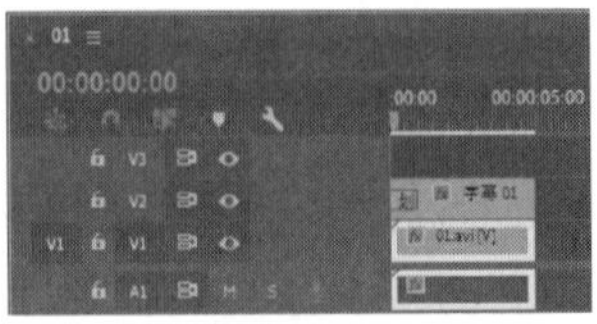

图 5-21

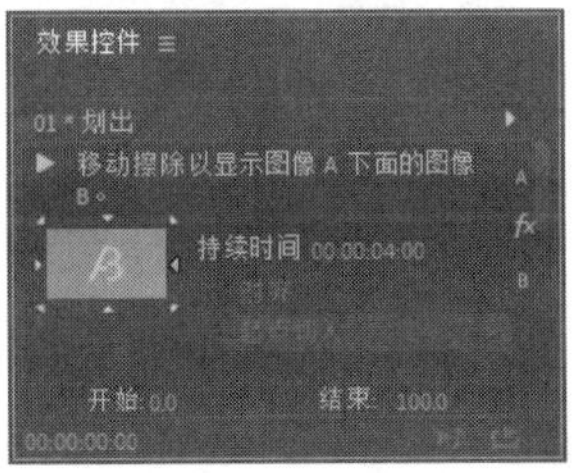

图 5-22

5.1.2 图像控制

"图像控制"效果的主要用途是对素材的色彩进行处理，广泛应用于视频编辑中，可以处理一些前期拍摄造成的缺陷，或使素材达到某种预想的效果。"图像控制"是一组重要的视频效果，它包含 5 种特效，如图 5-23 所示。不同特效的应用效果如图 5-24 所示。

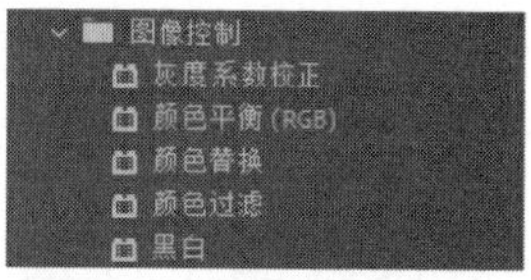

图 5-23

原图

灰度系数校正

颜色平衡（RGB）

颜色替换

颜色过渡

黑白

图 5-24

5.1.3 课堂案例——制作短视频的怀旧特效

微课视频

扫码观看本案例视频

扩展案例

案例学习目标

学习使用多种特效制作怀旧特效。

案例知识要点

使用"导入"命令导入视频文件，使用"ProcAmp"和"颜色平衡"特效调整图像，使用"DE_AgedFilm"外部特效制作怀旧特效，最终效果如图 5-25 所示。

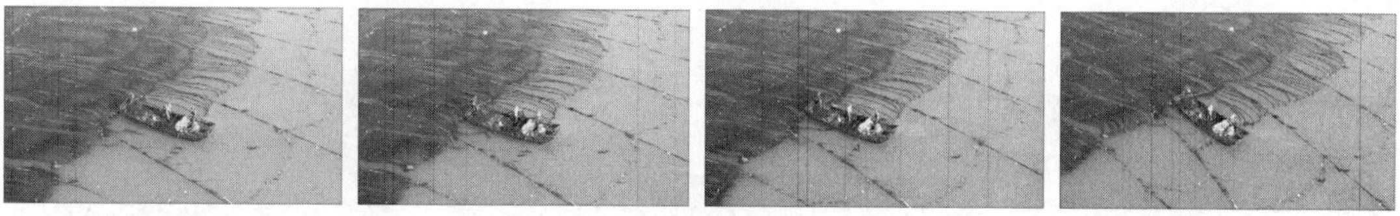

图 5-25

效果所在位置

Ch05/制作短视频的怀旧特效/制作短视频的怀旧特效.prproj。

（1）启动 Premiere Pro 2020，选择"文件 > 新建 > 项目"命令，弹出"新建项目"对话框，如图 5-26 所示，单击"确定"按钮，新建项目。

（2）选择“文件 > 导入”命令，弹出“导入”对话框，选择本书云盘中的“Ch05/制作短视频的怀旧特效/素材/01”文件，如图 5-27 所示。单击“打开”按钮，将素材文件导入“项目”面板中，如图 5-28 所示。选择“项目”面板中的“01”文件，并将其拖曳到“时间轴”面板中生成“01”序列，将“01”文件放置到“视频 1（V1）”轨道中，如图 5-29 所示。

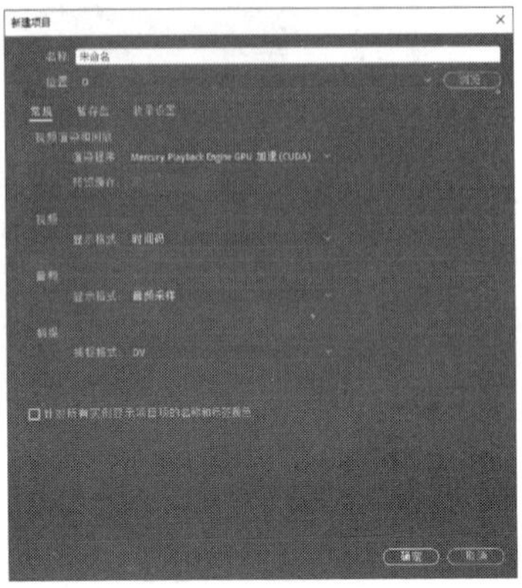

图 5-26

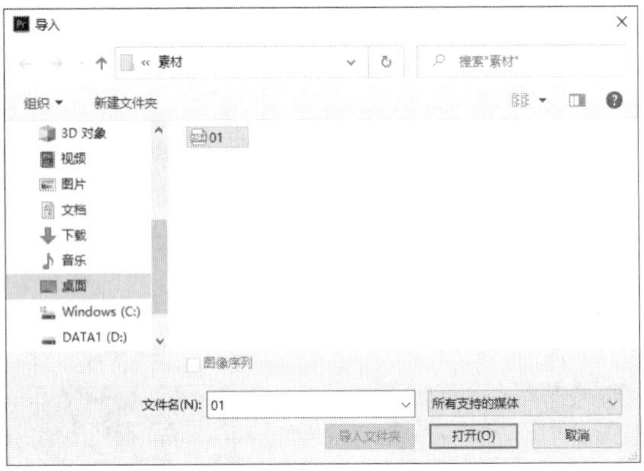

图 5-27

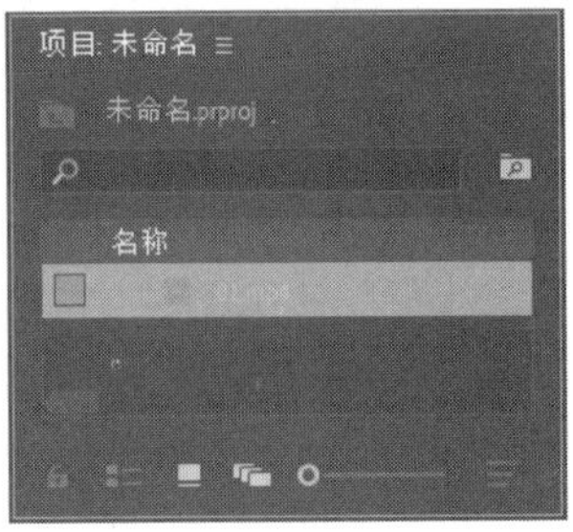

图 5-28

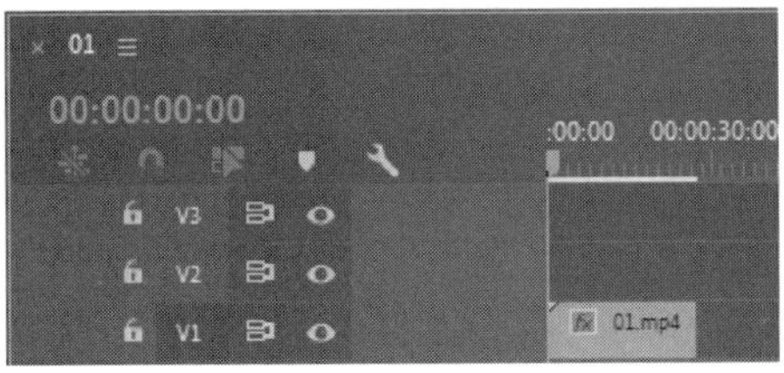

图 5-29

（3）在“效果”面板中展开“视频效果”分类选项，单击“调整”文件夹左侧的▶按钮将其展开，选中“ProcAmp”特效，如图 5-30 所示。

（4）将“ProcAmp”特效拖曳到“时间轴”面板中的“01”文件上，如图 5-31 所示。在“效果控件”面板中展开“ProcAmp”特效，将“对比度”选项设置为 115.0，“饱和度”选项设置为 50.0，如图 5-32 所示。

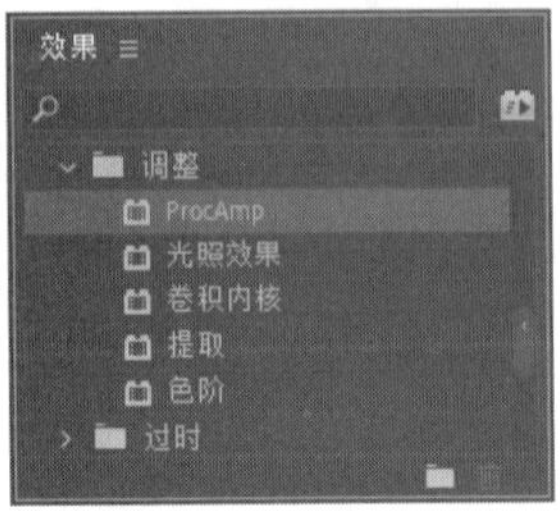

图 5-30

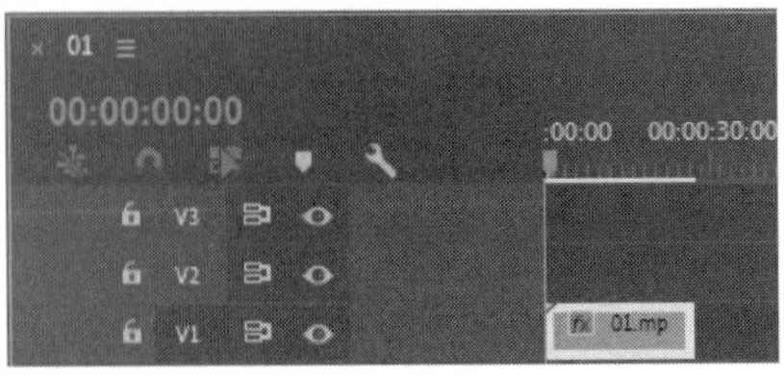

图 5-31

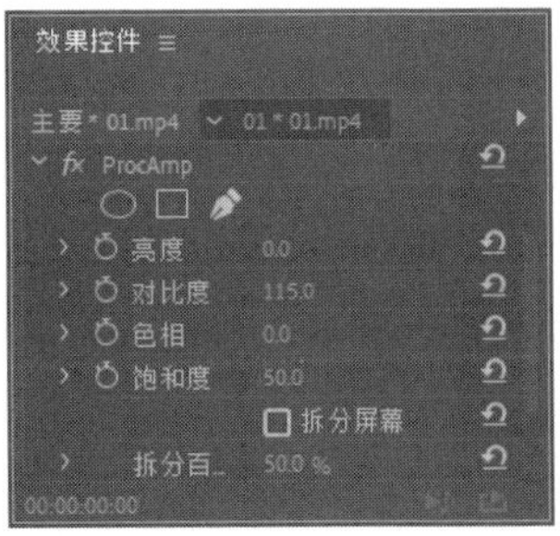

图 5-32

（5）在“效果”面板中单击“颜色校正”文件夹左侧的▶按钮将其展开，选中“颜色平衡”特效，如图 5-33 所示。将“颜色平衡”特效拖曳到“时间轴”面板中的“01”文件上。在“效果控件”面板中展开“颜色平衡”特效并进行参数设置，如图 5-34 所示。

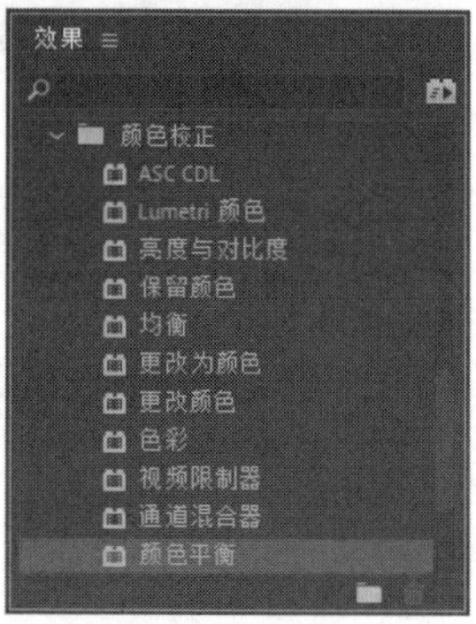

图 5-33

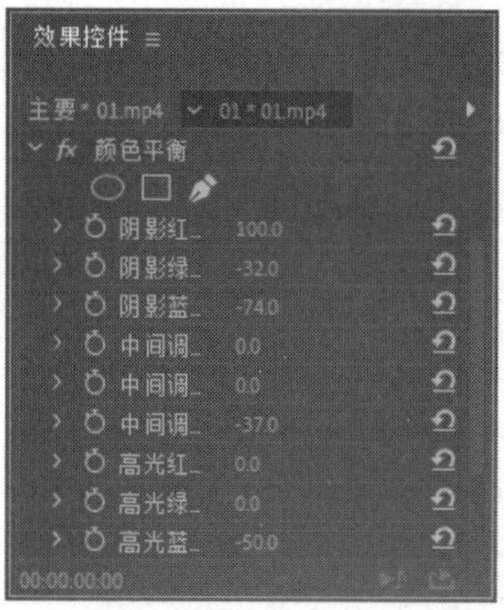

图 5-34

（6）在“效果”面板中单击“Digieffects Damage v2.5”文件夹左侧的按钮将其展开，选中“DE_AgedFilm”特效，如图 5-35 所示。将“DE_AgedFilm”特效拖曳到“时间轴”面板中的“01”文件上。

（7）在“效果控件”面板中展开“DE_AgedFilm”特效并进行参数设置，如图 5-36 所示。短视频的怀旧特效制作完成。

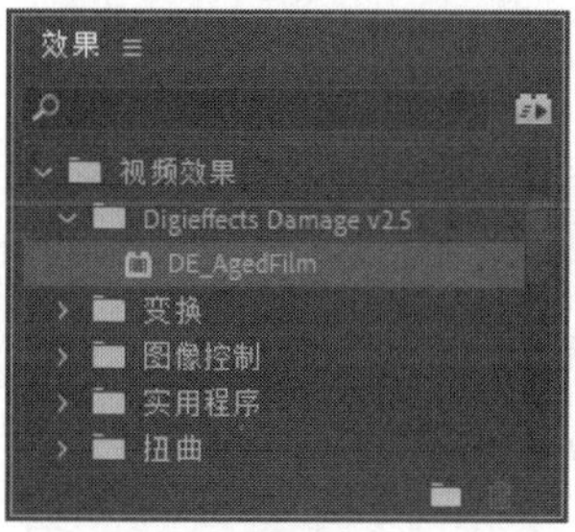

图 5-35

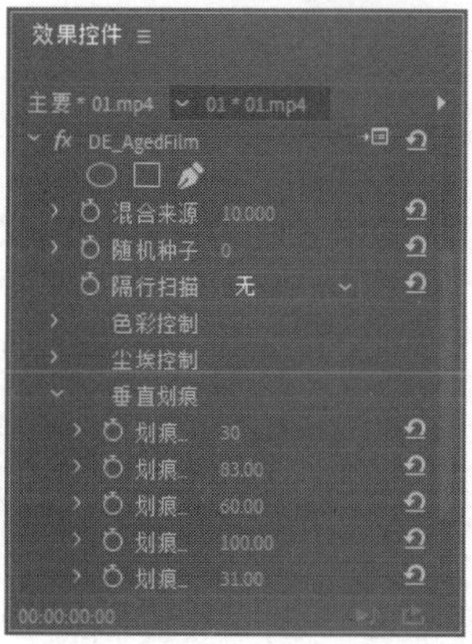

图 5-36

5.1.4 调整

“调整”效果用于调整素材文件的明暗程度或添加光照效果，包含 5 种特效，如图 5-37 所示。不同特效的应用效果如图 5-38 所示。

图 5-37

原图

ProcAmp

光照效果

卷积内核

提取

色阶

图 5-38

5.1.5 过时

“过时”效果用于对视频进行颜色分级与校正，包含 12 种特效，如图 5-39 所示。不同特效的应用效果如图 5-40 所示。

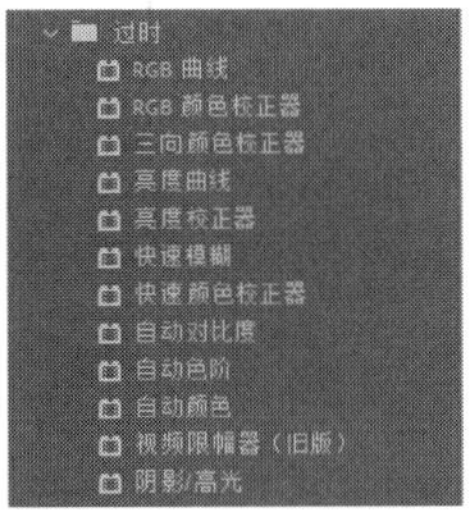

图 5-39

原图

RGB 曲线

RGB 颜色校正器

三向颜色校正器

亮度曲线

亮度校正器

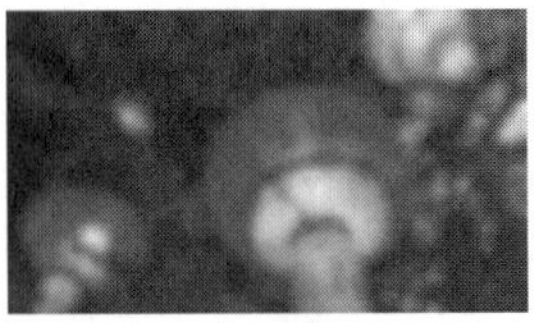
快速模糊

快速颜色校正器

图 5-40

自动对比度

自动色阶

自动颜色

视频限幅器（旧版）

阴影/高光

图 5-40（续）

5.1.6 课堂案例——调整四季风景短视频的画面颜色

微课视频

扫码观看
本案例视频

案例学习目标

学习使用“颜色校正”效果调整画面颜色。

案例知识要点

使用“导入”命令导入视频文件，使用“Lumetri 颜色”特效和“效果控件”面板调整视频的画面颜色，使用“交叉溶解”特效添加视频间的过渡效果，最终效果如图 5-41 所示。

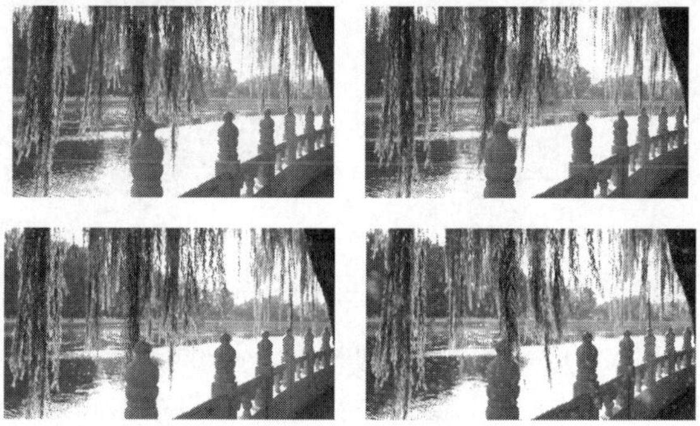

图 5-41

效果所在位置

Ch05/调整四季风景短视频的画面颜色/调整四季风景短视频的画面颜色. prproj。

（1）启动 Premiere Pro 2020，选择“文件 > 新建 > 项目”命令，弹出“新建项目”对话框，如图 5-42 所示，单击“确定”按钮，新建项目。

（2）选择“文件 > 导入”命令，弹出“导入”对话框，选择本书云盘中的“Ch05/调整四季风景短视频的画面颜色/素材/01～02”文件，如图 5-43 所示。单击“打开”按钮，将素材文件导入“项目”面板中，如图 5-44 所示。双击“项目”面板中的“01”文件，在“源”监视器窗口中打开“01”文件。将时间标签放置在 00:00:20:00 处，按 O 键，创建标记出点，如图 5-45 所示。

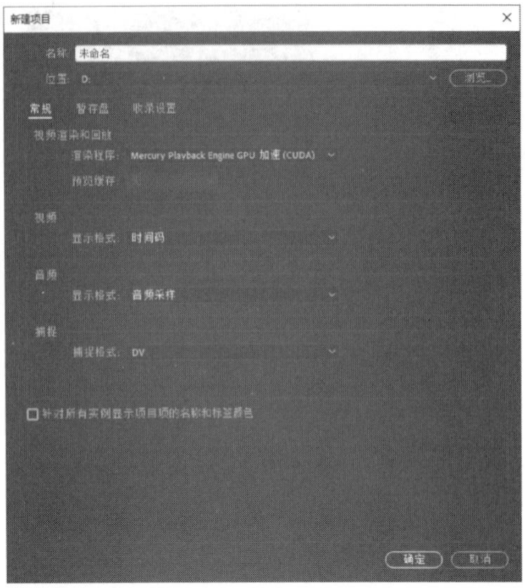

图 5-42

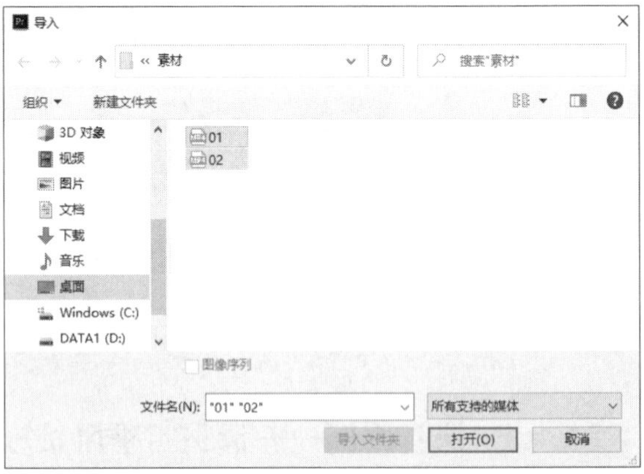

图 5-43

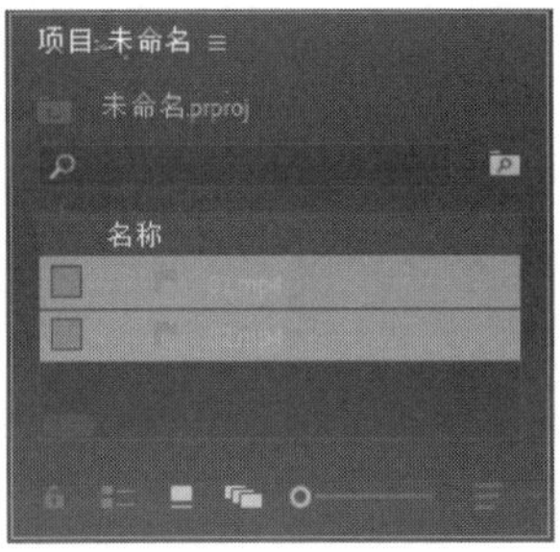

图 5-44

图 5-45

（3）选中“源”监视器窗口中的“01”文件并将其拖曳到“时间轴”面板中，生成“01”序列，将“01”文件放置到“视频 1（V1）”轨道中，如图 5-46 所示。在“效果”面板中展开“视频效果”分类选项，单击“颜色校正”文件夹左侧的▶按钮将其展开，选中“Lumetri 颜色”特效。将“Lumetri 颜色”特效拖曳到“时间轴”面板中的“01”文件上，如图 5-47 所示。

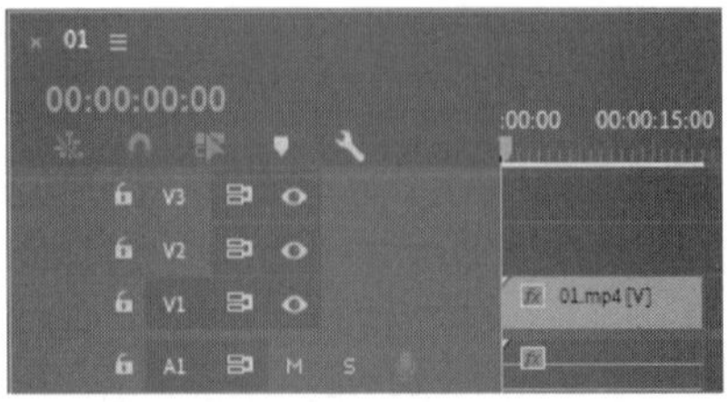

图 5-46

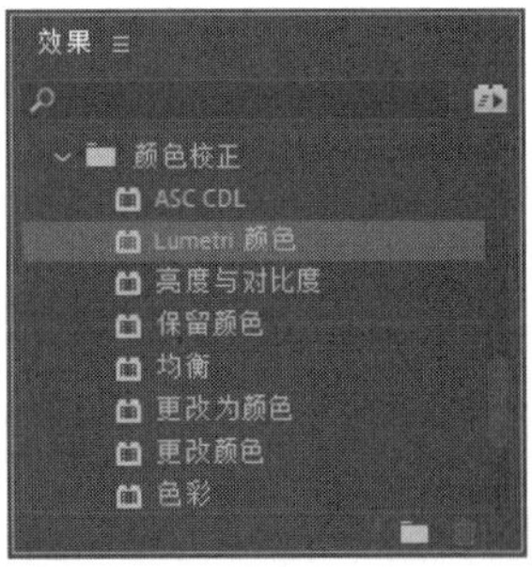

图 5-47

（4）将时间标签放置在 00:00:05:00 处。选择“剃刀工具”，将鼠标指针移到“时间轴”面板中的“01”文件上，在 00:00:05:00 处单击，切割素材，如图 5-48 所示。将时间标签放置在 00:00:10:00 处。将鼠标指针移到“时间轴”面板中的“01”文件上，在 00:00:10:00 处单击，切割素材，如图 5-49 所示。用相同的方法在 00:00:15:00 处单击，切割素材。

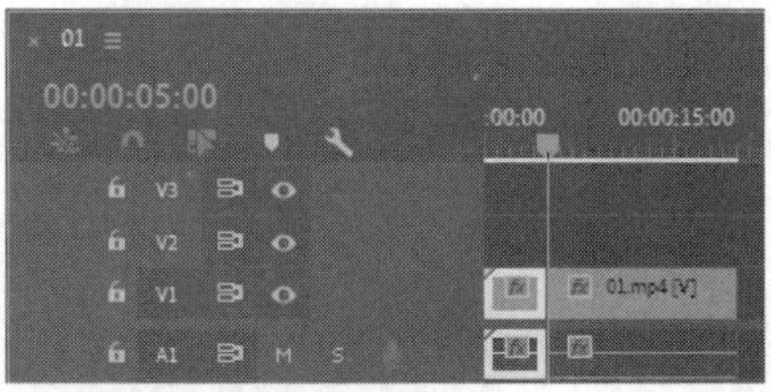

图 5-48

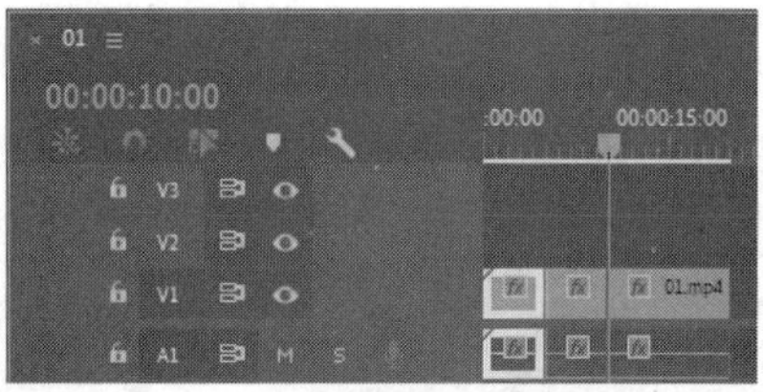

图 5-49

（5）将时间标签放置在 00:00:00:00 处。选择“选择工具”，选择“时间轴”面板中的第 1 个“01”文件。在“效果控件”面板中展开“Lumetri 颜色”特效，各选项的设置如图 5-50 所示。调整“曲线/色相饱和度曲线/色相与色相”选项中的曲线，如图 5-51 所示。

（6）将时间标签放置在 00:00:05:00 处。选择“时间轴”面板中的第 2 个“01”文件。在“效果控件”面板中展开“Lumetri 颜色”特效，调整“曲线/色相饱和度曲线/色相与色相”选项中的曲线，如图 5-52 所示。

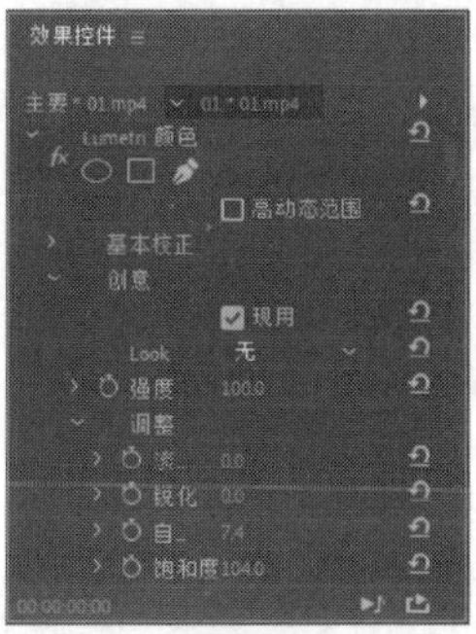

图 5-50

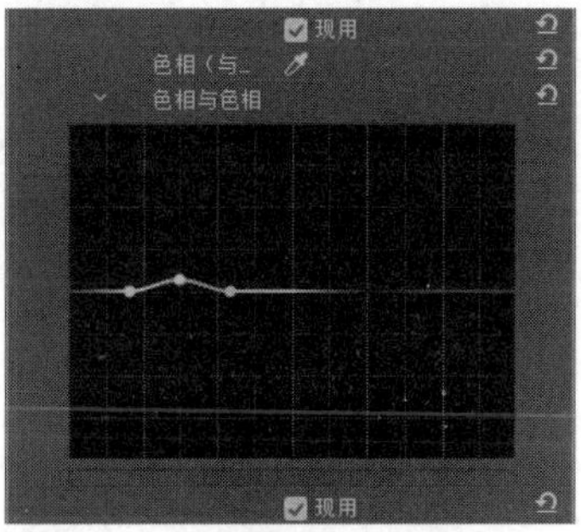

图 5-51

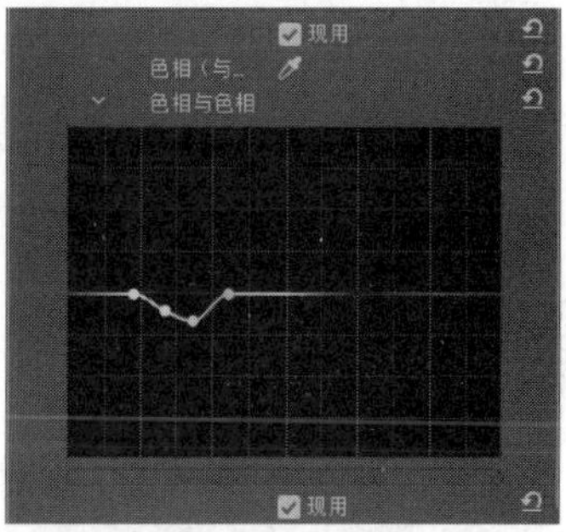

图 5-52

（7）将时间标签放置在 00:00:10:00 处。选择“时间轴”面板中的第 3 个“01”文件。在“效果控件”面板中展开“Lumetri 颜色”特效，调整“曲线/色相饱和度曲线/色相与饱和度”选项中的曲线，如图 5-53 所示。调整“曲线/色相饱和度曲线/色相与色相”选项中的曲线，如图 5-54 所示。

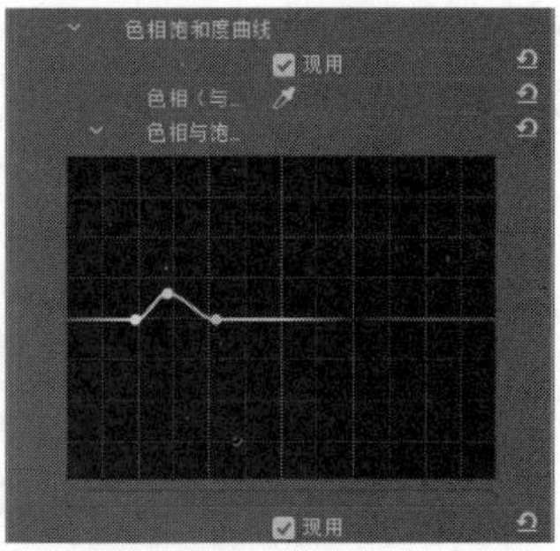

图 5-53

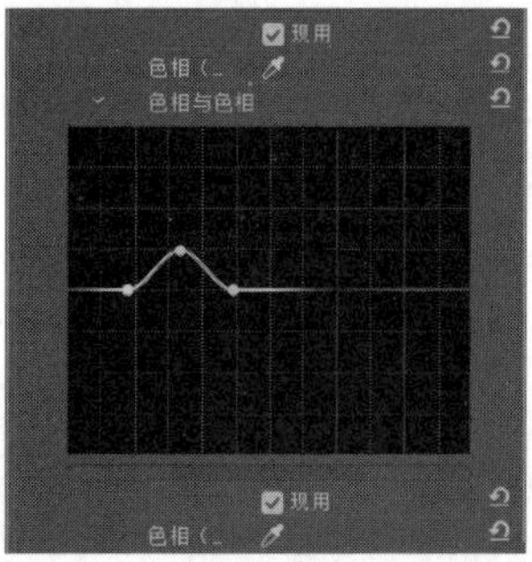

图 5-54

（8）将时间标签放置在 00:00:15:00 处。选择“时间轴”面板中的第 4 个“01”文件。在“效果控件”面板中展开“Lumetri 颜色”特效，各选项的设置如图 5-55 所示。调整“曲线/色相饱和度曲线/色相与饱和度”选项中的曲线，如图 5-56 所示。调整“曲线/色相饱和度曲线/色相与色相”选项中的曲线，如图 5-57 所示。

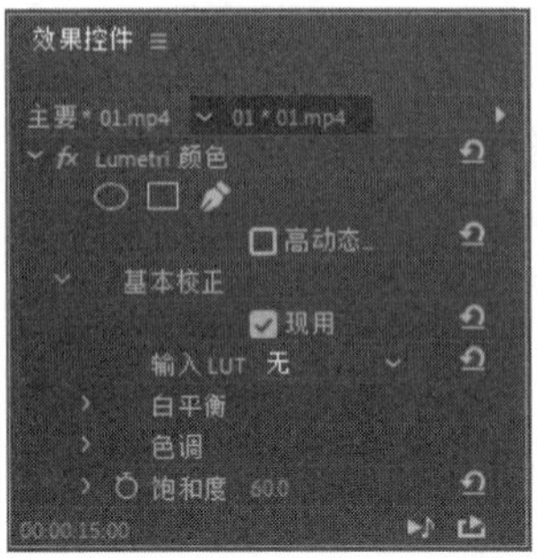

图 5-55

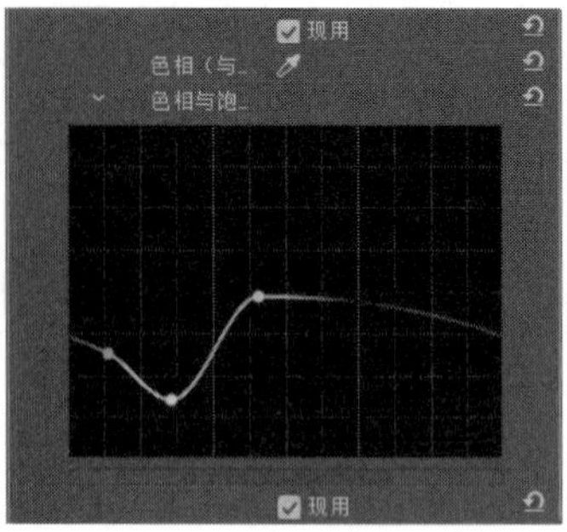

图 5-56

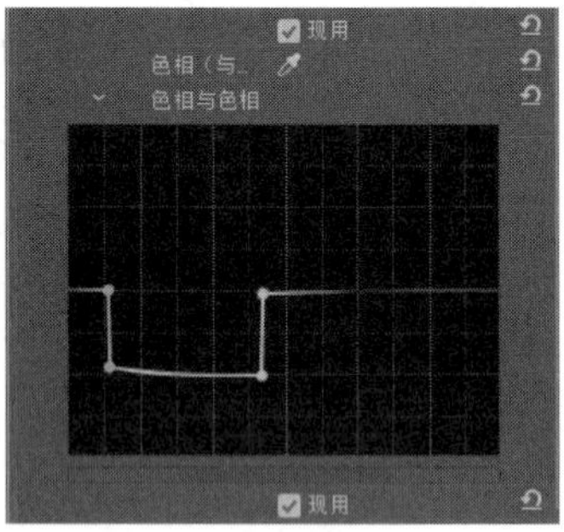

图 5-57

（9）选择“项目”面板中的“02”文件，并将其拖曳到“时间轴”面板的“视频 2（V2）”轨道中，如图 5-58 所示。在“02”文件上单击鼠标右键，在弹出的快捷菜单中选择“速度/持续时间”命令，弹出“剪辑速度/持续时间”对话框，其中各选项的设置如图 5-59 所示，单击“确定”按钮。

（10）将鼠标指针放在“02”文件的结束位置，单击显示编辑点。当鼠标指针呈◀状时，向左拖曳到“01”文件的结束位置，如图 5-60 所示。选择“时间轴”面板中的“02”文件。在“效果控件”面板中展开“运动”选项，将“缩放”选项设置为 150.0；展开“不透明度”选项，将“混合模式”选项设置为“滤色”，“不透明度”选项设置为 70.0%，如图 5-61 所示。

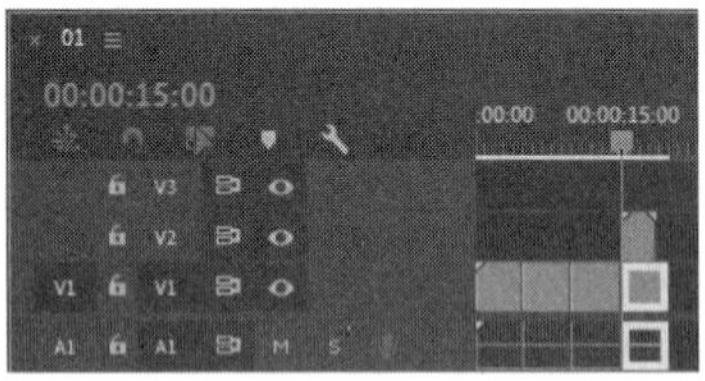

图 5-58

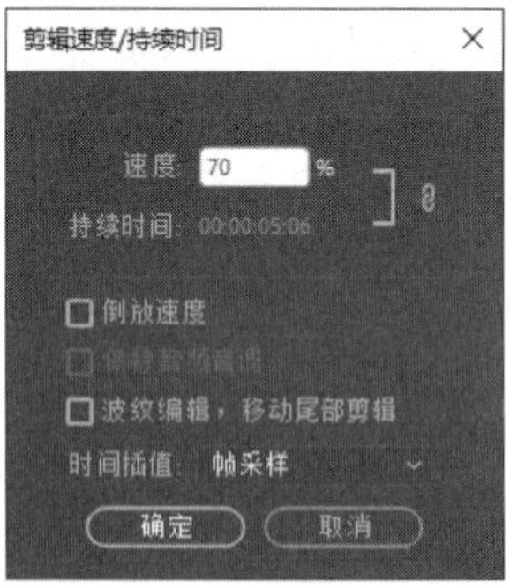

图 5-59

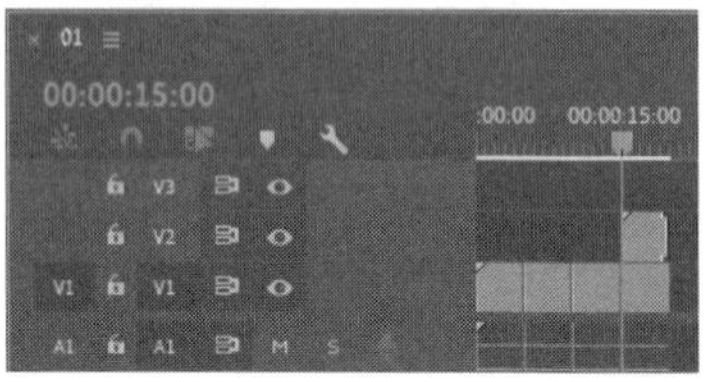

图 5-60

（11）在“效果”面板中展开“视频过渡”分类选项，单击“溶解”文件夹左侧的▶按钮将其展开，选中“交叉溶解”特效，如图 5-62 所示。将“交叉溶解”特效拖曳到“时间轴”面板“视频 1（V1）”轨道中的第 1 个“01”文件的结束位置和第 2 个“01”文件的开始位置。

（12）选择“时间轴”面板中的“交叉溶解”特效。在“效果控件”面板中将“持续时间”选项设置为 00:00:02:00，如图 5-63 所示。用相同的方法在其他位置添加并调整“交叉溶解”特效，如图 5-64 所示。四季风景短视频的画面颜色调整完成。

图 5-61

图 5-62

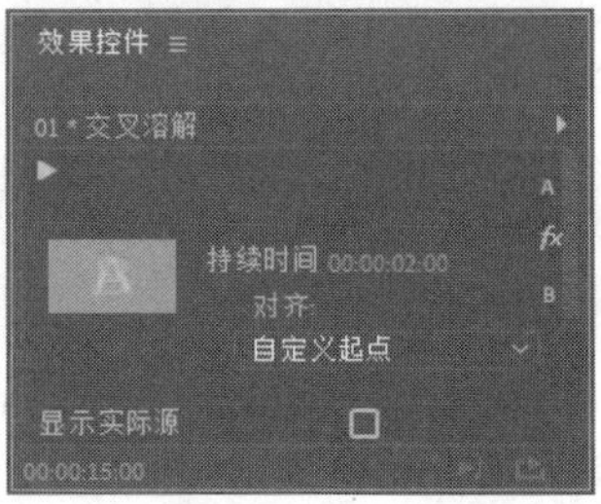

图 5-63

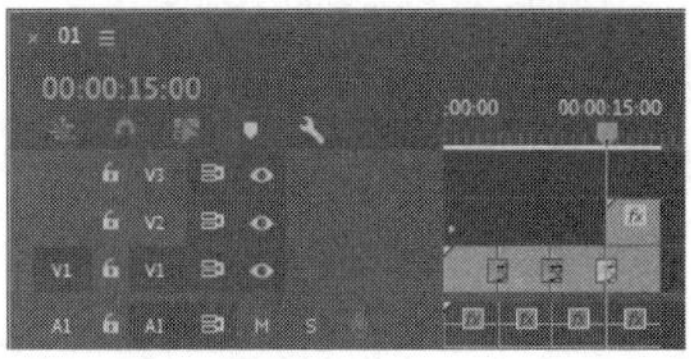

图 5-64

5.1.7 颜色校正

“颜色校正”效果主要用于对视频素材进行颜色校正，包含 12 种特效，如图 5-65 所示。不同特效的应用效果如图 5-66 所示。

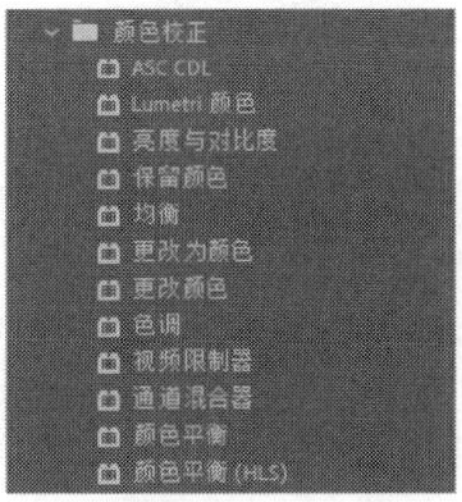

图 5-65

原图

ASC CDL

Lumetri 颜色

亮度与对比度

保留颜色

均衡

更改为颜色

更改颜色

图 5-66

色调

视频限制器

通道混合器

颜色平衡

颜色平衡（HLS）

图 5-66（续）

5.1.8 Lumetri 预设

“Lumetri 预设”效果主要用于对视频素材进行预设的颜色调整，包含 5 个大类。

1. Filmstocks

“Filmstocks”预设文件夹中有 5 种视频效果，如图 5-67 所示，它们的应用效果如图 5-68 所示。

图 5-67

原图

Fuji Eterna 250D Fuji 3510

Fuji Eterna 250d Kodak 2395

Fuji F125 Kodak 2393

Fuji F125 Kodak 2395

Fuji Reala 500D Kodak 2393

图 5-68

2. 影片

“影片”预设文件夹中有 7 种视频效果，如图 5-69 所示，它们的应用效果如图 5-70 所示。

图 5-69

原图　2 Strip　Cinespace 100　Cinespace 100 淡化胶片

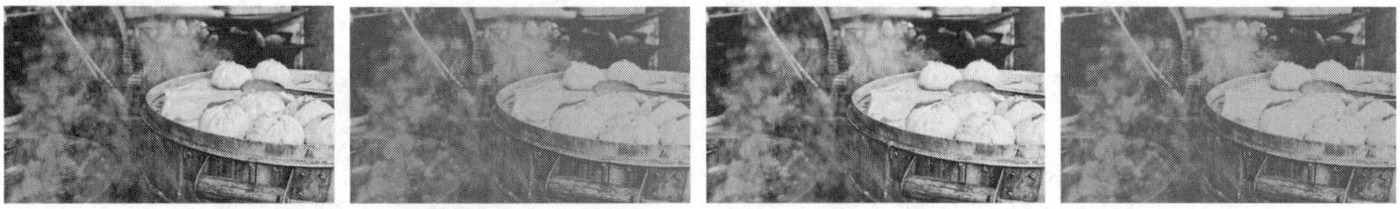

Cinespace 25　Cinespace 25 淡化胶片　Cinespace 50　Cinespace 50 淡化胶片

图 5-70

3. SpeedLooks

“SpeedLooks”预设文件夹包含不同的子文件夹，共 300 种视频效果，如图 5-71 所示。部分效果的应用示例如图 5-72 所示。

图 5-71

原图　SL 清楚出拳 NDR（ARRI Alexa）　SL 冰蓝（ARRI Alexa）　SL 亮蓝（BMC ProRes）

SL 复古棕色（Canon 1D）　SL 淘金 LDR（Canon 7D）　SL Noir 红波（RED-REDLOGFILM）　SL 冷蓝（Universal）

图 5-72

4. 单色

“单色”预设文件夹中有 7 种视频效果，如图 5-73 所示，它们的应用效果如图 5-74 所示。

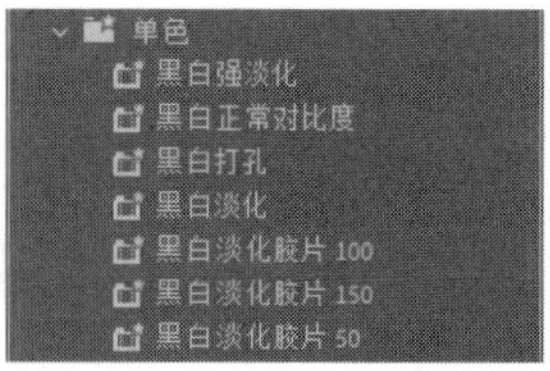

图 5-73

原图

黑白强淡化

黑白正常对比度

黑白打孔

黑白淡化

黑白淡化胶片 100

黑白淡化胶片 150

黑白淡化胶片 50

图 5-74

5. 技术

“技术”预设文件夹中有 6 种视频效果，如图 5-75 所示，它们的应用效果如图 5-76 所示。

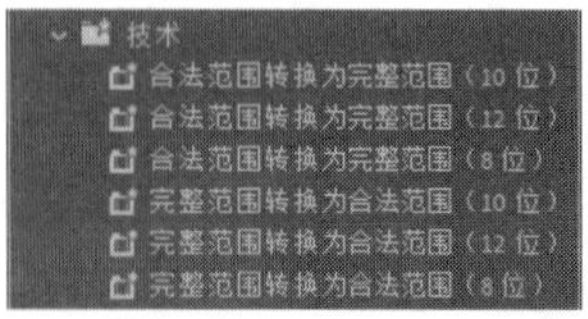

图 5-75

原图

合法范围转换为完整范围（10 位）

图 5-76

合法范围转换为完整范围（12 位）

合法范围转换为完整范围（8 位）

完整范围转换为合法范围（10 位）

完整范围转换为合法范围（12 位）

完整范围转换为合法范围（8 位）

图 5-76（续）

5.2 合成及键控技术

在 Premiere Pro 2020 中，不仅能够组合和编辑素材，还能够使素材与其他素材相互叠加，从而生成合成效果。一些效果绚丽的复合影视作品就是通过将多个视频轨道透明叠加，以及应用各种“键控”效果来实现的。

5.2.1 课堂案例——抠出唯美古风短视频中的人物

微课视频

扫码观看
本案例视频

扩展案例

案例学习目标

学习使用不透明度抠出视频中的人物。

案例知识要点

使用“导入”命令导入素材文件，使用“帧定格选项”命令定格人物图像，使用“效果控件”面板抠出人物并制作动画，使用“嵌套”命令嵌套素材文件，使用“油漆桶”特效制作图像描边，最终效果如图 5-77 所示。

图 5-77

效果所在位置

Ch05/抠出唯美古风短视频中的人物/抠出唯美古风短视频中的人物. prproj。

（1）启动 Premiere Pro 2020，选择“文件 > 新建 > 项目”命令，弹出“新建项目”对话框，如图 5-78 所示，单击“确定”按钮，新建项目。

（2）选择“文件 > 导入”命令，弹出“导入”对话框，选择本书云盘中的“Ch05/抠出唯美古风短视频中的人物/素材/01”文件，如图 5-79 所示。单击“打开”按钮，将素材文件导入“项目”面板中，如图 5-80 所示。双击“项目”面板中的“01”文件，在“源”监视器窗口中打开“01”文件。将时间标签放置在 00:00:18:00 处，按 I 键，创建标记入点，如图 5-81 所示。

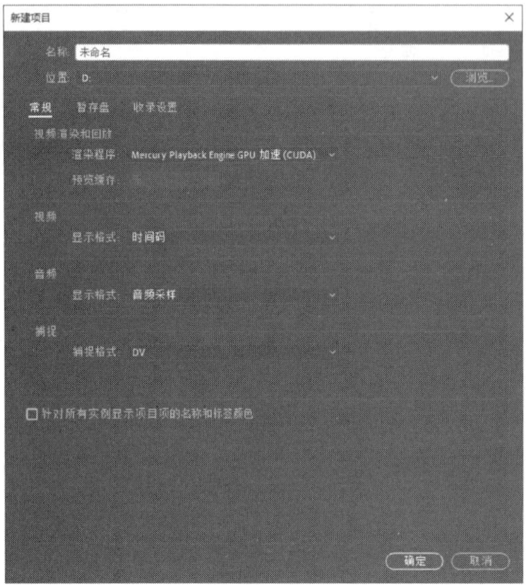

图 5-78

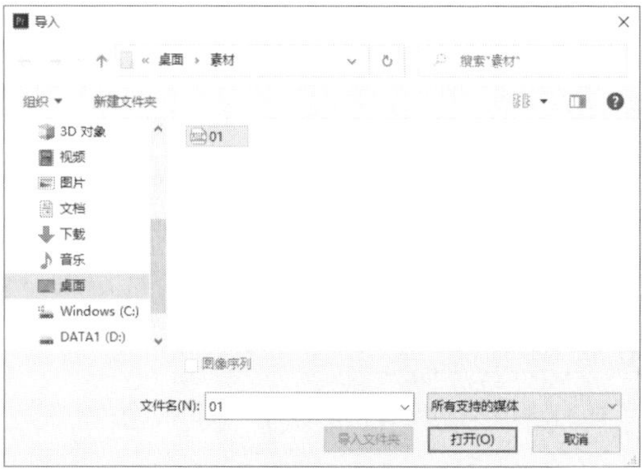

图 5-79

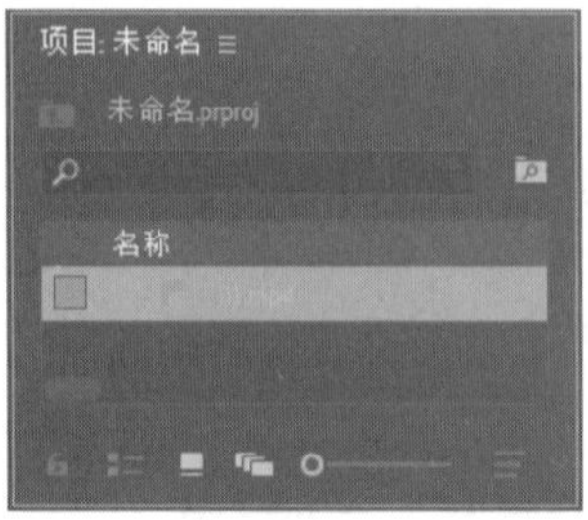

图 5-80

图 5-81

（3）将时间标签放置在 00:00:25:00 处，按 O 键，创建标记出点，如图 5-82 所示。选中“源”监视器窗口中的“01”文件并将其拖曳到“时间轴”面板中，生成“01”序列，将“01”文件放置到“视频 1（V1）”轨道中，如图 5-83 所示。

图 5-82

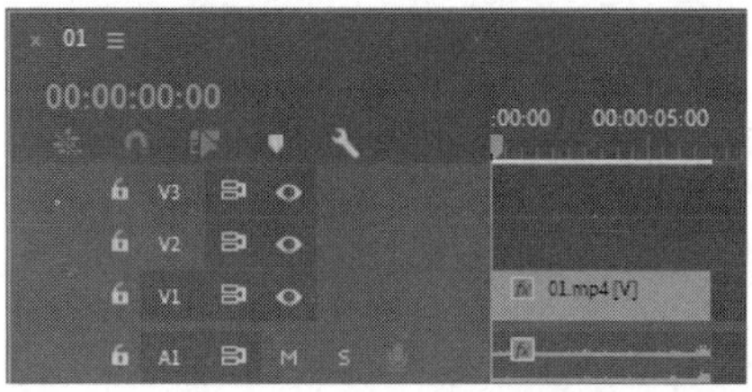

图 5-83

（4）按住 Alt 键的同时，选择下方的音频，如图 5-84 所示。按 Delete 键，删除音频，如图 5-85 所示。

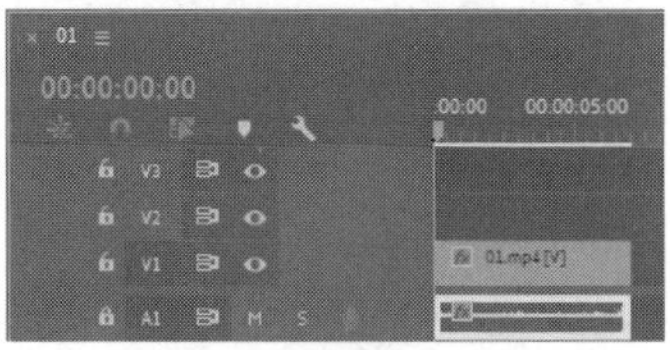

图 5-84

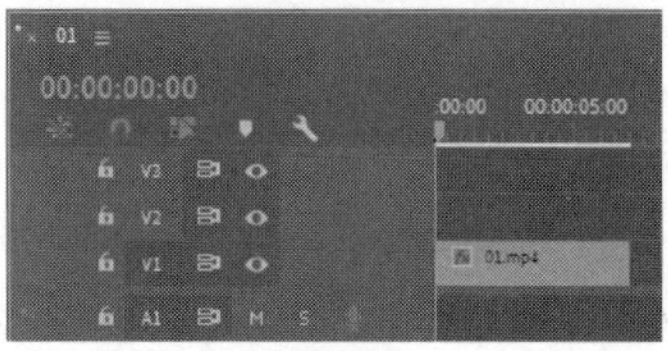

图 5-85

（5）将时间标签放置在 00:00:06:00 处。选择“剃刀工具”，将鼠标指针移到“时间轴”面板中的“01”文件上，在 00:00:06:00 处单击，切割素材，如图 5-86 所示。选择“选择工具”，选择切割后右侧的“01”文件，在文件上单击鼠标右键，在弹出的快捷菜单中选择“帧定格选项”命令，弹出“帧定格选项”对话框，其中各选项的设置如图 5-87 所示，单击“确定”按钮。

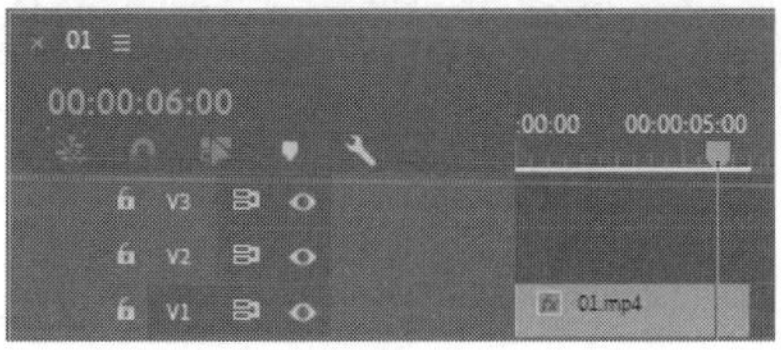

图 5-86

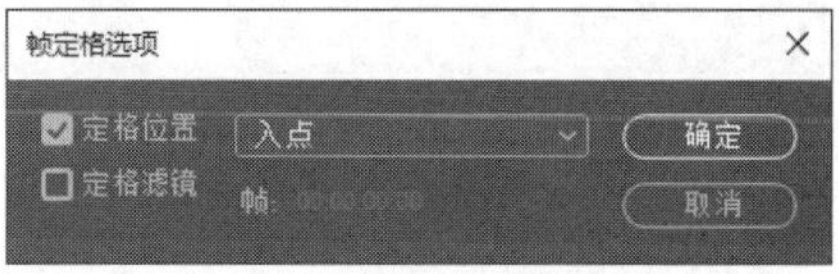

图 5-87

（6）将时间标签放置在 00:00:11:23 处。将鼠标指针放在“01”文件的结束位置，单击显示编辑点。当鼠标指针呈状时，向右拖曳到 00:00:11:23 处，如图 5-88 所示。选择右侧的“01”文件，按住 Alt 键的同时，将其向上拖曳到“视频 2（V2）”轨道中，复制文件，如图 5-89 所示。

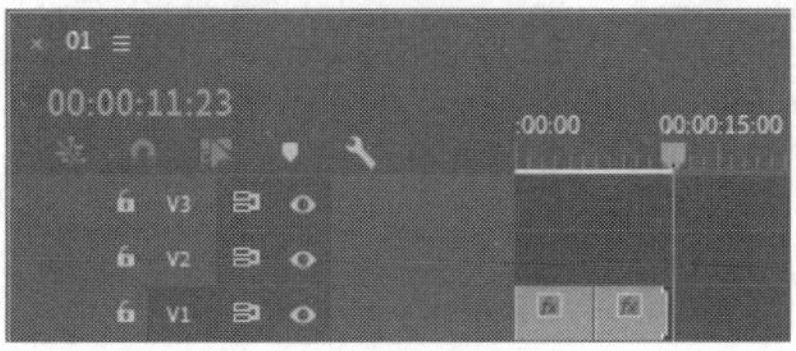

图 5-88

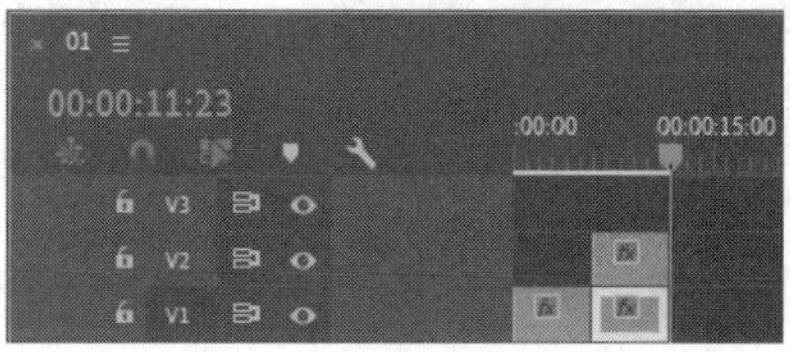

图 5-89

（7）将时间标签放置在 00:00:06:00 处。选择“视频 2（V2）”轨道中的“01”文件。在“效果控件”面板中展开“不透明度”选项，单击“自由绘制贝塞尔曲线”按钮，如图 5-90 所示。在“节目”监视器窗口中沿着人物边缘绘制线条，如图 5-91 所示。

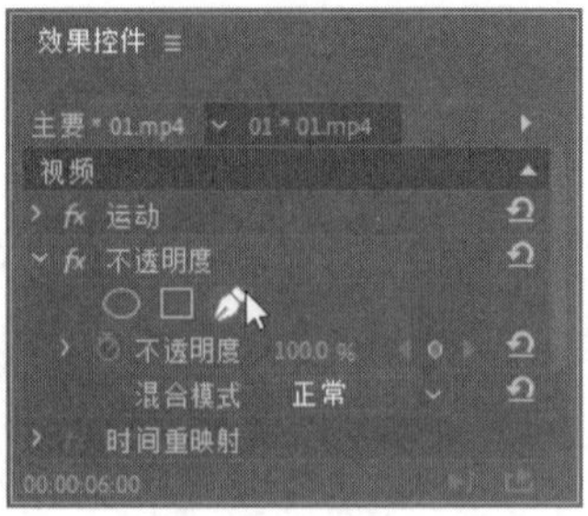

图 5-90

图 5-91

（8）选择“视频 2（V2）”轨道中的“01”文件。在文件上单击鼠标右键，在弹出的快捷菜单中选择“嵌套”命令，弹出图 5-92 所示的对话框，单击“确定”按钮，此时“时间轴”面板如图 5-93 所示。

（9）在“效果”面板中展开“视频效果”分类选项，单击“生成”文件夹左侧的按钮将其展开，选中“油漆桶”特效，如图 5-94 所示。将“油漆桶”特效拖曳到“时间轴”面板中的“嵌套序列 01”文件上。在“效果控件”面板中展开“油漆桶”特效，将“颜色”选项设置为白色，其他选项的设置如图 5-95 所示。

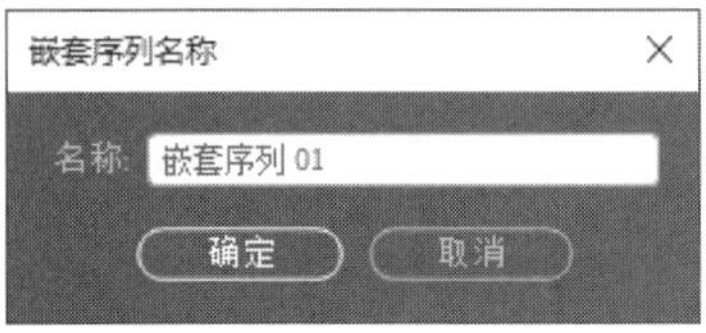

图 5-92

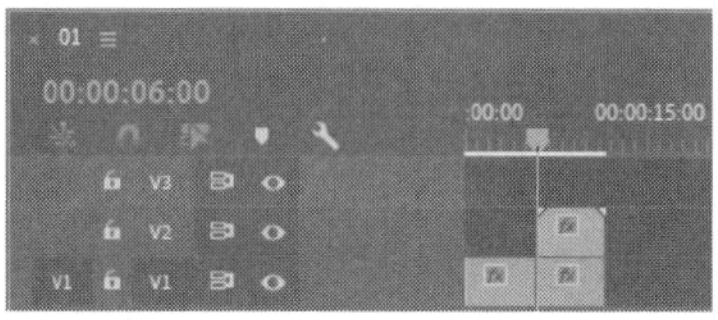

图 5-93

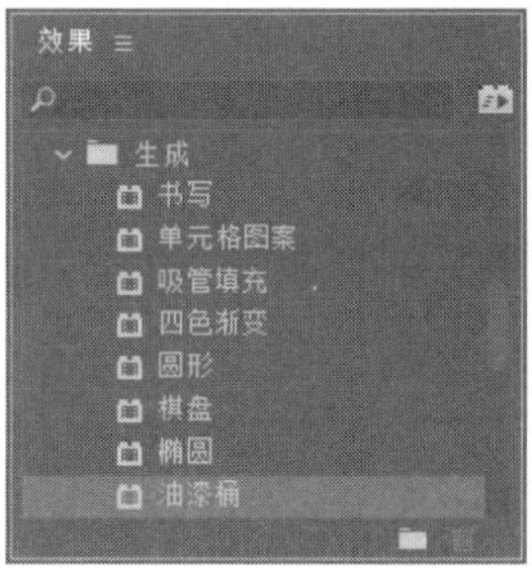

图 5-94

（10）展开“运动”选项，选择“缩放”选项，在“节目”监视器窗口中显示变换框，如图 5-96 所示；将中心点移动到合适的位置，如图 5-97 所示。

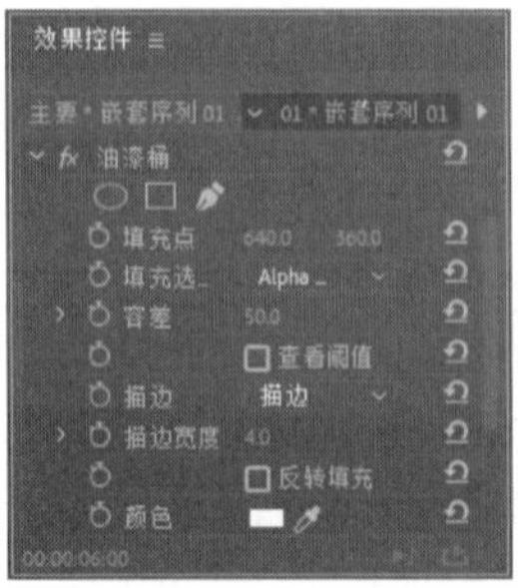

图 5-95

图 5-96

图 5-97

（11）单击“缩放”选项左侧的“切换动画”按钮，如图 5-98 所示，记录第 1 个动画关键帧。将时间标签放置在 00:00:08:00 处。将“缩放”选项设置为 120.0，如图 5-99 所示，记录第 2 个动画关键帧。唯美古风短视频中的人物抠出完成。

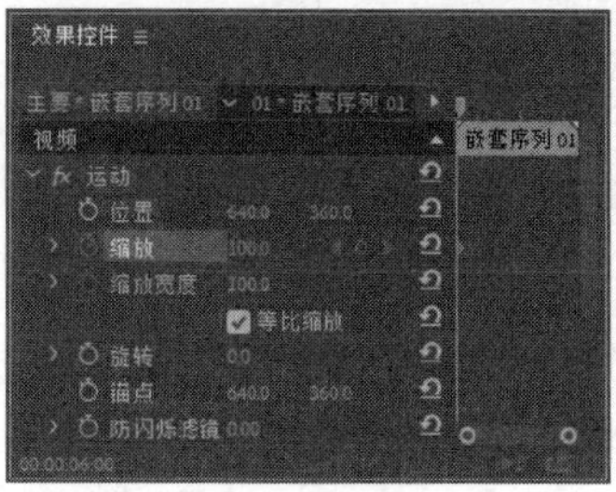

图 5-98

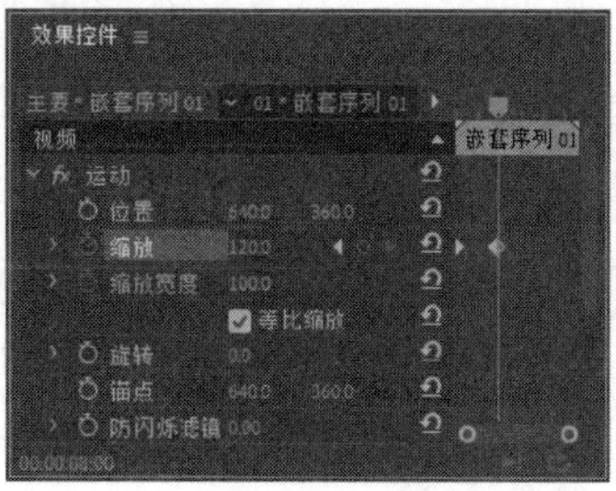

图 5-99

5.2.2　合成概述

虽然 Premiere Pro 2020 不是专业的合成软件，但却有着强大的合成功能，既可以合成视频素材，也可以合成图像，或者将两者相加合成。合成是影视制作过程中很常用的重要技术，在 DV 制作过程中也比较常用。

1. 透明

透明叠加的原理是每个素材都有一定的不透明度，在不透明度为 0% 时，图像完全透明；在不透明度为 100%时，图像完全不透明；不透明度介于 0%和 100%之间，图像根据设置的数值呈现一定程度的透明。在 Premiere Pro 2020 中，将一个素材叠加在另一个素材上之后，如果位于轨道上面的素材能够显示其下方素材的部分图像，所利用的就是素材的不透明度。因此，通过设置素材的不透明度，可以制作透明叠加的效果，原图和叠加后的效果如图 5-100 和图 5-101 所示。

图 5-100

图 5-101

2. Alpha 通道

素材的颜色信息都被保存在 3 个通道中，这 3 个通道分别是红色通道、绿色通道和蓝色通道。另外，素材中还包含看不见的第 4 个通道，即 Alpha 通道，它用于存储素材的不透明度信息。

当在 After Effects 的“合成”面板或者 Premiere Pro 2020 的监视器窗口中查看 Alpha 通道时，白色区域是完全不透明的，黑色区域是完全透明的，两者之间的区域则是不同程度的透明。

3. 蒙版

“蒙版”是一个层，用于定义层的透明区域，白色区域定义的是完全不透明的区域，黑色区域定义的是完全透明的区域，两者之间的区域则不同程度的透明，这点类似于 Alpha 通道。通常，Alpha 通道被用作蒙版，但是使用蒙版定义素材的透明区域要比使用 Alpha 通道好，因为很多的原始素材不包含 Alpha 通道。

TGA、TIFF、EPS 和 Quick Time 等格式的素材都包含 Alpha 通道。在使用 EPS 和 PDF 等格式的素材时，After Effects 会自动将空白区域转换为 Alpha 通道。

4. 键控

使用键控技术可以很容易地为一个颜色或者亮度一致的视频素材替换背景，这一技术一般称为“蓝屏技术”或“绿屏技术”，也就是背景色完全是蓝色或者绿色，当然也可以是其他颜色，图像调整的过程和效果如图 5-102、图 5-103 和图 5-104 所示。

图 5-102

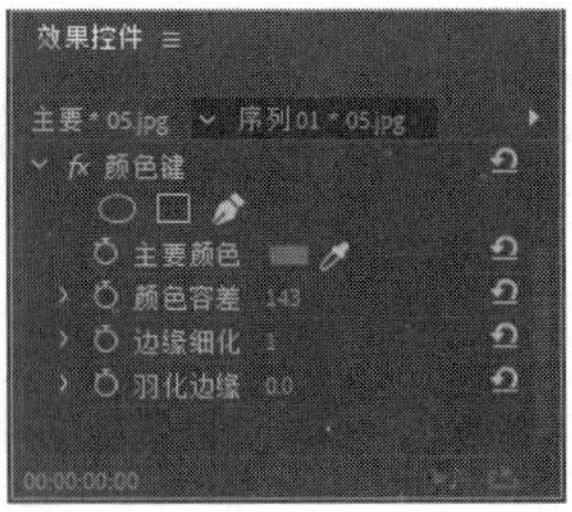

图 5-103

图 5-104

5.2.3 合成视频

在非线性编辑中，每一个视频素材就是一个图层，将这些图层放置于“时间轴”面板中的不同视频轨道中以不同的不透明度叠加，即可实现视频的合成效果。

在进行合成视频操作之前，对叠加的使用应注意以下几点。

（1）叠加效果的产生必须存在两个或者两个以上的素材，有时候为了实现叠加效果可以创建一个字幕或者颜色遮罩文件。

（2）只能对重叠轨道中的素材应用透明叠加设置，在默认设置下，每一个新建项目都包含两个可重叠轨道——“视频 2（V2）”和“视频 3（V3）”轨道。当然也可以另外增加多个重叠轨道。

（3）在 Premiere Pro 2020 中制作叠加效果时，首先合成视频主轨道中的素材（包括过渡转场效果），然后将其他素材叠加到背景素材中。在叠加过程中，首先叠加较低层轨道中的素材，然后再以叠加后的素材为背景来叠加较高层轨道中的素材，这样在叠加完成后，最高层的素材就位于画面的顶层。

（4）透明素材必须放置在其他素材之上，将想要叠加的素材放置于叠加轨道——“视频 2（V2）”轨道或者更高的视频轨道中。

（5）背景素材可以放置在视频主轨道“视频 1（V1）”或“视频 2（V2）”中，即较低层的叠加轨道中的素材可以作为较高层叠加轨道中的素材的背景。

（6）必须对位于最高层轨道中的素材进行透明设置和调整，否则其下方的所有素材均不能显示。

（7）透明叠加有两种方式，一种是混合叠加方式，另一种是淡化叠加方式。

混合叠加方式是将素材的一部分叠加到另一个素材上，因此作为前景的素材最好具有单一的底色并且与需要保留的部分对比鲜明，这样很容易将底色变为透明，再叠加到作为背景的素材上，背景在前景素材透明处可见，从而使前景素材保留的部分看上去像原来属于背景素材中的一部分。

淡化叠加方式通过调整整个前景的不透明度，让前景暗淡，而背景素材逐渐显现出来，达到一种梦幻或朦胧的效果。

图 5-105 和图 5-106 所示为两种透明叠加方式的应用效果。

混合叠加方式

图 5-105

淡化叠加方式

图 5-106

5.2.4 课堂案例——抠出折纸素材并合成到栏目片头中

微课视频

扫码观看
本案例视频

扩展案例

案例学习目标

学习使用“键控”效果抠出视频中的折纸素材。

案例知识要点

使用“导入”命令导入视频文件，使用“颜色键”特效抠出折纸素材，使用“效果控件”面板制作文字动画，最终效果如图 5-107 所示。

图 5-107

效果所在位置

Ch05/抠出折纸素材并合成到栏目片头中/抠出折纸素材并合成到栏目片头中. prproj。

（1）启动 Premiere Pro 2020，选择“文件 > 新建 > 项目”命令，弹出“新建项目”对话框，如图 5-108 所示，单击“确定”按钮，新建项目。选择“文件 > 新建 > 序列”命令，弹出“新建序列”对话框，切换至“设置”选项卡，其中各选项的设置如图 5-109 所示，单击“确定”按钮，新建序列。

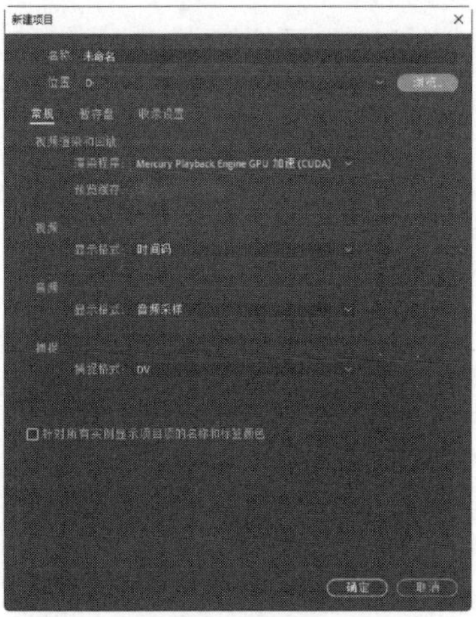

图 5-108

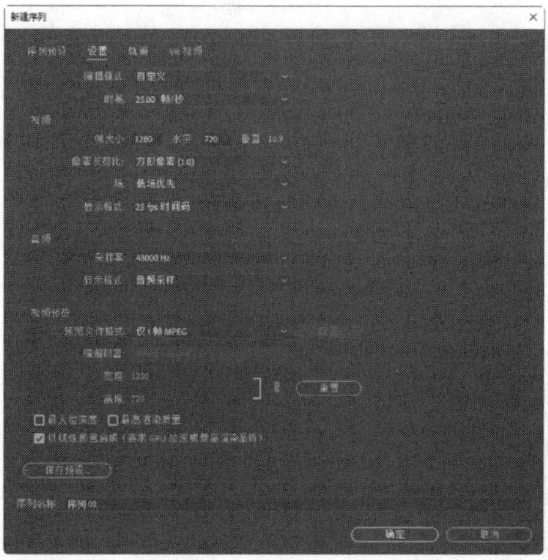

图 5-109

（2）选择“文件 > 导入”命令，弹出“导入”对话框，选择本书云盘中的“Ch05/抠出折纸素材并合成到栏目片头中/素材/01~03”文件，如图 5-110 所示。单击“打开”按钮，将素材文件导入“项目”面板中，如图 5-111 所示。

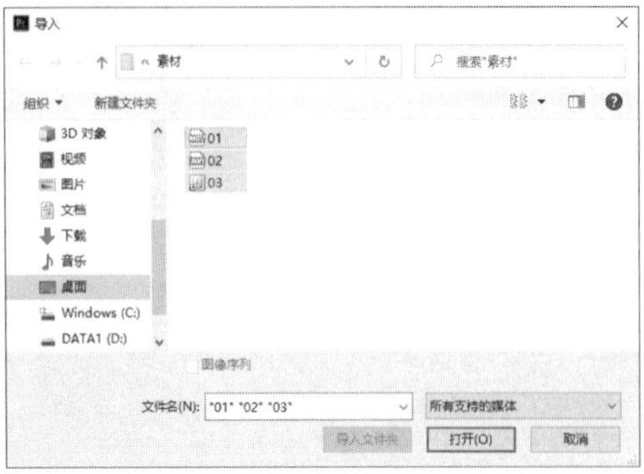

图 5-110

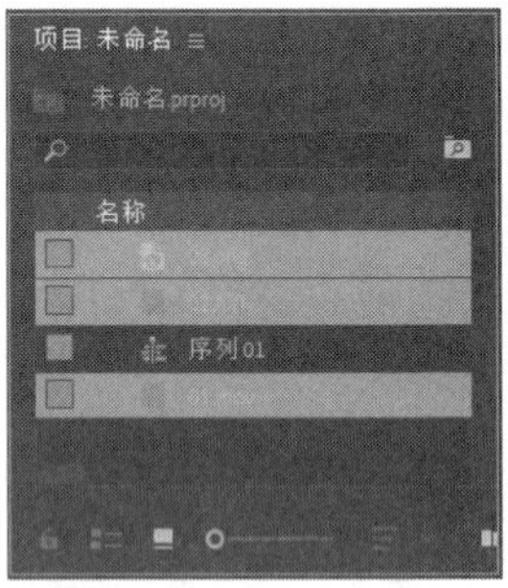

图 5-111

（3）在“项目”面板中，选中“01”文件并将其拖曳到“时间轴”面板的“视频 1（V1）”轨道中，弹出“剪辑不匹配警告”对话框，单击“保持现有设置”按钮，在保持现有序列设置的情况下将“01”文件放置在“视频 1（V1）”轨道中，如图 5-112 所示。选择“时间轴”面板中的“01”文件。在“效果控件”面板中展开“运动”选项，将“缩放”选项设置为 67.0，如图 5-113 所示。

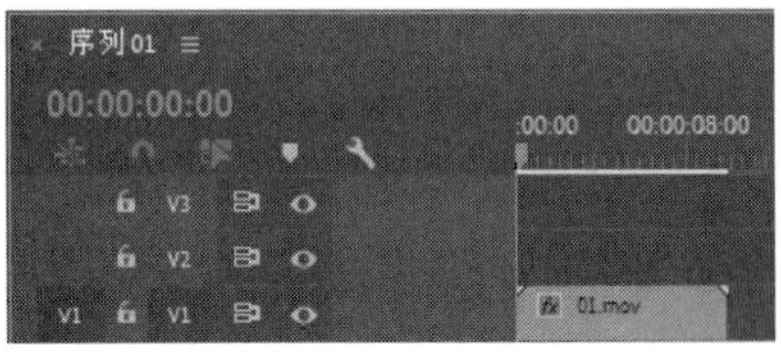

图 5-112

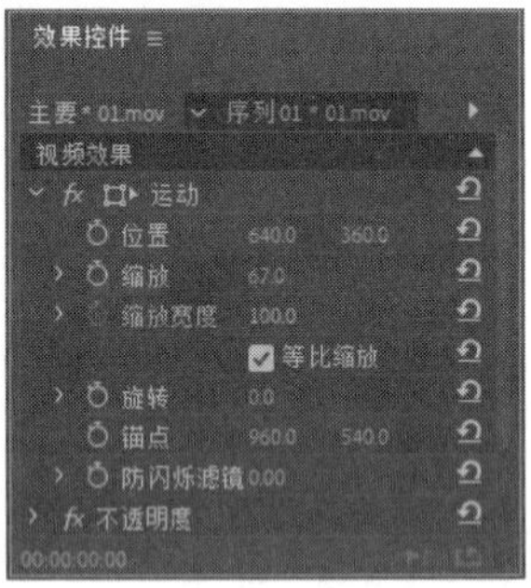

图 5-113

（4）在“项目”面板中，选中“02”文件并将其拖曳到“时间轴”面板的“视频 2（V2）”轨道中，如图 5-114 所示。在“效果”面板中展开“视频效果”分类选项，单击“键控”文件夹左侧的 按钮将其展开，选中“颜色键”特效，如图 5-115 所示。

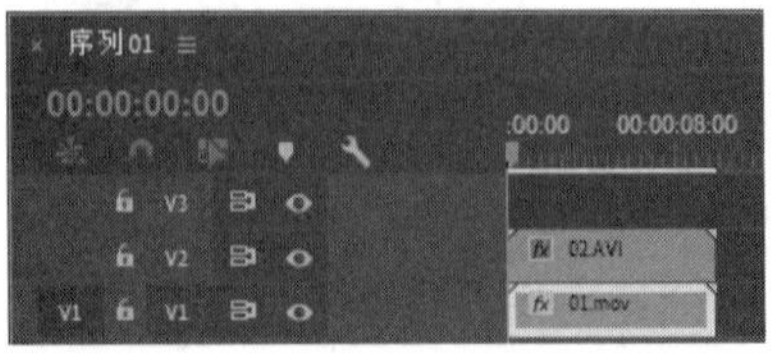

图 5-114

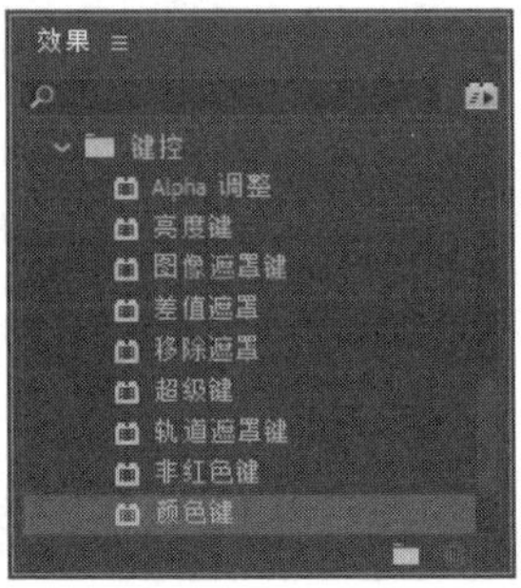

图 5-115

（5）将“颜色键”特效拖曳到“时间轴”面板的“视频 2（V2）”轨道中的“02”文件上，如图 5-116 所示。在“效果控件”面板中展开“颜色键”特效，将“主要颜色”选项设置为蓝色（4、1、167），“颜色容差”选项设置为 32，“边缘细化”选项设置为 3，如图 5-117 所示。

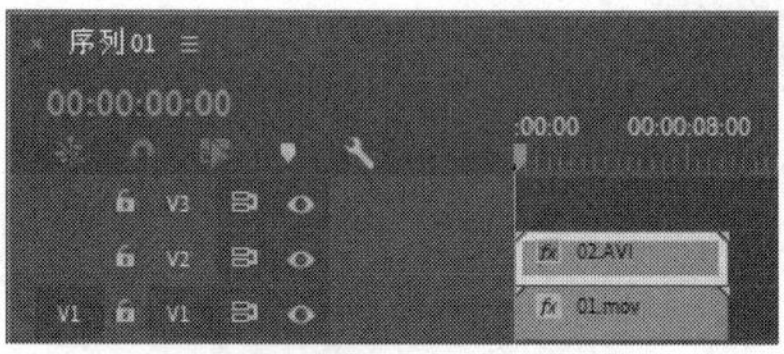

图 5-116

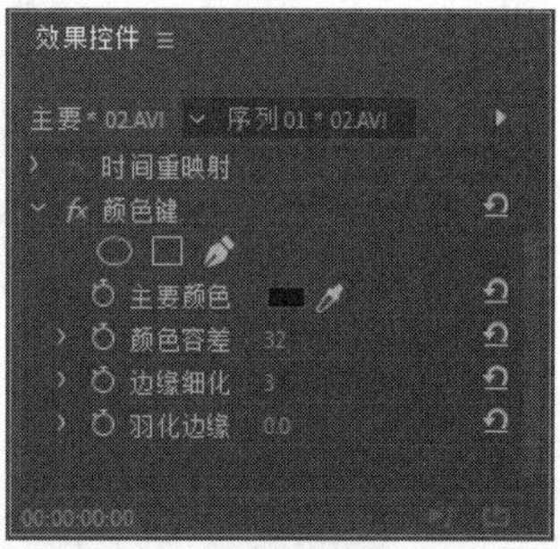

图 5-117

（6）在“项目”面板中，选中“03”文件并将其拖曳到“时间轴”面板的“视频 3（V3）”轨道中，如图 5-118 所示。将鼠标指针放在“03”文件的结束位置，单击显示编辑点。当鼠标指针呈状时，向右拖曳到“02”文件的结束位置，如图 5-119 所示。

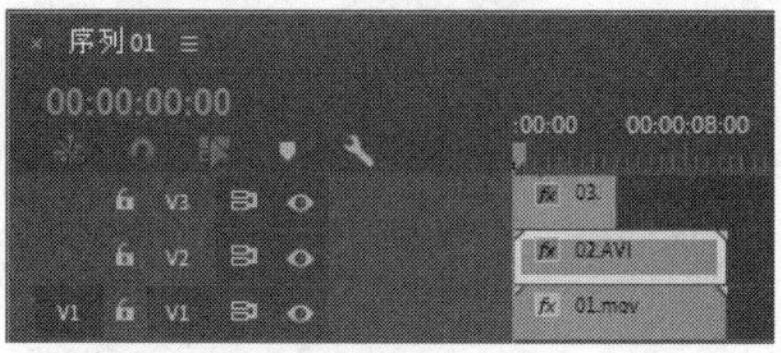

图 5-118

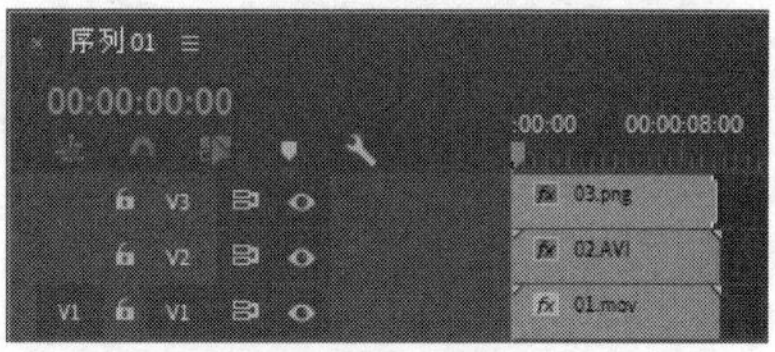

图 5-119

（7）选中“时间轴”面板中的“03”文件。在“效果控件”面板中展开“运动”选项，将“缩放”选项设置为 0.0，单击“缩放”选项左侧的“切换动画”按钮，如图 5-120 所示，记录第 1 个动画关键帧。将时间标签放置在 00:00:02:07 处。将“缩放”选项设置为 170.0，如图 5-121 所示，记录第 2 个动画关键帧。抠出折纸素材并合成到栏目片头中操作完成。

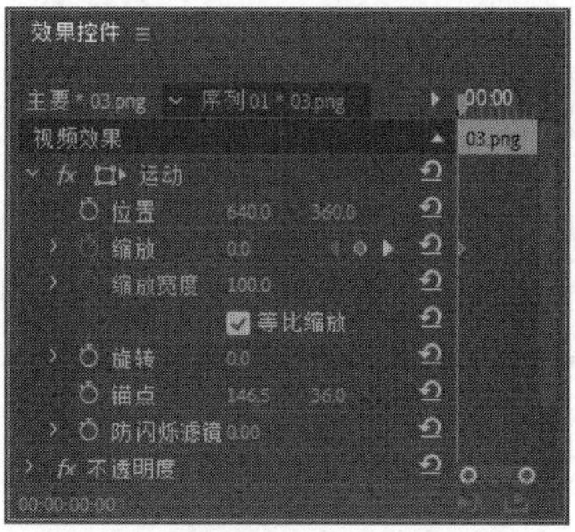

图 5-120

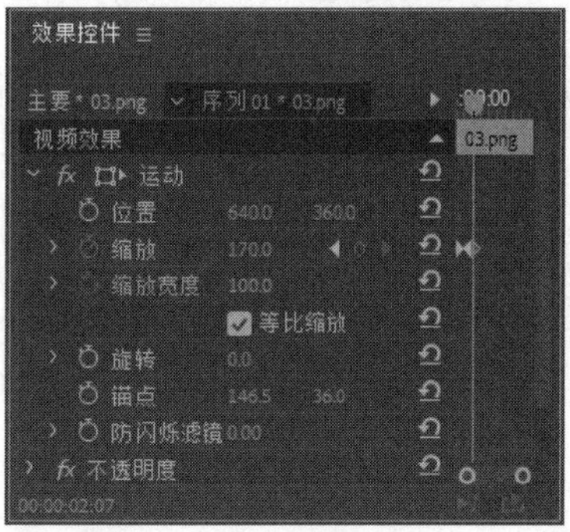

图 5-121

5.2.5 键控

“键控”效果使用特定的颜色值（颜色键控）和亮度值（亮度键控）来定义视频素材中的透明区

域，包含了 9 种特效，如图 5-122 所示。不同特效的应用效果如图 5-123 所示。

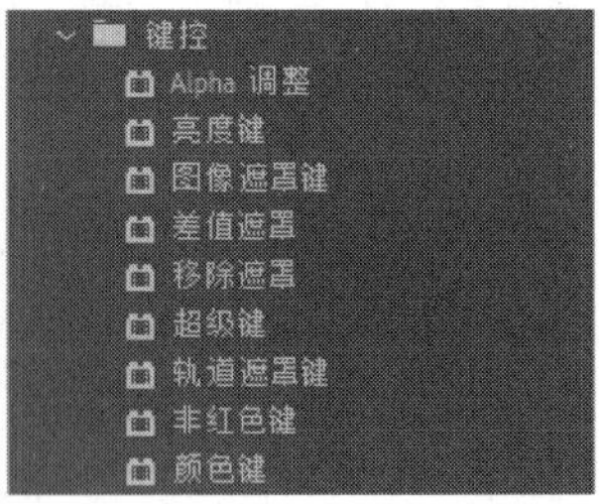

图 5-122

原图 1　原图 2

Alpha 调整　亮度键　图像遮罩键

差值遮罩　移除遮罩　超级键

轨道遮罩键　非红色键　颜色键

图 5-123

提示

“移除遮罩”特效调整的是透明和不透明的边界，可以减少白色或黑色边界。在使用“图像遮罩键”特效进行图像遮罩时，遮罩图像的名称和文件夹名称都不能使用中文，否则图像遮罩将没有效果。

课堂练习——调整花开美景短视频的花朵颜色

扫码观看
课堂练习视频

练习知识要点

使用“导入”命令导入视频文件，使用“效果控件”面板调整视频画面的大小并制作动画，使用“更改颜色”特效改变视频画面的颜色，最终效果如图 5-124 所示。

图 5-124

效果所在位置

Ch05/调整花开美景短视频的花朵颜色/调整花开美景短视频的花朵颜色. prproj。

课后习题——调整森林美景宣传片的画面颜色

扫码观看
课后习题视频

习题知识要点

使用“导入”命令导入视频文件，使用“效果控件”面板编辑视频并制作动画效果，使用“自动色阶”特效和“颜色平衡”特效调整视频画面的颜色，最终效果如图 5-125 所示。

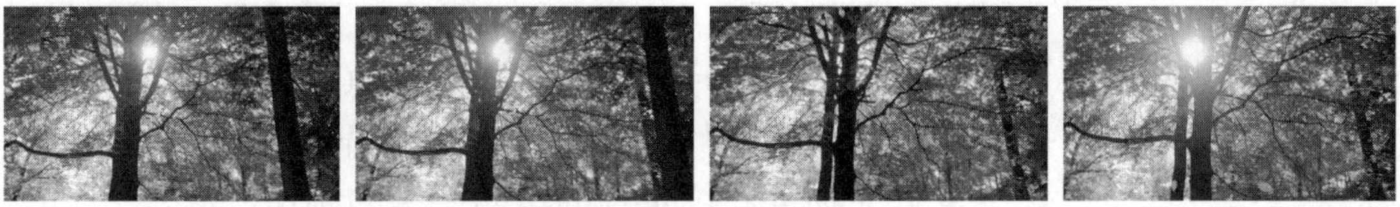

图 5-125

效果所在位置

Ch05/调整森林美景宣传片的画面颜色/调整森林美景宣传片的画面颜色. prproj。

06 第 6 章 创建与编辑字幕

本章主要讲解 Premiere Pro 2020 中字幕的制作方法，包括不同字幕的创建、编辑与修饰方法，以及运动字幕的创建及使用方法等。通过对本章的学习，读者能快速掌握创建、编辑字幕的技巧。

学习目标

- ✧ 掌握创建各种字幕的方法。
- ✧ 掌握编辑与修饰字幕的技巧。
- ✧ 掌握创建运动字幕的方法。

技能目标

- ✧ 掌握饭庄宣传片片头的遮罩文字的制作方法。
- ✧ 掌握旅行节目片头的宣传文字的编辑方法。
- ✧ 掌握动物世界纪录片的滚动字幕的制作方法。

素养目标

- ✧ 培养良好的语言理解能力。
- ✧ 培养良好的组织和排版能力。
- ✧ 培养语句通顺、含义清楚的文字表达能力。

6.1 创建字幕

在 Premiere Pro 2020 中，用户可以非常方便地创建出传统字幕、图形字幕和开放式字幕，也可以创建出沿路径运动的字幕，以及段落字幕。

6.1.1 课堂案例——制作饭庄宣传片片头的遮罩文字

微课视频

扫码观看
本案例视频

扩展案例

案例学习目标

学习使用“文字工具”和“基本图形”面板创建字幕。

案例知识要点

使用“导入”命令导入素材文件，使用“文字工具”添加文字，使用“基本图形”面板编辑文本，使用“高斯模糊”特效、“轨道遮罩键”特效、“交叉溶解”特效和“效果控件”面板制作遮罩文字，最终效果如图 6-1 所示。

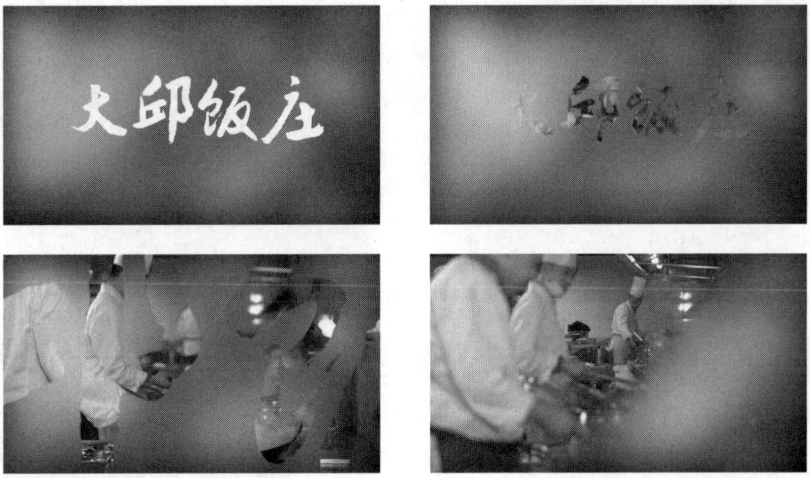

图 6-1

效果所在位置

Ch06/制作饭庄宣传片片头的遮罩文字/制作饭庄宣传片片头的遮罩文字. prproj。

（1）启动 Premiere Pro 2020，选择“文件 > 新建 > 项目”命令，弹出“新建项目”对话框，如图 6-2 所示，单击“确定”按钮，新建项目。

（2）选择“文件 > 导入”命令，弹出“导入”对话框，选择本书云盘中的“Ch06/制作饭庄宣传片片头的遮罩文字/素材/01”文件，如图 6-3 所示。单击“打开”按钮，将素材文件导入“项目”面板中，如图 6-4 所示。将“项目”面板中的“01”文件拖曳到“时间轴”面板中，生成“01”序列，将“01”文件放置到“视频 1（V1）”轨道中，如图 6-5 所示。

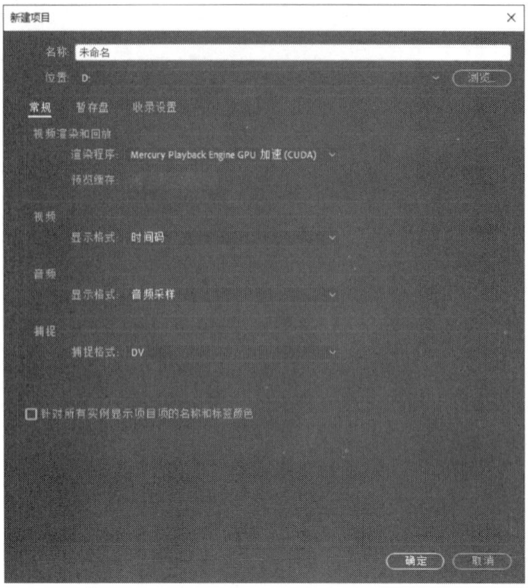

图 6-2

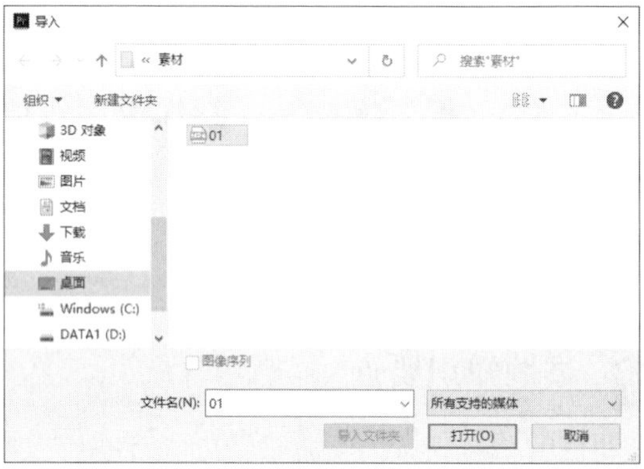

图 6-3

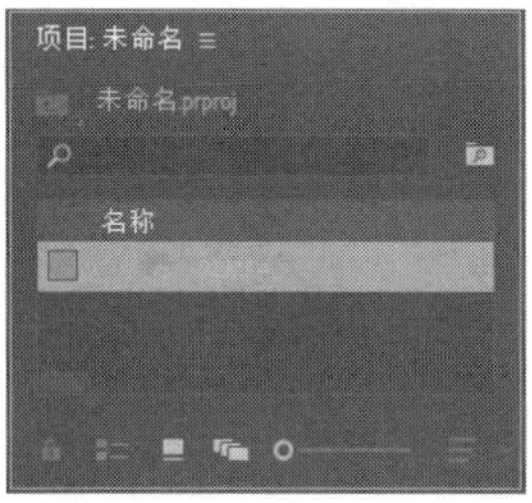

图 6-4

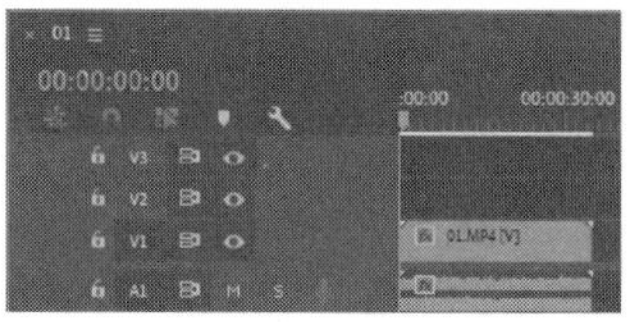

图 6-5

（3）按住 Alt 键的同时，选择下方的音频，如图 6-6 所示。按 Delete 键，删除音频，如图 6-7 所示。

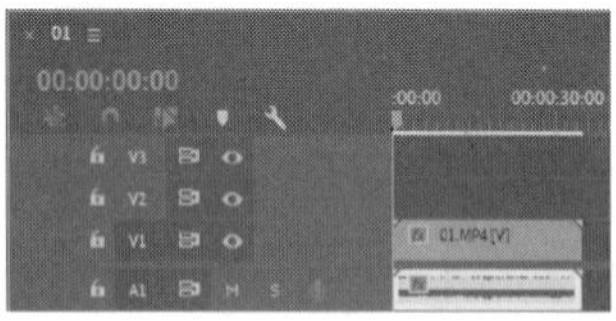

图 6-6

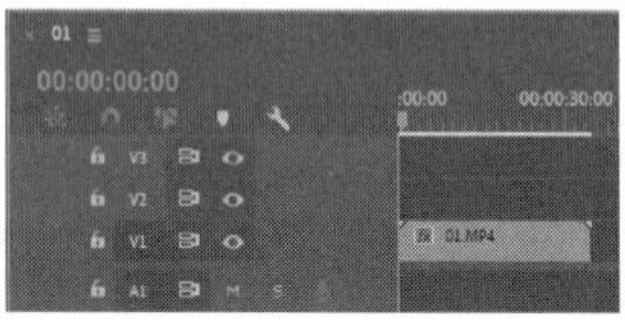

图 6-7

（4）将时间标签放置在 00:00:13:00 处。将鼠标指针放在“01”文件的结束位置，单击显示编辑点。当鼠标指针呈状时，向左拖曳到 00:00:13:00 处，如图 6-8 所示。选择“时间轴”面板中的“01”文件，按住 Alt 键的同时，将其向上拖曳到“视频 2（V2）”轨道中，复制文件，如图 6-9 所示。

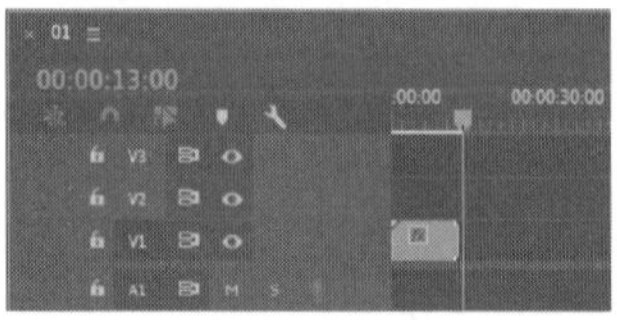

图 6-8

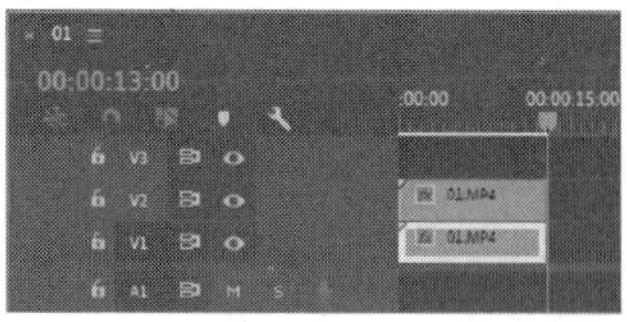

图 6-9

（5）将时间标签放置在 00:00:00:00 处。选择“工具”面板中的“文字工具”，在“节目”监视器窗口中单击并输入需要的文字，如图 6-10 所示。“时间轴”面板的“视频 3（V3）”轨道中便会生成图形文件，如图 6-11 所示。

图 6-10

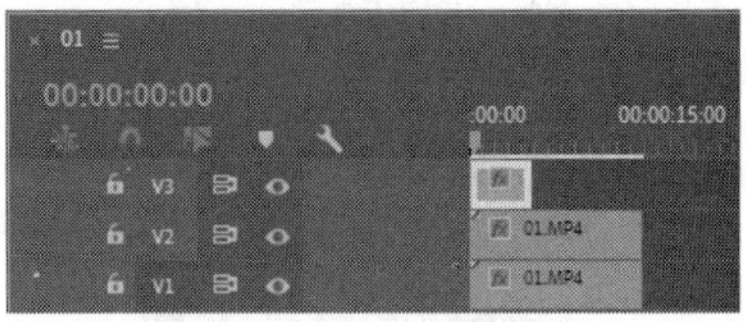

图 6-11

（6）选择“窗口 > 基本图形”命令，弹出“基本图形”面板，切换至“编辑”选项卡，在“外观”栏中将“填充”选项设置为黑色，“文本”栏中的设置如图 6-12 所示，“对齐并变换”栏中的设置如图 6-13 所示。此时“节目”监视器窗口中的效果如图 6-14 所示。

图 6-12

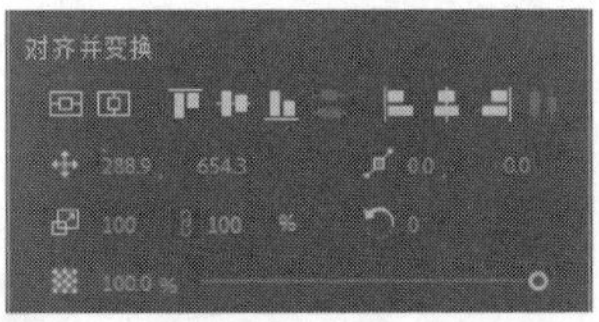

图 6-13

图 6-14

（7）将鼠标指针放在图形文件的结束位置，单击显示编辑点。当鼠标指针呈状时，向右拖曳到“01”文件的结束位置，如图 6-15 所示。选择“时间轴”面板中的图形文件，按住 Alt 键的同时，将其向上拖曳到轨道上方的空白区域，即生成的“视频 4（V4）”轨道中，复制文件，如图 6-16 所示。

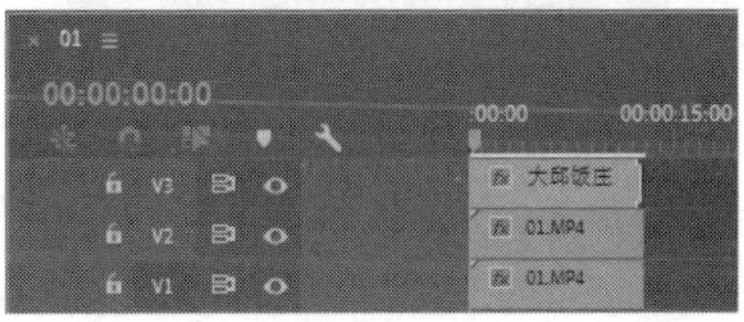

图 6-15

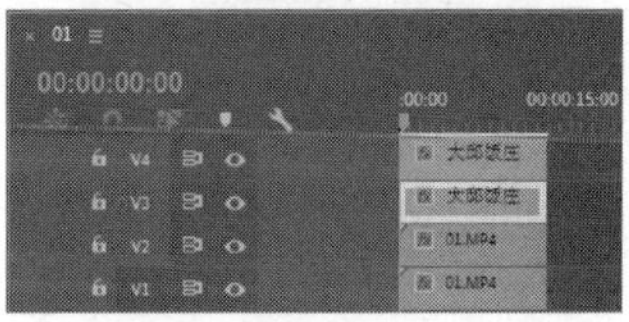

图 6-16

（8）将时间标签放置在 00:00:02:12 处。将鼠标指针放在图形文件的结束位置，单击显示编辑点。当鼠标指针呈状时，向左拖曳到 00:00:02:12 处，如图 6-17 所示。将时间标签放置在 00:00:00:00 处。选择“时间轴”面板中的图形文件。在“效果控件”面板中展开“文本”选项，在“外观”栏中将“填充”选项设置为白色，如图 6-18 所示。

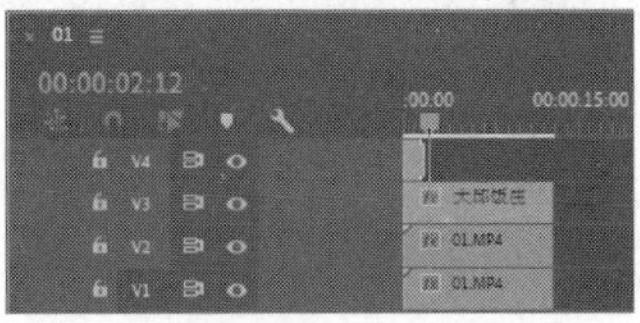

图 6-17

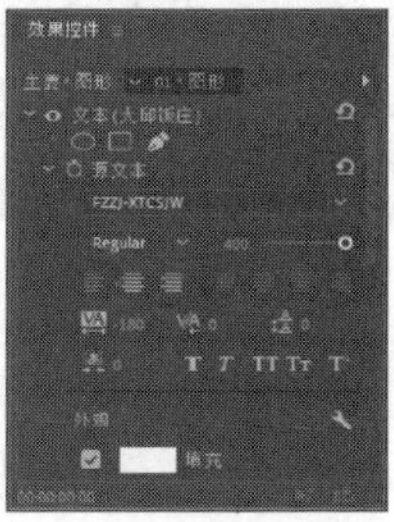

图 6-18

（9）在“效果”面板中展开“视频效果”分类选项，单击“模糊与锐化”文件夹左侧的▶按钮将其展开，选中“高斯模糊”特效，如图 6-19 所示。将“高斯模糊”特效拖曳到“时间轴”面板的“视频 1（V1）”轨道中的“01”文件上。在“效果控件”面板中展开“高斯模糊”特效，将“模糊度”选项设置为 350.0，如图 6-20 所示。

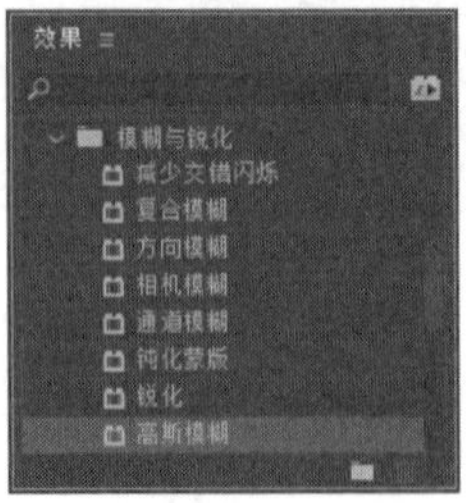

图 6-19

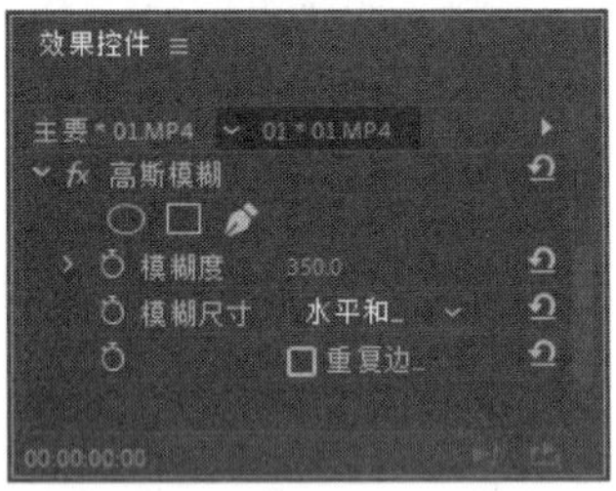

图 6-20

（10）在“效果”面板中单击“键控”文件夹左侧的▶按钮将其展开，选中“轨道遮罩键”特效，如图 6-21 所示。将“轨道遮罩键”特效拖曳到“时间轴”面板的“视频 2（V2）”轨道中的“01”文件上。在“效果控件”面板中展开“轨道遮罩键”特效，将“遮罩”选项设置为“视频 3”，如图 6-22 所示。

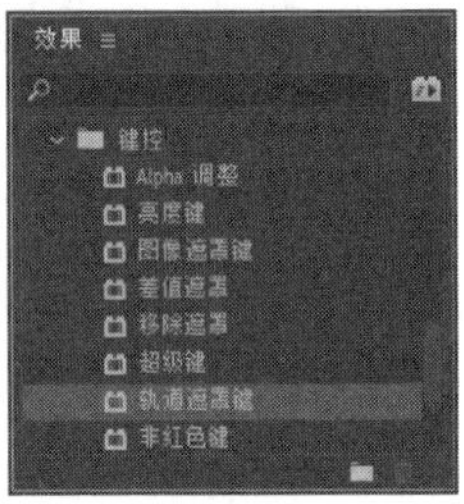

图 6-21

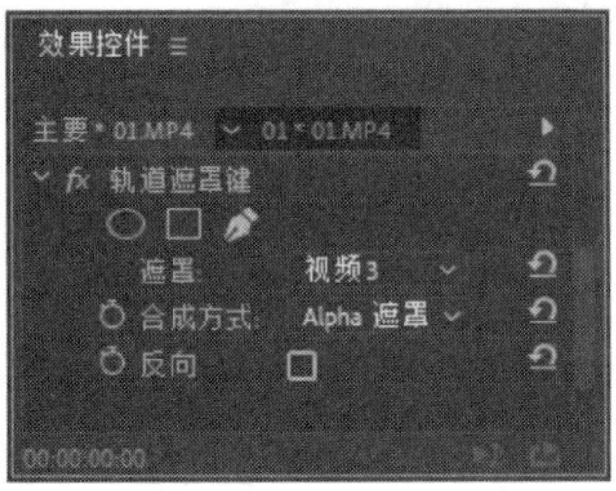

图 6-22

（11）将时间标签放置在 00:00:03:10 处。选择“时间轴”面板“视频 3（V3）”轨道中的图形文件。在“效果控件”面板中展开“运动”选项，单击“缩放”选项左侧的“切换动画”按钮⏱，如图 6-23 所示，记录第 1 个动画关键帧。将时间标签放置在 00:00:06:10 处。将“缩放”选项设置为 10000.0，如图 6-24 所示，记录第 2 个动画关键帧。

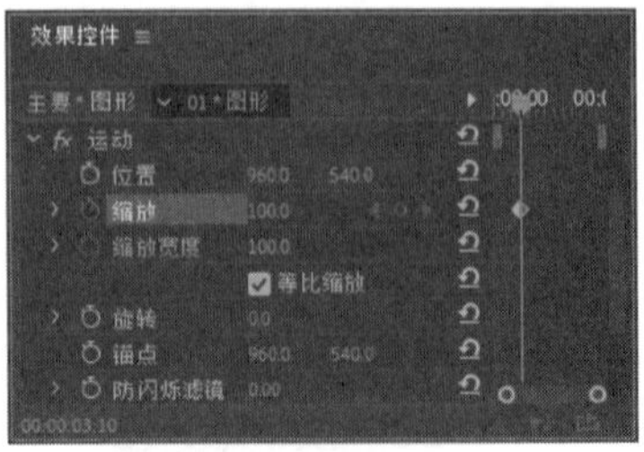

图 6-23

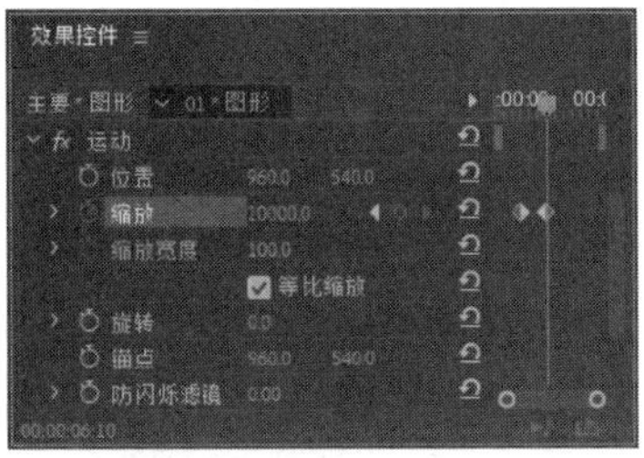

图 6-24

（12）将时间标签放置在 00:00:00:00 处。在“效果”面板中展开“视频过渡”分类选项，单击“溶解”文件夹左侧的▶按钮将其展开，选中“交叉溶解”特效，如图 6-25 所示。将“交叉溶解”特效拖曳到“时间轴”面板“视频 4（V4）”轨道中的图形文件的结束位置。在“效果控件”面板中展开“交叉溶解”特效，将“持续时间”选项设置为 00:00:01:00，如图 6-26 所示。饭庄宣传片片头的遮罩文字制作完成。

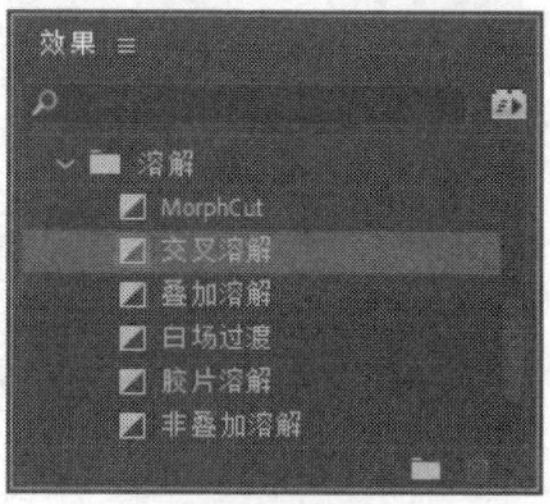

图 6-25

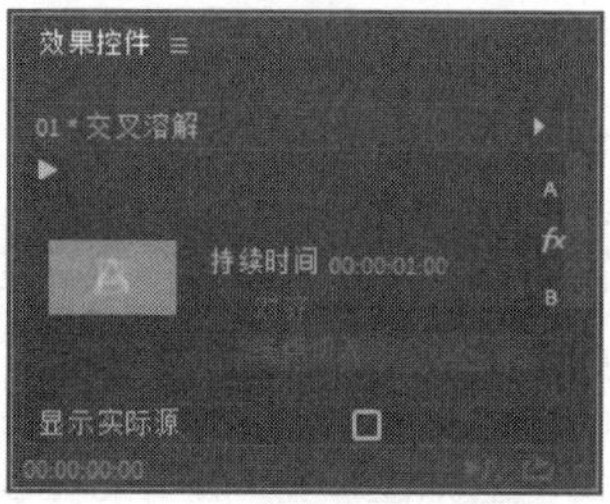

图 6-26

6.1.2 创建传统字幕

创建水平或垂直传统字幕的具体操作步骤如下。

（1）选择“文件 > 新建 > 旧版标题”命令，弹出“新建字幕”对话框，如图 6-27 所示。单击“确定”按钮，弹出“字幕”编辑面板，如图 6-28 所示。

（2）单击左上方的 ≡ 按钮，在弹出的菜单中选择“工具”命令，如图 6-29 所示。弹出“旧版标题工具”面板，如图 6-30 所示。

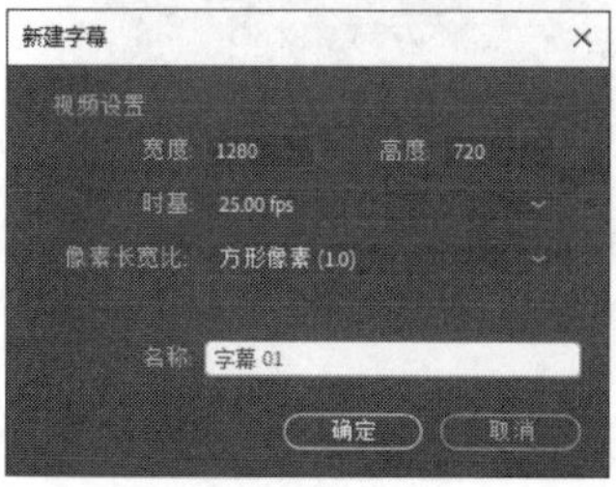

图 6-27

图 6-28

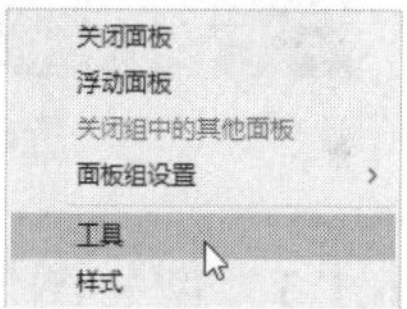

图 6-29

（3）选择“旧版标题工具”面板中的“文字工具” T ，在“字幕”编辑面板中分别单击并输入需要的文字，如图 6-31 所示。单击左上方的 ≡ 按钮，在弹出的菜单中选择“样式”命令，弹出“旧版标题样式”面板，如图 6-32 所示。

图 6-30

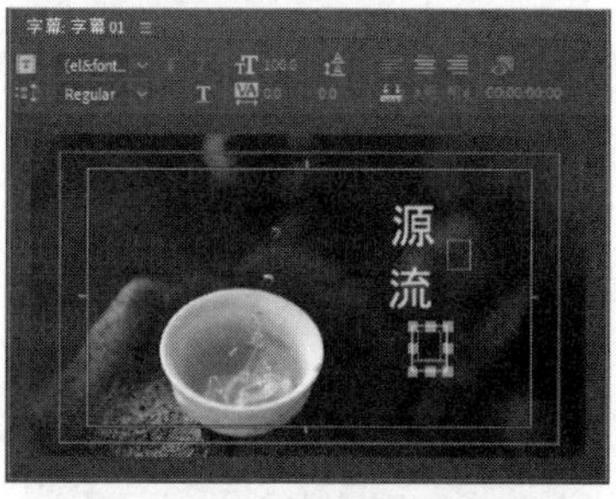

图 6-31

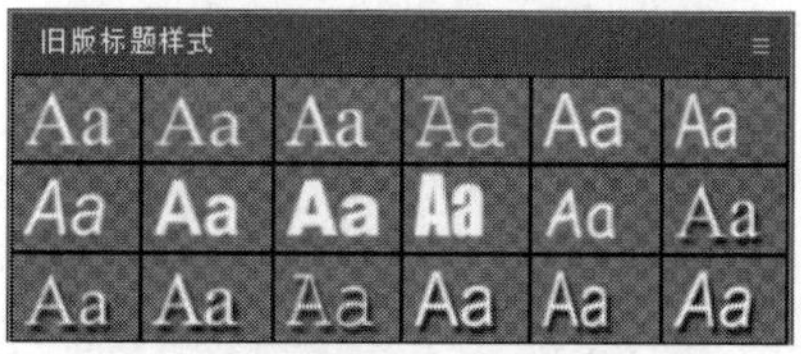

图 6-32

（4）在“旧版标题样式”面板中选择需要的字幕样式，如图 6-33 所示，此时“字幕”编辑面板中的文字如图 6-34 所示。

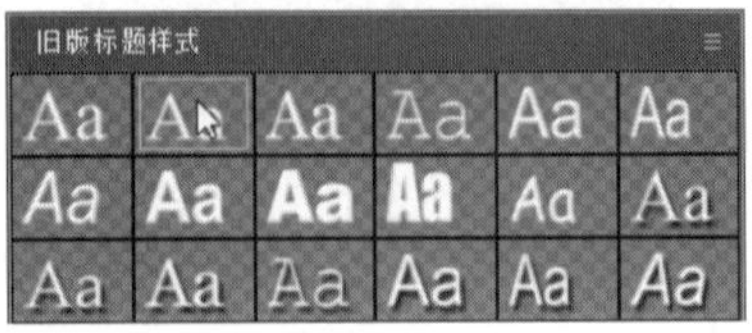

图 6-33

图 6-34

（5）在“字幕”编辑面板上方的属性栏中分别设置字体和字体大小，“字幕”编辑面板中的文字如图 6-35 所示。用相同的方法添加其他文字和印章，如图 6-36 所示。选择“旧版标题工具”面板中的“垂直文字工具”，可以在“字幕”编辑面板中添加垂直传统字幕，并设置字幕样式和属性。

图 6-35

图 6-36

6.1.3 创建图形字幕

创建水平或垂直图形字幕的具体操作步骤如下。

（1）选择“工具”面板中的“文字工具”，在“节目”监视器窗口中分别单击并输入需要的文字，如图 6-37 所示。“时间轴”面板中的“视频 2（V2）”轨道中便会生成图形文件，如图 6-38 所示。

（2）选择“窗口 > 基本图形”命令，弹出“基本图形”面板，切换至“编辑”选项卡，如图 6-39 所示，在“外观”栏中将“填充”选项设置为白色，“文本”栏中的设置如图 6-40 所示，“对齐并变换”栏中的设置如图 6-41 所示。

图 6-37

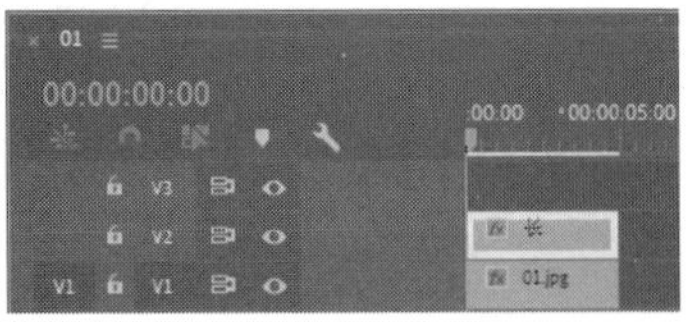

图 6-38

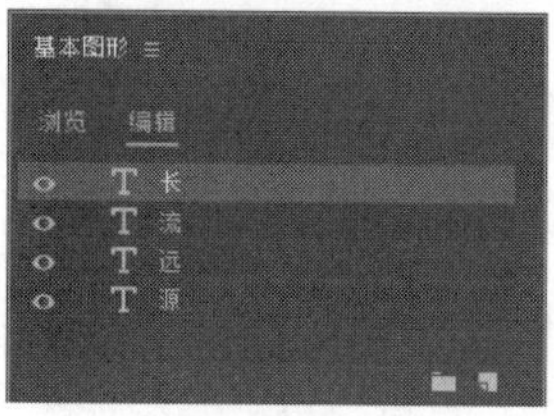

图 6-39

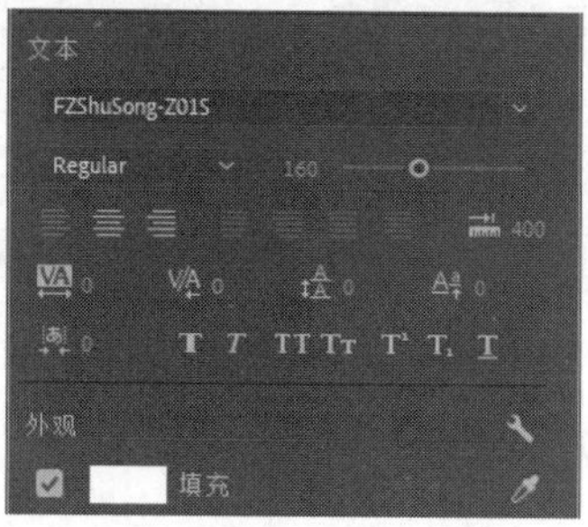

图 6-40

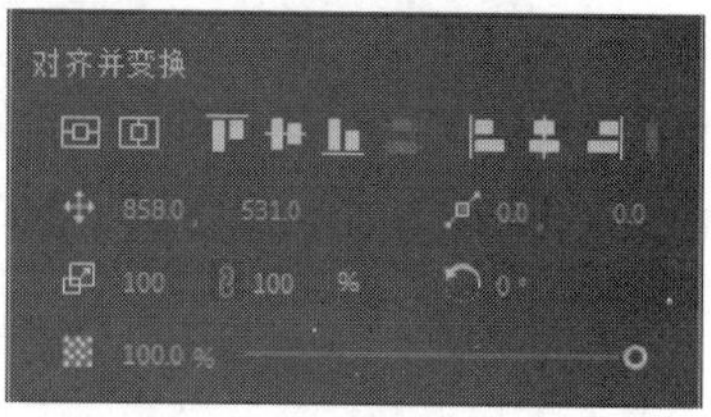

图 6-41

（3）选择并设置其他文字，“节目”监视器窗口中的效果如图 6-42 所示。用相同的方法添加其他文字和印章，如图 6-43 所示。选择“工具”面板中的“垂直文字工具”，可以在“节目”监视器窗口中添加垂直图形字幕。

图 6-42

图 6-43

6.1.4 创建开放式字幕

创建开放式字幕的具体操作步骤如下。

（1）选择“文件 > 新建 > 字幕”命令，弹出“新建字幕”对话框，设置如图 6-44 所示。单击“确定”按钮，“项目”面板中会生成“开放式字幕”文件，如图 6-45 所示。

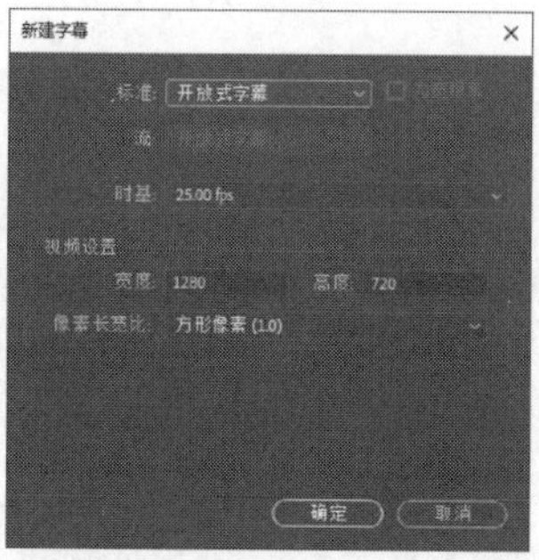

图 6-44

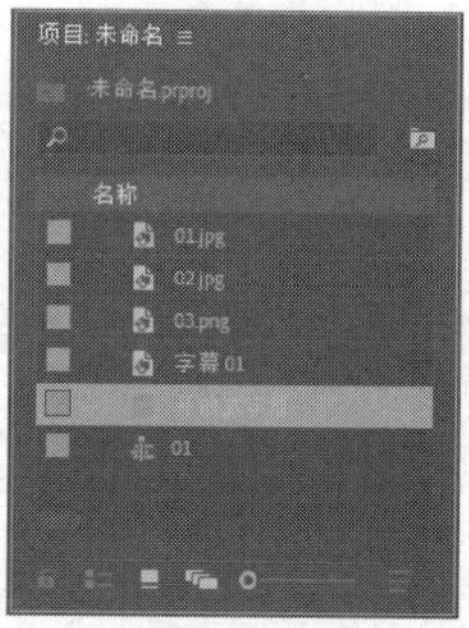

图 6-45

（2）双击“项目”面板中的“开放式字幕”文件，弹出“字幕”面板，如图 6-46 所示。在面板右下方输入字幕文本，并在上方的属性设置栏中设置字体、大小、边缘、文本颜色、背景不透明度和字幕块位置，如图 6-47 所示。

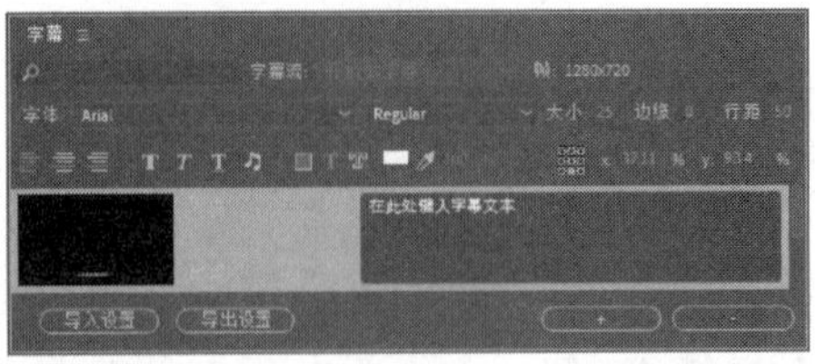

图 6-46

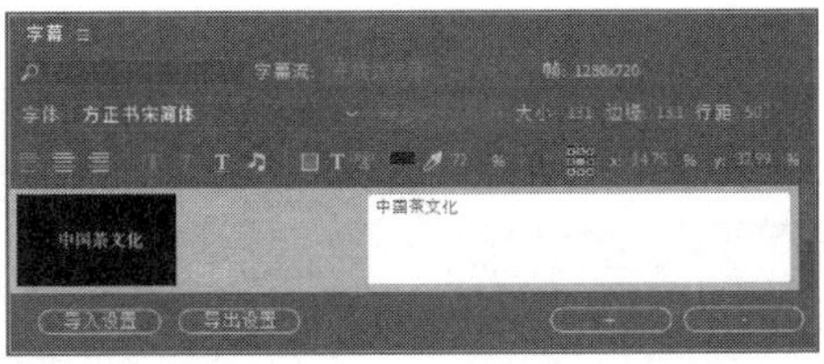

图 6-47

（3）在“字幕”面板下方单击 + 按钮，添加字幕，如图 6-48 所示。在面板右下方输入字幕文本，并在上方的属性设置栏中设置字体、大小、边缘、文本颜色、背景不透明度和字幕块位置，如图 6-49 所示。

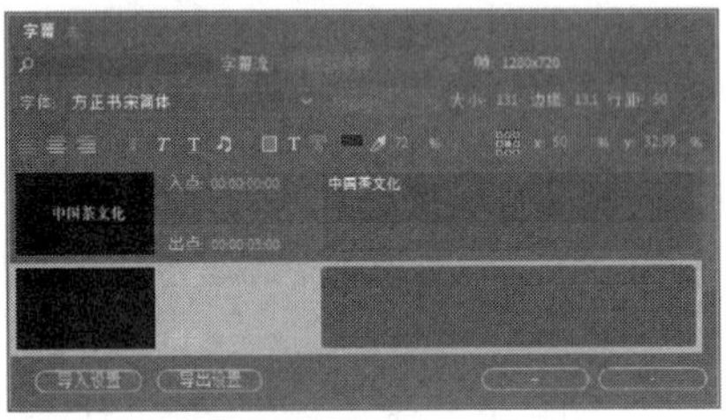

图 6-48

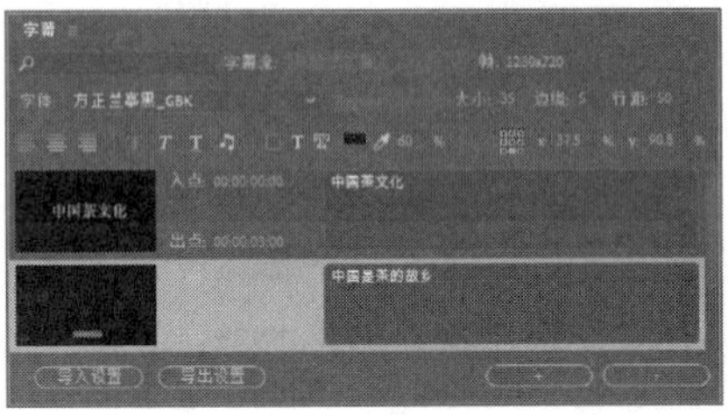

图 6-49

（4）在“项目”面板中，选中“开放式字幕”文件并将其拖曳到“时间轴”面板的“视频 2（V2）”轨道中，如图 6-50 所示。将鼠标指针放在“开放式字幕”文件的结束位置，单击显示编辑点。当鼠标指针呈状时，向右拖曳到“01”文件的结束位置，如图 6-51 所示，“节目”监视器窗口中的效果如图 6-52 所示。将时间标签放置在 00:00:03:00 处，“节目”监视器窗口中的效果如图 6-53 所示。

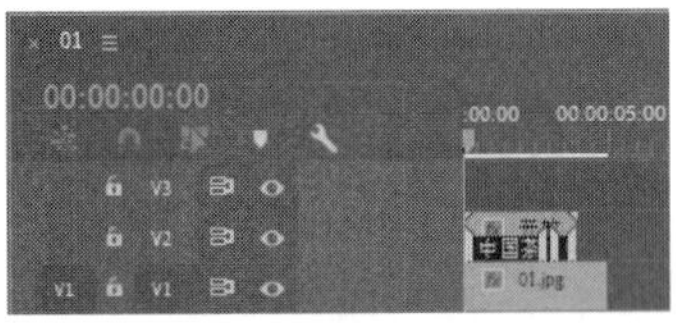

图 6-50

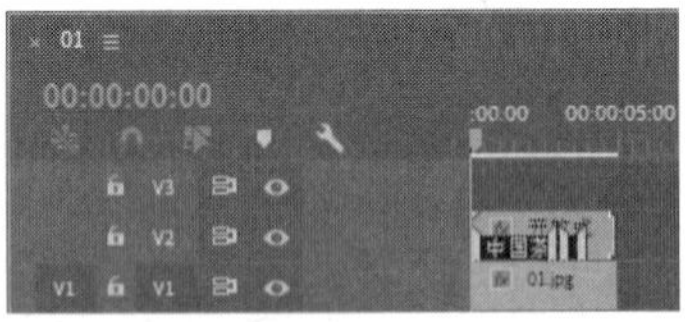

图 6-51

图 6-52

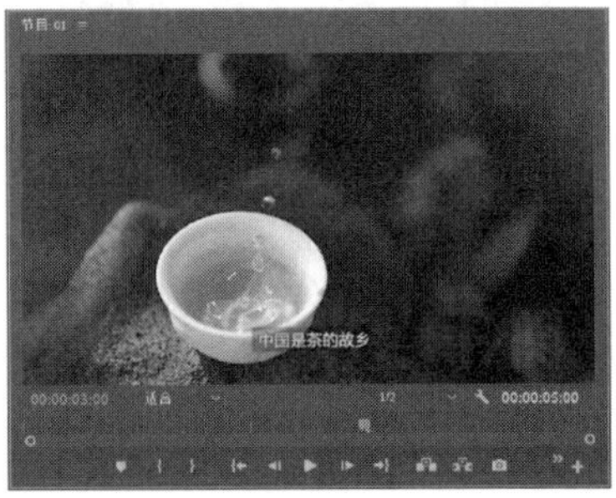

图 6-53

6.1.5 创建路径字幕

创建水平或垂直路径字幕的具体操作步骤如下。

（1）选择“文件 > 新建 > 旧版标题”命令，弹出“新建字幕”对话框，如图 6-54 所示。单击“确定”按钮，弹出“字幕”编辑面板，如图 6-55 所示。

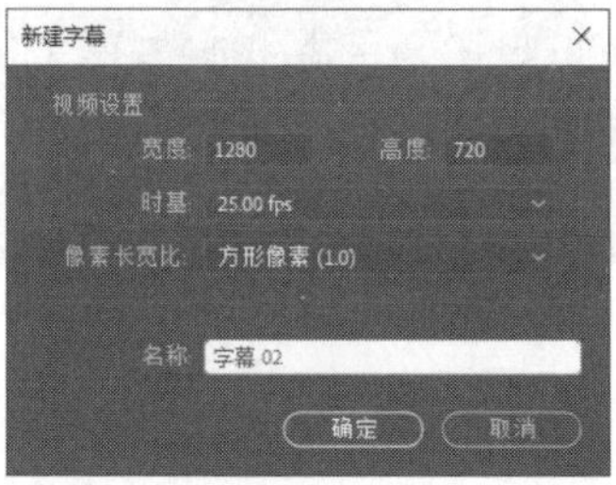

图 6-54

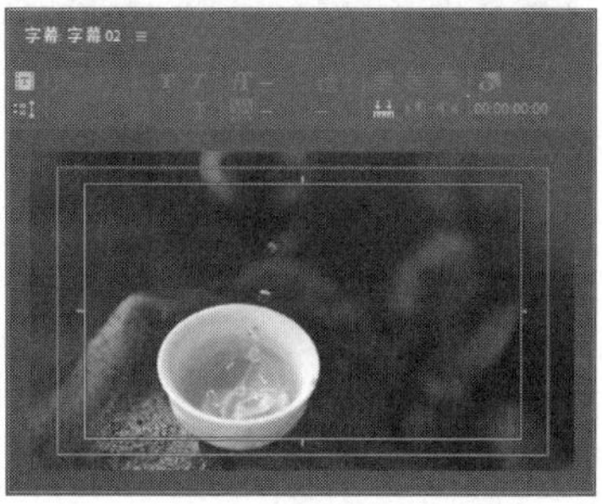

图 6-55

（2）单击左上方的按钮，在弹出的菜单中选择“工具”命令，如图 6-56 所示。弹出“旧版标题工具”面板，如图 6-57 所示。

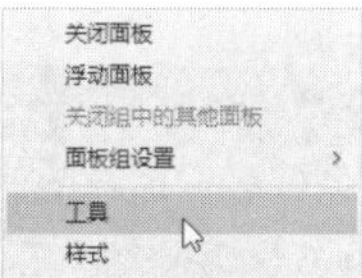

图 6-56

图 6-57

（3）选择“旧版标题工具”面板中的“路径文字工具”，在“字幕”编辑面板中拖曳绘制路径，如图 6-58 所示。选择“路径文字工具”，在路径上单击插入光标，输入需要的文字，如图 6-59 所示。

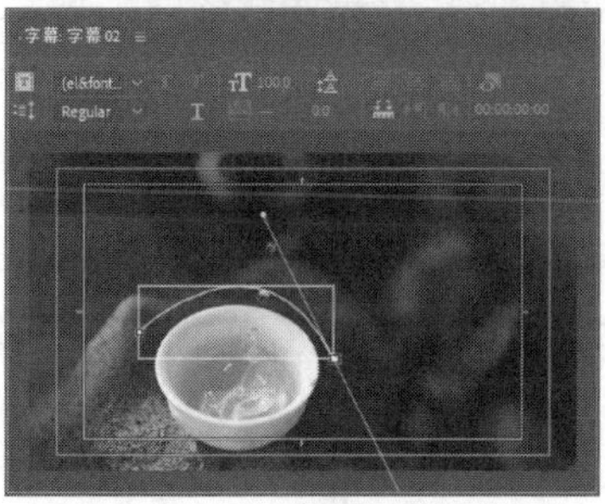

图 6-58

图 6-59

（4）单击左上方的按钮，在弹出的菜单中选择“属性”命令，如图 6-60 所示，弹出“旧版标题属性”面板，展开“填充”栏，将“颜色”选项设置为白色；展开“属性”栏，选项的设置如图 6-61 所示，“字幕”编辑面板中的效果如图 6-62 所示。制作垂直路径字幕的方法与此类似，“字幕”编辑面板中的效果如图 6-63 所示。

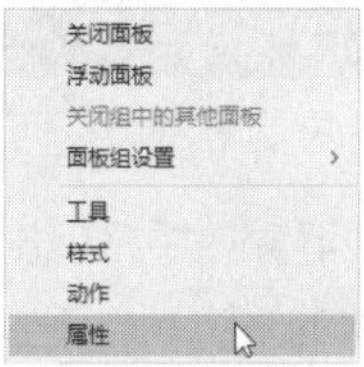

图 6-60

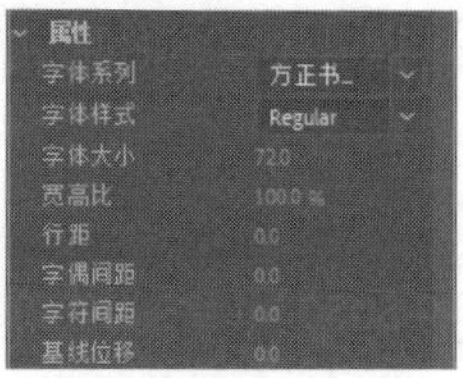

图 6-61

图 6-62

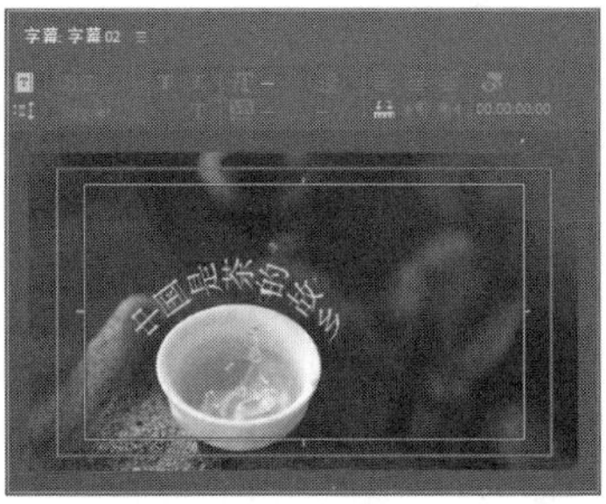

图 6-63

6.1.6 创建段落字幕

创建水平或垂直段落字幕的具体操作步骤如下。

（1）选择“文件 > 新建 > 旧版标题”命令，弹出“新建字幕”对话框，如图 6-64 所示，单击“确定”按钮，弹出“字幕”编辑面板。选择“旧版标题工具”面板中的“文字工具” T，在“字幕”编辑面板中拖曳出文本框，如图 6-65 所示。

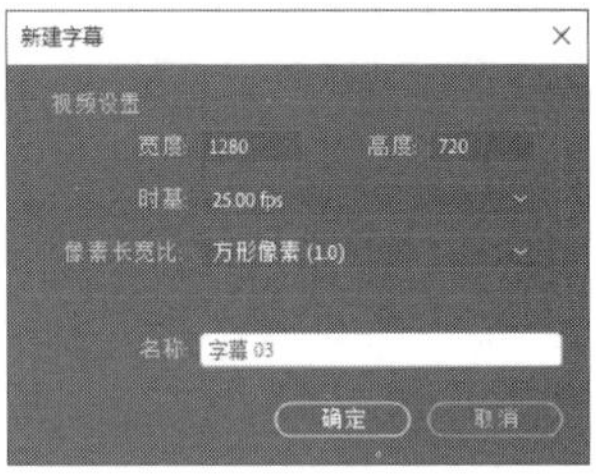

图 6-64

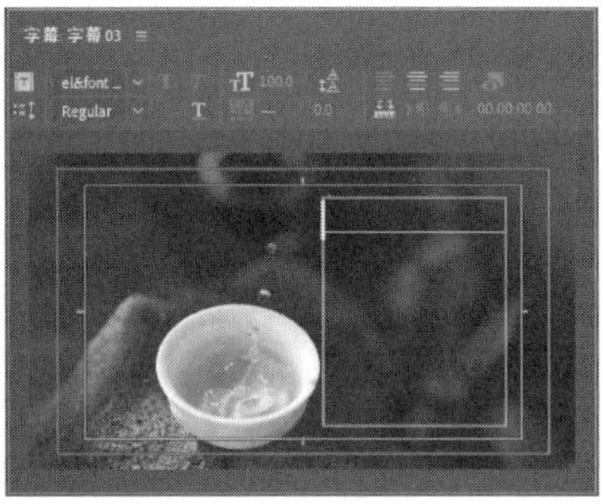

图 6-65

（2）在文本框中输入需要的段落文字，如图 6-66 所示。在“旧版标题属性”面板中展开“填充”栏，将“颜色”选项设置为白色（171、31、56）；展开“属性”栏，各选项的设置如图 6-67 所示。“字幕”编辑面板中的效果如图 6-68 所示。用相似的方法制作垂直段落字幕，“字幕”编辑面板中的效果如图 6-69 所示。

图 6-66

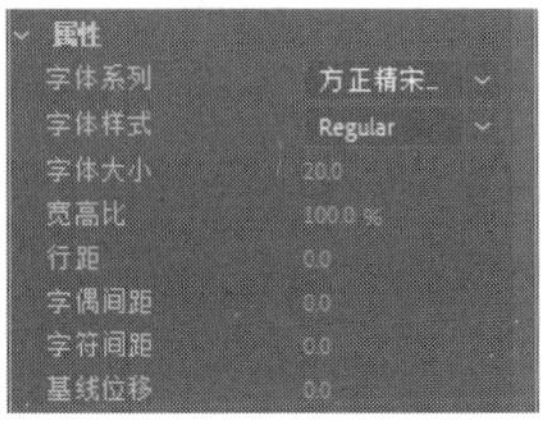

图 6-67

选择“工具”面板中的“文字工具” T，直接在“节目”监视器窗口中拖曳出文本框并输入文字，在“基本图形”面板中编辑文字，效果如图 6-70 所示。用相似的方法制作垂直段落字幕，效果如图 6-71 所示。

图 6-68

图 6-69

图 6-70

图 6-71

6.2 编辑与修饰字幕

字幕创建完成以后，还需要对字幕进行相应的编辑和修饰，下面进行详细介绍。

6.2.1 课堂案例——编辑旅行节目片头的宣传文字

微课视频

扫码观看
本案例视频

扩展案例

案例学习目标

学习创建并编辑字幕。

案例知识要点

使用“导入”命令导入素材文件，使用“旧版标题”命令创建字幕，使用“字幕”面板添加并编辑字幕，使用“旧版标题属性”面板编辑字幕样式，使用“自动色阶”特效调整素材颜色，使用“快速模糊入点”特效、“快速模糊出点”特效和“效果控件”面板制作模糊文字效果，最终效果如图 6-72 所示。

图 6-72

效果所在位置

Ch06/编辑旅行节目片头的宣传文字/编辑旅行节目片头的宣传文字. prproj。

（1）启动 Premiere Pro 2020，选择“文件 > 新建 > 项目”命令，弹出“新建项目”对话框，如图 6-73 所示，单击“确定”按钮，新建项目。

（2）选择“文件 > 导入”命令，弹出“导入”对话框，选择本书云盘中的“Ch06/编辑旅行节目片头的宣传文字/素材/01”文件，如图 6-74 所示。单击“打开”按钮，将素材文件导入“项目”面板中，如图 6-75 所示。将“项目”面板中的“01”文件拖曳到“时间轴”面板中，生成“01”序列，将“01”文件放置到“视频 1（V1）”轨道中，如图 6-76 所示。

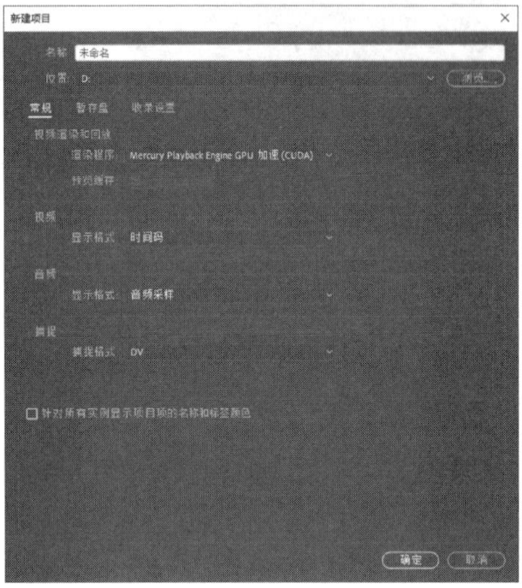

图 6-73

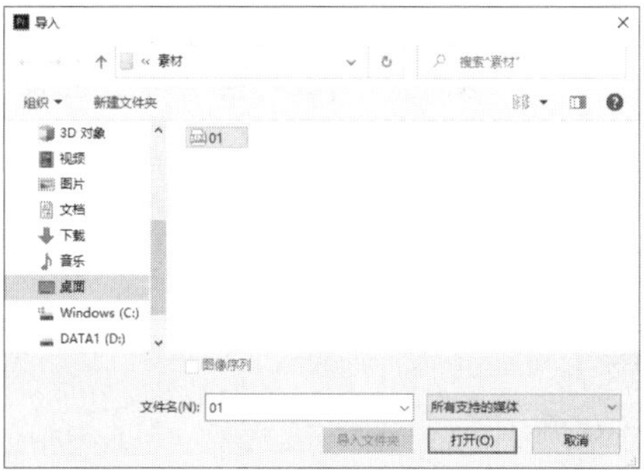

图 6-74

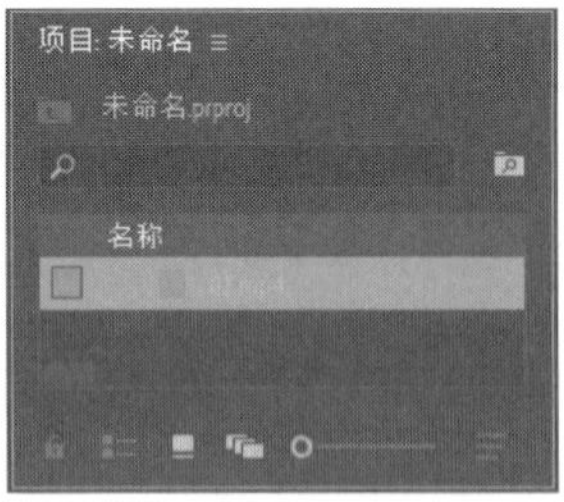

图 6-75

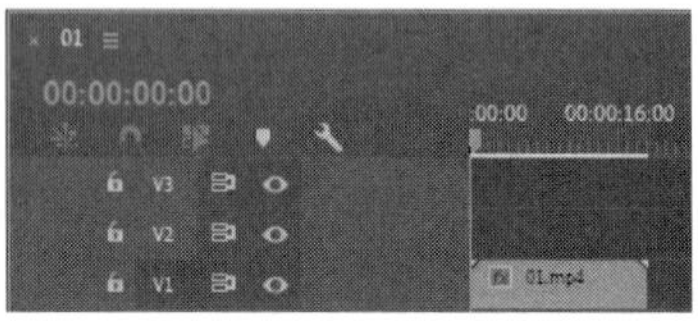

图 6-76

（3）将时间标签放置在 00:00:10:00 处。将鼠标指针放在“01”文件的结束位置，单击显示编辑点，如图 6-77 所示。当鼠标指针呈状时，向左拖曳到 00:00:10:00 处，如图 6-78 所示。

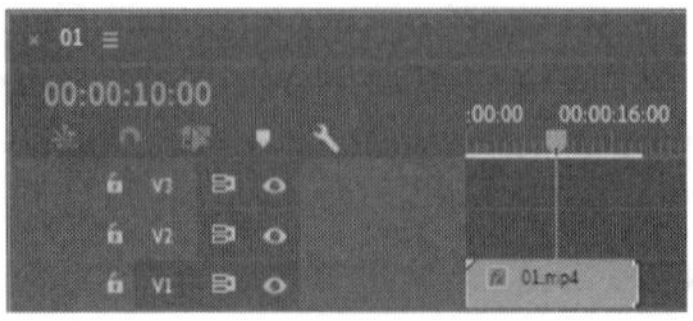

图 6-77

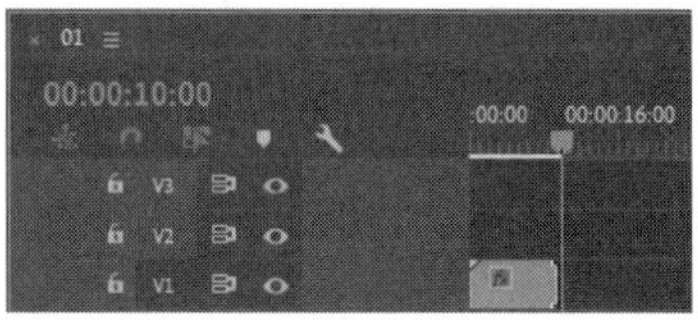

图 6-78

（4）选择“文件 > 新建 > 旧版标题”命令，弹出“新建字幕”对话框，如图 6-79 所示，单击“确定”按钮，弹出“字幕”编辑面板。选择“旧版标题工具”面板中的“矩形工具”，在“字幕”编辑面板中绘制矩形，如图 6-80 所示。在“旧版标题属性”面板中展开“填充”栏，将“颜色”选项设置为红色（225、0、0），如图 6-81 所示。“字幕”编辑面板中的效果如图 6-82 所示。

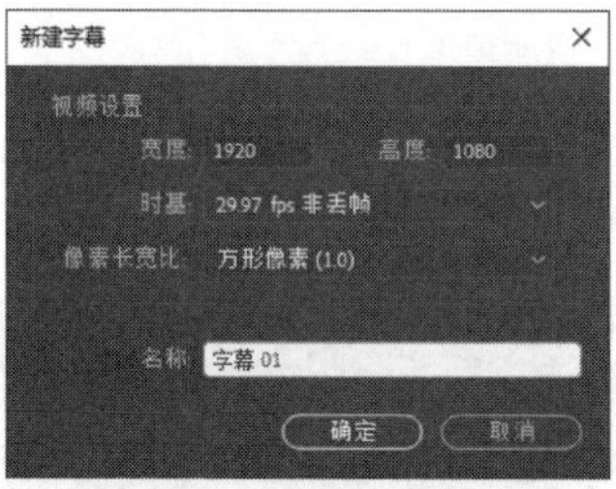

图 6-79

图 6-80

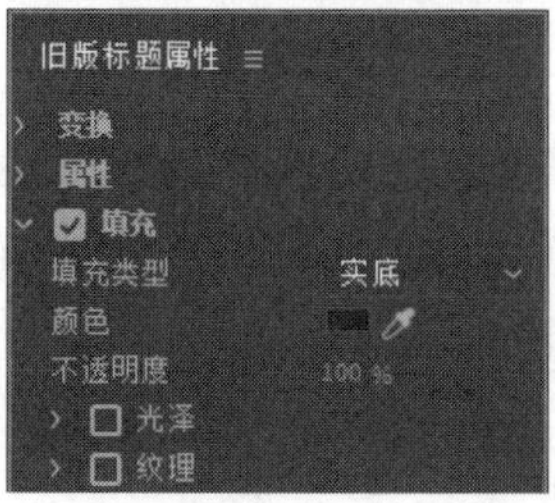

图 6-81

图 6-82

（5）选择“旧版标题工具”面板中的“文字工具”，在“字幕”编辑面板中分别单击并输入需要的文字，如图 6-83 所示。分别选择文字，在“字幕”编辑面板上方设置合适的字体、大小和位置。在“旧版标题属性”面板中展开“填充”栏，将“颜色”选项设置为白色，“字幕”编辑面板中的效果如图 6-84 所示。“项目”面板中会生成“字幕 01”文件。

图 6-83

图 6-84

（6）将时间标签放置在 00:00:01:00 处。将“项目”面板中的“字幕 01”文件拖曳到“时间轴”面板的“视频 2（V2）”轨道中，如图 6-85 所示。将时间标签放置在 00:00:08:00 处。将鼠标指针放在“字幕 01”文件的结束位置，单击显示编辑点。当鼠标指针呈状时，向右拖曳到 00:00:08:00 处，如图 6-86 所示。

（7）在“效果”面板中展开“视频效果”分类选项，单击“过时”文件夹左侧的按钮将其展开，选中“自动色阶”特效，如图 6-87 所示。将“自动色阶”特效拖曳到“时间轴”面板中的“01”文件上，如图 6-88 所示。

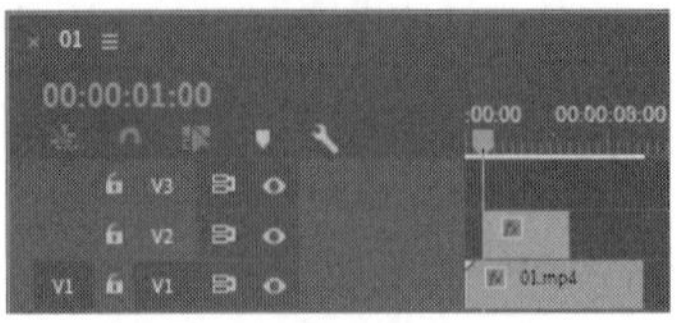

图 6-85

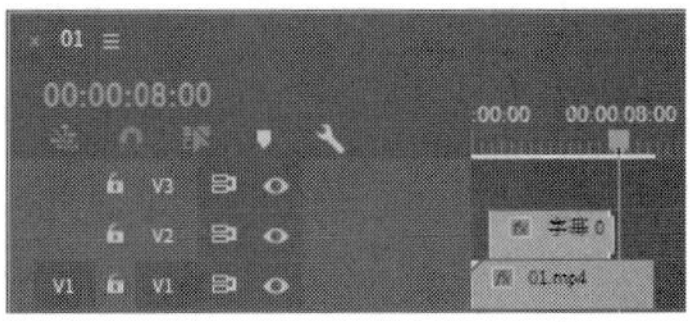

图 6-86

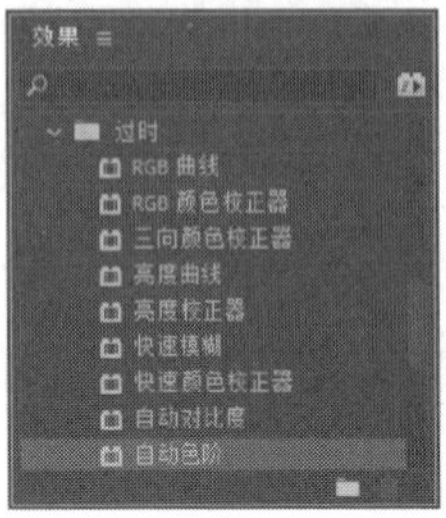

图 6-87

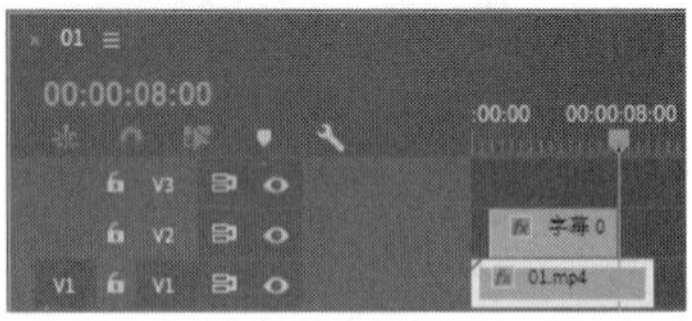

图 6-88

（8）在“效果”面板中展开“预设”分类选项，单击“模糊”文件夹左侧的按钮将其展开，选中“快速模糊入点”特效，如图 6-89 所示。将“快速模糊入点”特效拖曳到“时间轴”面板中的“字幕 01”文件上。

（9）将时间标签放置在 00:00:03:00 处。在“效果控件”面板中展开“快速模糊”特效，选择第 2 个关键帧，将其拖曳到时间标签所在的位置，如图 6-90 所示。

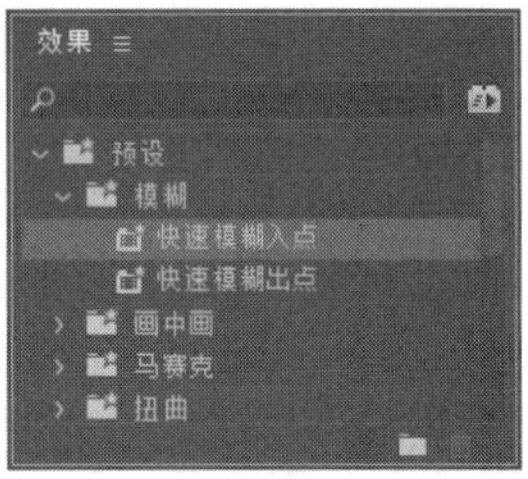

图 6-89

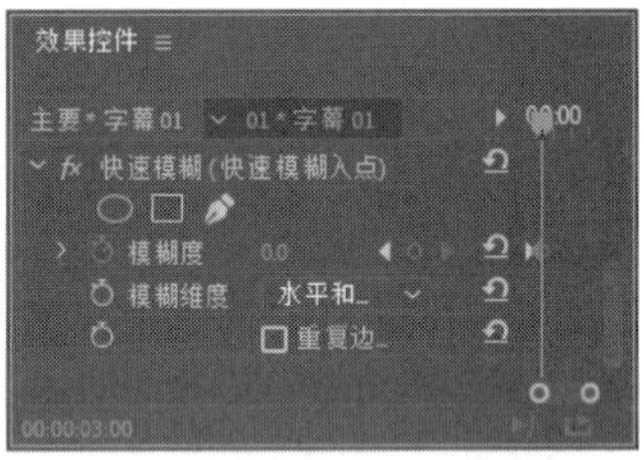

图 6-90

（10）在“效果”面板中选中“快速模糊出点”特效，如图 6-91 所示。将“快速模糊出点”特效拖曳到“时间轴”面板中的“字幕 01”文件上。

（11）将时间标签放置在 00:00:06:00 处。在“效果控件”面板中展开“快速模糊”特效，选择第 1 个关键帧，将其拖曳到时间标签所在的位置，如图 6-92 所示。旅行节目片头的宣传文字编辑完成。

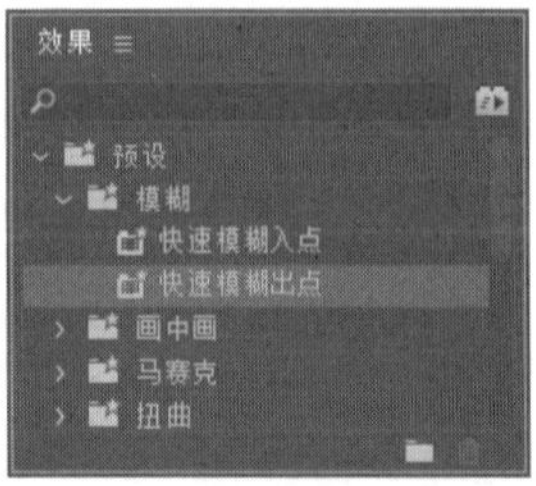

图 6-91

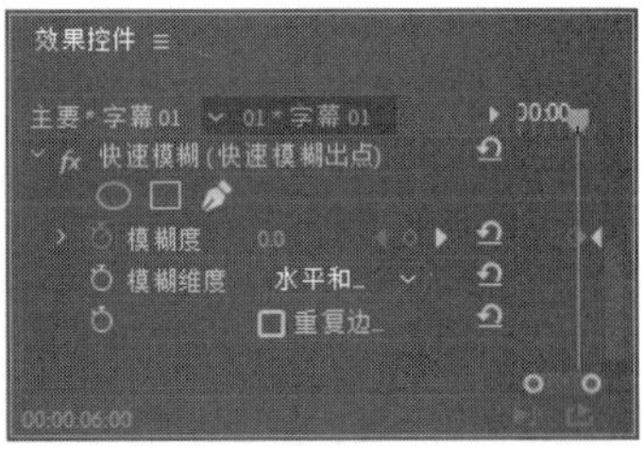

图 6-92

6.2.2 编辑字幕

1. 编辑传统字幕

（1）在“字幕”编辑面板中输入文字并设置其属性，如图 6-93 所示。选择“选择工具”，选择文字，将鼠标指针移至矩形框内，拖曳可移动文字对象，效果如图 6-94 所示。

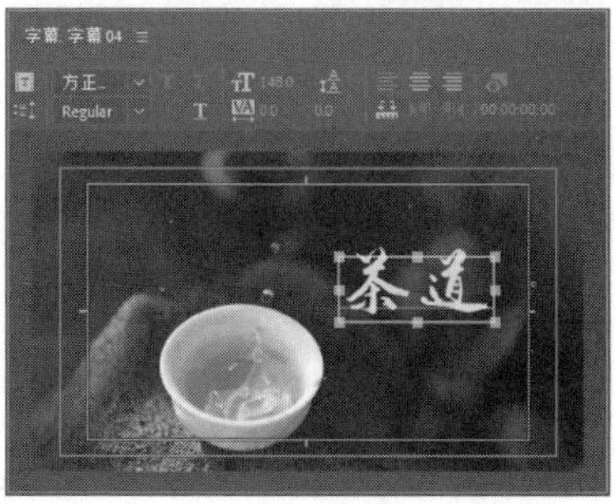

图 6-93

图 6-94

（2）将鼠标指针移至矩形框的任意一点，当鼠标指针呈、或状时，拖曳可缩放文字对象，效果如图 6-95 所示。将鼠标指针移至矩形框的任意一点外侧，当鼠标指针呈、或状时，拖曳可旋转文字对象，效果如图 6-96 所示。

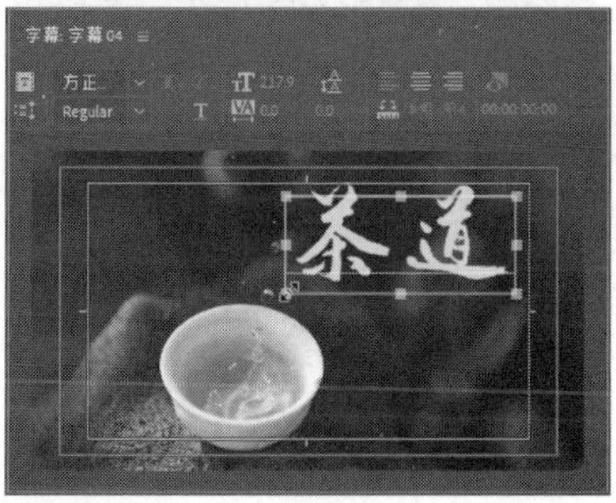

图 6-95

图 6-96

2. 编辑图形字幕

（1）在“节目”监视器窗口中输入文字，设置属性后，效果如图 6-97 所示。选择“选择工具”，选择文字，将鼠标指针移动至矩形框内，拖曳可移动文字对象，效果如图 6-98 所示。

图 6-97

图 6-98

（2）将鼠标指针移至矩形框的任意一点，当鼠标指针呈、或状时，拖曳可缩放文字对象，效果如图 6-99 所示。将鼠标指针移至矩形框的任意一点外侧，当鼠标指针呈、或状时，拖曳可旋转文字对象，效果如图 6-100 所示。

图 6-99

图 6-100

（3）将鼠标指针移至矩形框的锚点处，当鼠标指针呈状时，将锚点拖曳到合适的位置，如图 6-101 所示。将鼠标指针移至矩形框的任意一点外侧，当鼠标指针呈、或状时，拖曳可以锚点为中心旋转文字对象，效果如图 6-102 所示。

图 6-101

图 6-102

3. 编辑开放式字幕

（1）在“节目”监视器窗口中预览开放式字幕，如图 6-103 所示。在“项目”面板中双击“开放式字幕”文件，打开“字幕”面板，设置字幕块位置为上方居中，如图 6-104 所示。

图 6-103

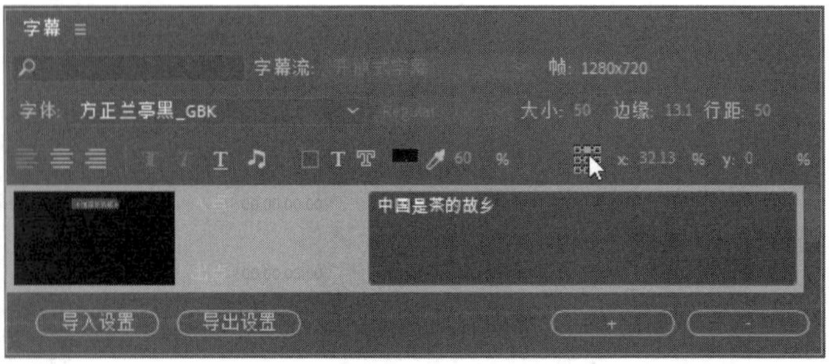

图 6-104

（2）在“节目”监视器窗口中预览效果，如图 6-105 所示。重新设置水平和垂直位置，在“节目”监视器窗口中预览效果，如图 6-106 所示。

图 6-105

图 6-106

6.2.3 设置字幕属性

在 Premiere Pro 2020 中可以非常方便地对字幕进行修饰，包括调整其位置、不透明度、字体、字体大小、颜色，以及为文字添加阴影等。

1. 在“旧版标题属性”面板中编辑传统字幕属性

在“旧版标题属性”面板的“变换”栏中可以对字幕文本和图形的不透明度、位置、高度、宽度及旋转等属性进行设置，如图 6-107 所示。“属性”栏用于对字幕文本的字体、字体大小、行距及字距、扭曲等一些基本属性进行设置，如图 6-108 所示。“填充”栏主要用于设置字幕文本和图形的填充类型、颜色和不透明度等属性，如图 6-109 所示。

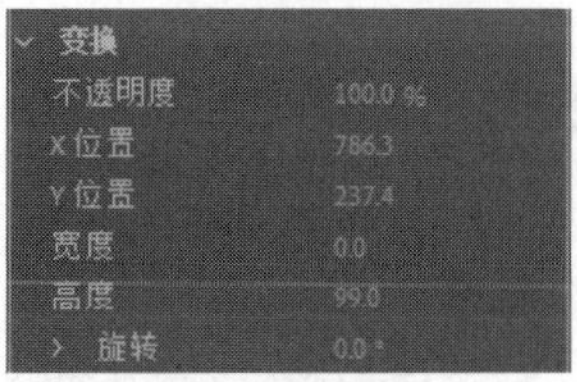

图 6-107

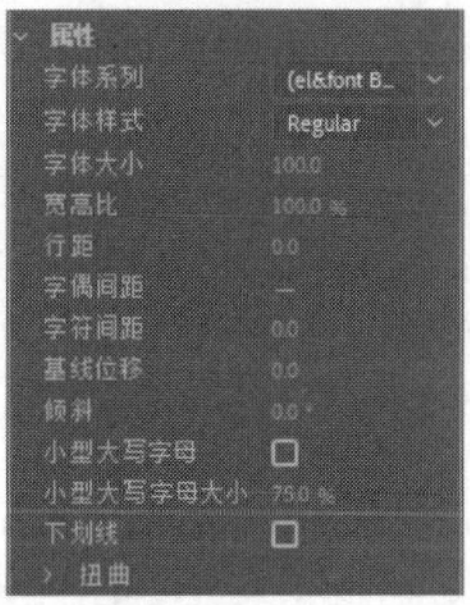

图 6-108

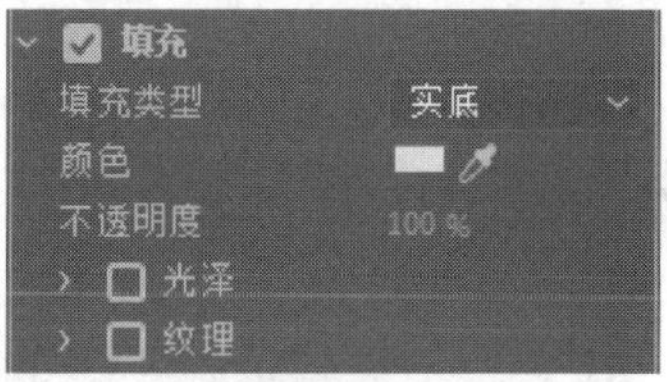

图 6-109

“描边”栏主要用于设置文字或者图形的描边效果，可以设置内描边和外描边，如图 6-110 所示。“阴影”栏用于添加阴影效果，如图 6-111 所示。“背景”栏用于设置字幕背景的填充类型、颜色和不透明度等属性，如图 6-112 所示。

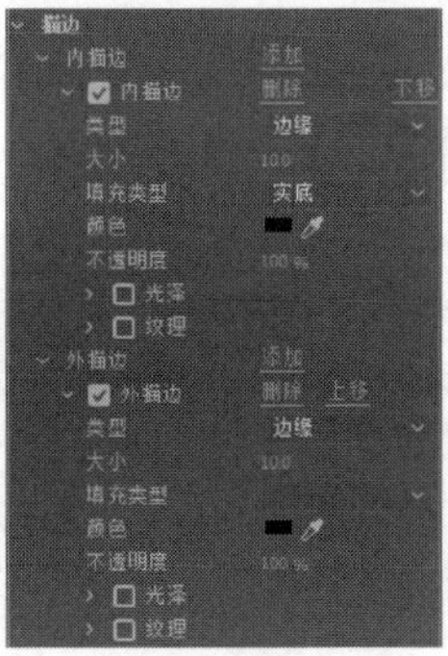

图 6-110

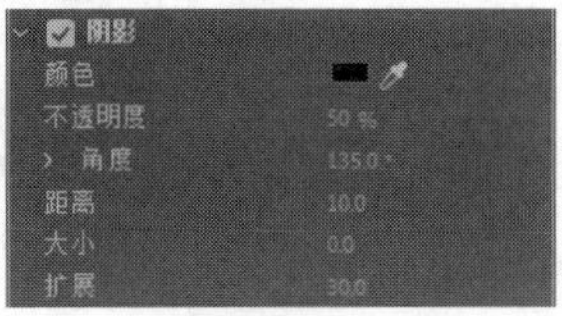

图 6-111

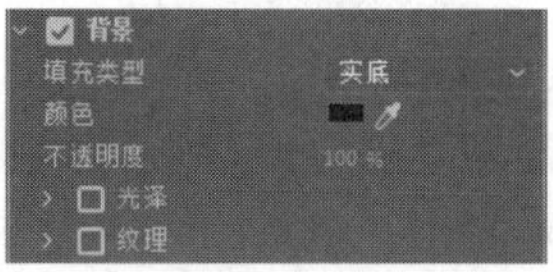

图 6-112

2. 在“效果控件”面板中编辑图形字幕属性

在“效果控件”面板中展开“文本”选项，“源文本”栏用于设置文字的字体、字体样式、字体大小、字距和行距等属性，“外观”栏用于设置填充、描边及阴影等属性，如图 6–113 所示。“变换”栏用于设置位置、缩放、旋转、不透明度、锚点等属性，如图 6–114 所示。

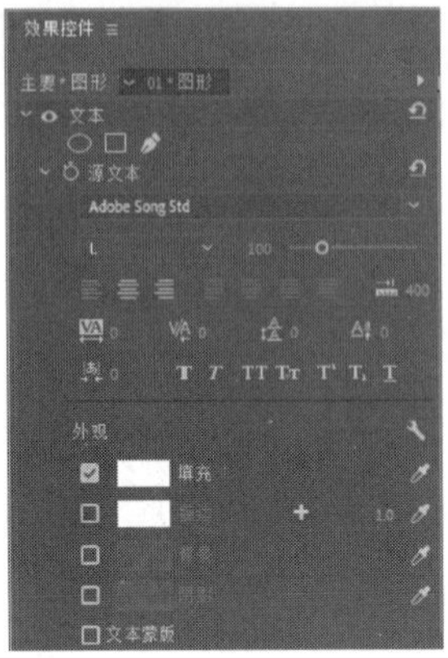

图 6–113

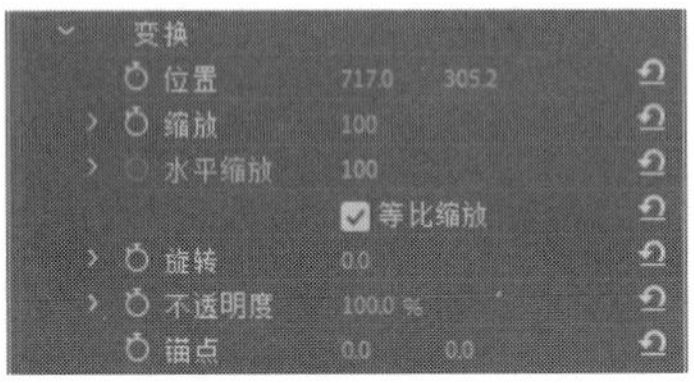

图 6–114

3. 在“基本图形”面板中编辑图形字幕属性

“基本图形”面板中最上方为文字图层和响应设置，如图 6–115 所示。“对齐并变换”栏用于设置图形的对齐、位置、旋转及比例等属性，“主样式”栏用于设置图形对象的主样式，如图 6–116 所示。“文本”栏用于设置文字的字体、字体样式、字体大小、字距和行距等属性，“外观”栏用于设置填充、描边及阴影等属性，如图 6–117 所示。

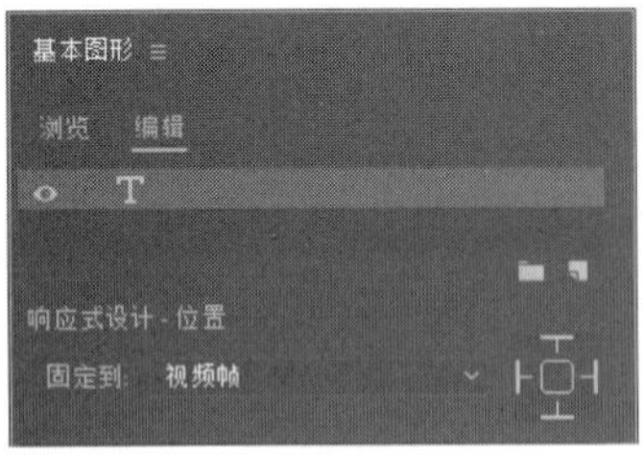

图 6–115

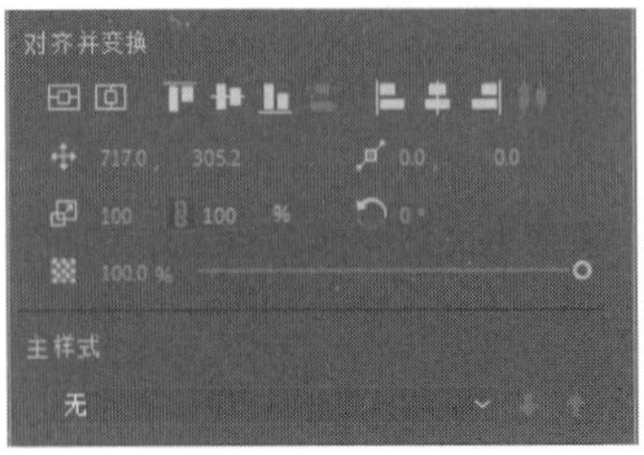

图 6–116

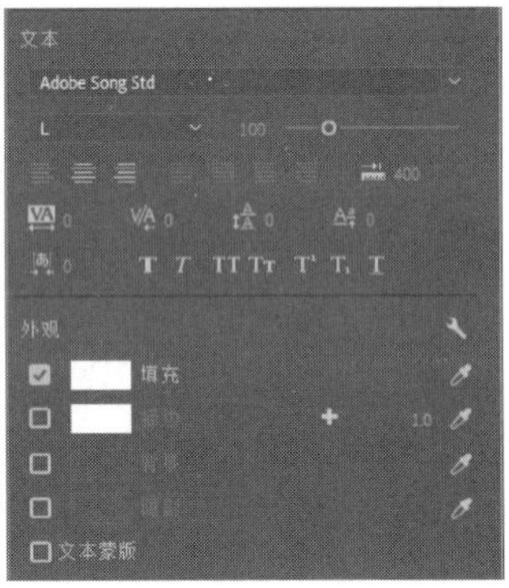

图 6–117

4. 在“字幕”面板中编辑开放式字幕属性

“字幕”面板的上部分用于筛选字幕内容、选择字幕流及显示帧数，中间部分为字幕属性设置区域，用于设置字体、大小、边缘、对齐、颜色和字幕块位置等，下部分用于显示字幕、设置入点和出点及输入字幕文本等，最下方为导入设置、导出设置、添加字幕及删除字幕按钮，如图 6–118 所示。

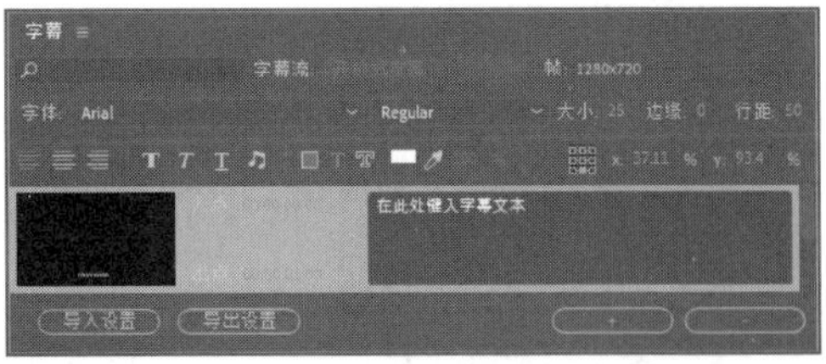

图 6–118

6.3 创建运动字幕

在观看电影时，经常会看到影片的开头和结尾都有滚动文字，显示的是导演与演员的姓名等，影片中还会出现人物对白文字，这些文字可以通过视频编辑软件添加到视频画面中。Premiere Pro 2020 提供了垂直滚动和横向游动字幕效果。

6.3.1 课堂案例——制作动物世界纪录片的滚动字幕

微课视频

扫码观看本案例视频

扩展案例

案例学习目标

学习输入并编辑横向文字，创建运动字幕。

案例知识要点

使用“导入”命令导入素材文件，使用“基本图形”面板和“效果控件”面板制作滚动条，使用“旧版标题”命令创建文字，使用“滚动/游动选项”按钮制作滚动字幕，最终效果如图 6-119 所示。

图 6-119

效果所在位置

Ch06/制作动物世界纪录片的滚动字幕/制作动物世界纪录片的滚动字幕. prproj。

（1）启动 Premiere Pro 2020，选择“文件 > 新建 > 项目”命令，弹出“新建项目”对话框，如图 6-120 所示，单击“确定”按钮，新建项目。

（2）选择“文件 > 导入”命令，弹出“导入”对话框，选择本书云盘中的“Ch06/制作动物世界纪录片的滚动字幕/素材/01”文件，如图 6-121 所示。单击“打开”按钮，将素材文件导入“项目”面板中，如图 6-122 所示。将“项目”面板中的“01”文件拖曳到“时间轴”面板中，生成“01”序列，将“01”文件放置到“视频 1（V1）”轨道中，如图 6-123 所示。

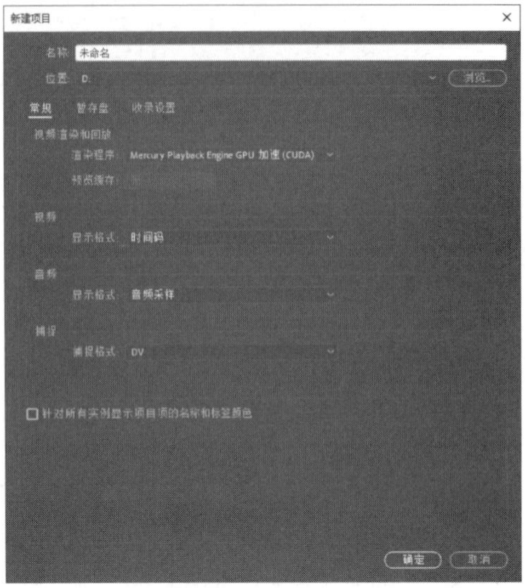

图 6-120

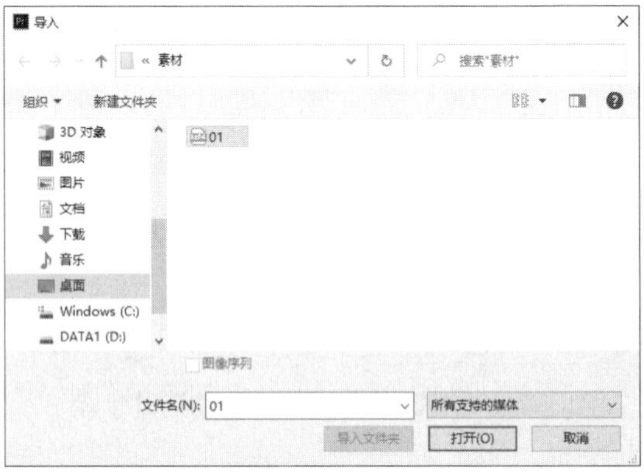

图 6-121

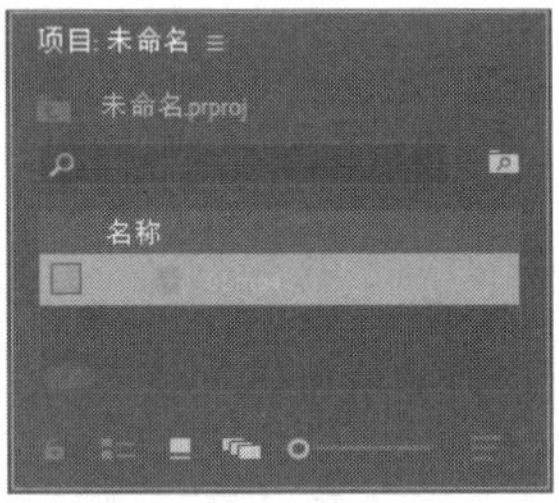

图 6-122

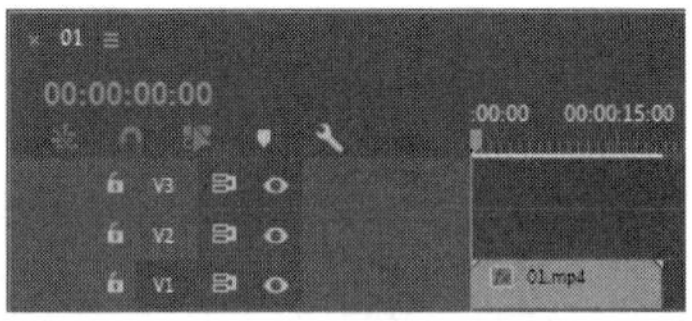

图 6-123

（3）选择“剪辑 > 速度/持续时间”命令，弹出“剪辑速度/持续时间”对话框，将“速度”选项设置为 150%，如图 6-124 所示。单击“确定”按钮，“时间轴”面板如图 6-125 所示。

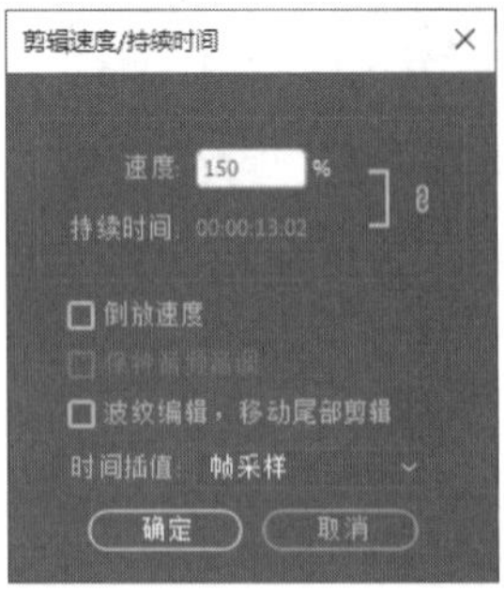

图 6-124

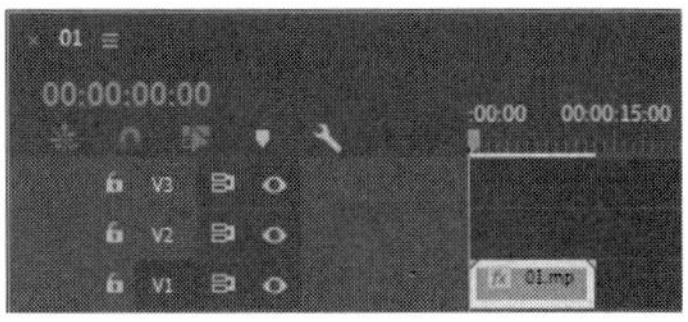

图 6-125

（4）选择“基本图形”面板，单击“编辑”选项卡，单击“新建图层”按钮，在弹出的菜单中选择“矩形”命令，在“节目”监视器窗口中生成矩形，如图 6-126 所示。“时间轴”面板的“视频 2（V2）”轨道中会生成图形文件，如图 6-127 所示。

（5）在“基本图形”面板中选择“形状 01”图层，在“外观”栏中将“填充”选项设置为黑色，“对齐并变换”栏中的设置如图 6-128 所示。“节目”监视器窗口中的矩形如图 6-129 所示。

图 6-126

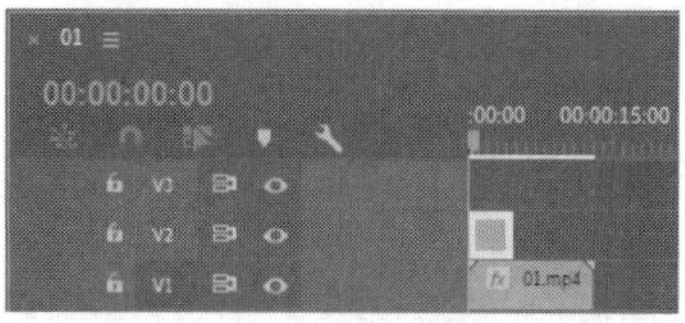

图 6-127

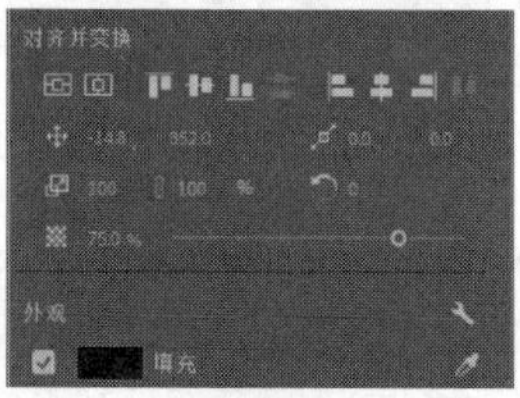

图 6-128

图 6-129

（6）在“节目”监视器窗口中调整矩形的长宽比，如图 6-130 所示。将鼠标指针放在“图形”文件的结束位置，单击显示编辑点。当鼠标指针呈状时，向右拖曳到“01”文件的结束位置，如图 6-131 所示。

图 6-130

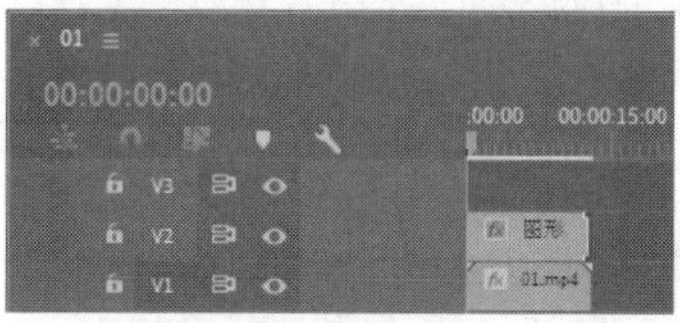

图 6-131

（7）选择“文件 > 新建 > 旧版标题”命令，弹出图 6-132 所示的对话框，单击“确定”按钮，弹出“字幕”编辑面板。选择“旧版标题工具”面板中的“文字工具”，在“字幕”编辑面板中单击并输入需要的文字，设置合适的字体和大小，如图 6-133 所示。“项目”面板中会生成“字幕 01”文件。

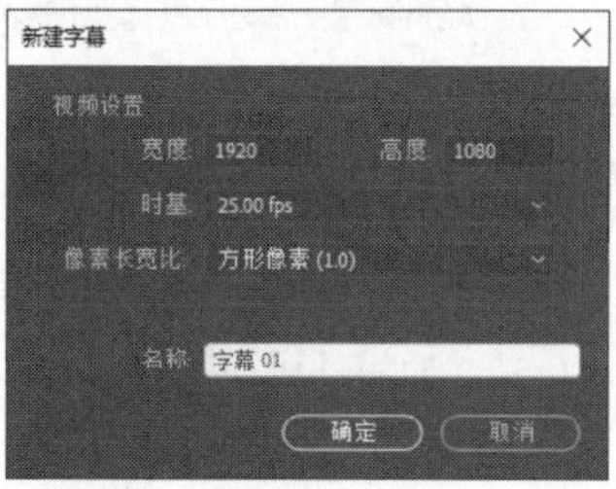

图 6-132

图 6-133

（8）在“字幕”编辑面板中单击“滚动/游动选项”按钮，在弹出的对话框中选中“向左游动”单选项，在“定时（帧）”选项区域中勾选“开始于屏幕外”和“结束于屏幕外”复选框，如图 6-134 所示。单击“确定”按钮，“字幕”编辑面板如图 6-135 所示。

（9）在“项目”面板中，选中“字幕 01”文件并将其拖曳到“时间轴”面板的“视频 3（V3）”轨道中，如图 6-136 所示。将鼠标指针放在“字幕 01”文件的结束位置，单击显示编辑点。当鼠标指针呈状时，向右拖曳到“图形”文件的结束位置，如图 6-137 所示。动物世界纪录片的滚动字幕制作完成。

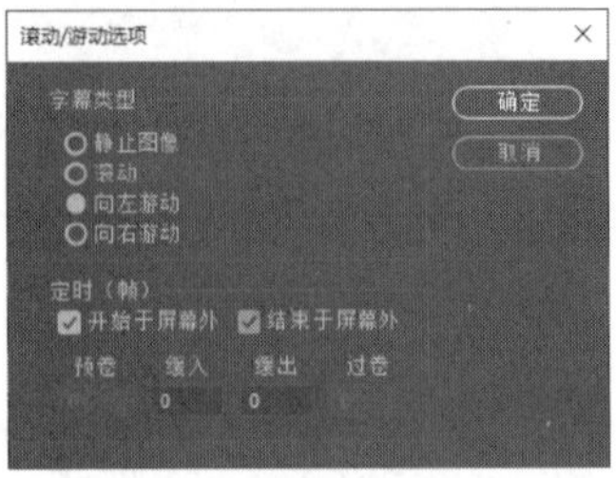

图 6-134

图 6-135

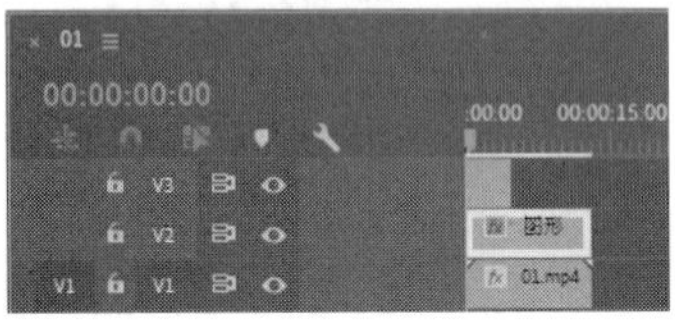

图 6-136

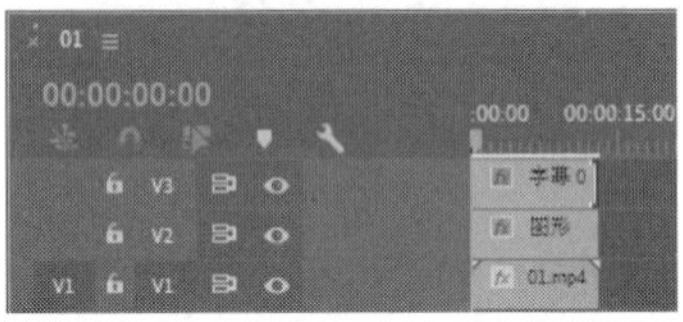

图 6-137

6.3.2 制作垂直滚动字幕

制作垂直滚动字幕的具体操作步骤如下。

1. 在“字幕”面板中制作垂直滚动字幕

（1）启动 Premiere Pro 2020，在“项目”面板中导入素材并将其拖曳到“时间轴”面板中的视频轨道中。

（2）选择“文件 > 新建 > 旧版标题”命令，弹出“新建字幕”对话框，单击“确定”按钮。

（3）选择“旧版标题工具”面板中的“文字工具”，在“字幕”面板中拖曳出文本框，输入需要的文字并对其属性进行相应的设置，如图 6-138 所示。

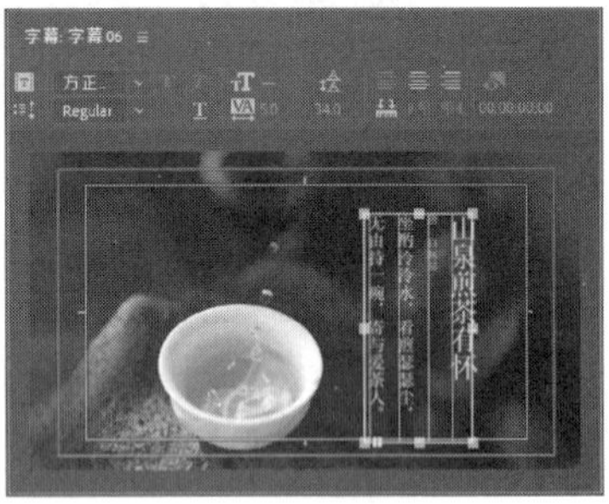
图 6-138

（4）在“字幕”编辑面板中单击“滚动/游动选项”按钮，在弹出的对话框中选中“滚动”单选项，在“定时（帧）”选项区域中勾选“开始于屏幕外”和“结束于屏幕外”复选框，其他设置如图 6-139 所示，单击“确定”按钮。

（5）制作的字幕会自动保存在“项目”面板中。从“项目”面板中将新建的字幕拖曳到“时间轴”面板的“视频 2（V2）”轨道中，并将其调整为与“视频 1（V1）”轨道中的素材等长，如图 6-140 所示。

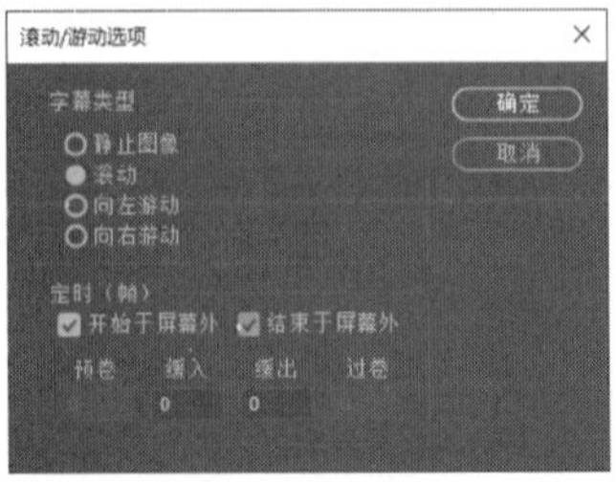

图 6-139

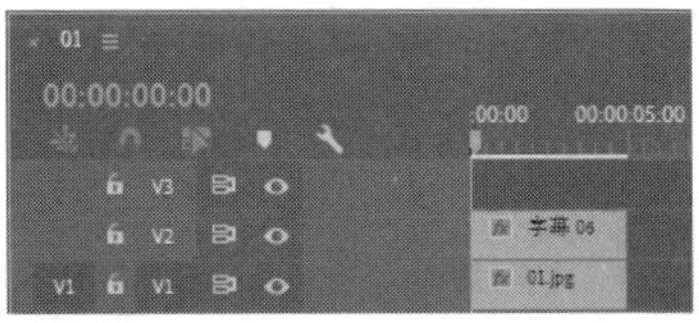

图 6-140

（6）单击“节目”监视器窗口下方的“播放-停止切换”按钮 / ，即可预览字幕的垂直滚动效果，如图 6-141 和图 6-142 所示。

图 6-141

图 6-142

2. 在“基本图形”面板中制作垂直滚动字幕

在“基本图形”面板中取消文字图层的选取状态，如图 6-143 所示。勾选“滚动”复选框，在弹出的选项区域中设置滚动选项，如图 6-144 所示，可以制作垂直滚动字幕。

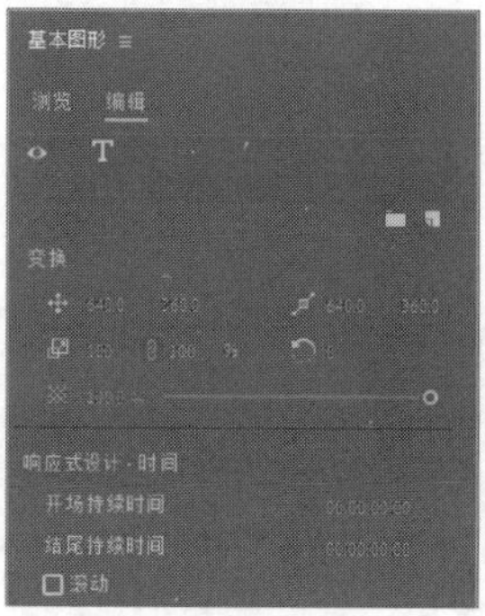

图 6-143

图 6-144

6.3.3 制作横向游动字幕

制作横向游动字幕与制作垂直滚动字幕的操作基本相同，具体操作步骤如下。

（1）启动 Premiere Pro 2020，在“项目”面板中导入素材并将其拖曳到“时间轴”面板中的视频轨道中。

（2）选择“文件 > 新建 > 旧版标题”命令，弹出“新建字幕”对话框，单击“确定”按钮。

（3）选择“旧版标题工具”面板中的“文字工具” T，在“字幕”编辑面板中单击并输入需要的文字，并设置字幕样式及其他属性，如图 6-145 所示。

（4）单击“字幕”编辑面板中的“滚动/游动选项”按钮 ，在弹出的对话框中选中“向左游动”单选项，如图 6-146 所示，单击“确定”按钮。

（5）制作的字幕会自动保存在“项目”面板中。从“项目”面板中将新建的字幕拖曳到“时间轴”面板的“视频 3（V3）”轨道中，如图 6-147 所示。在“效果”面板中展开“视频效果”分类选项，单击“键控”文件夹左侧的 按钮将其展开，选中“轨道遮罩键”特效，如图 6-148 所示。

（6）将“轨道遮罩键”特效拖曳到“时间轴”面板“视频 2（V2）”轨道中的“02”文件上。在“效果控件”面板中展开“轨道遮罩键”特效，其中的设置如图 6-149 所示。

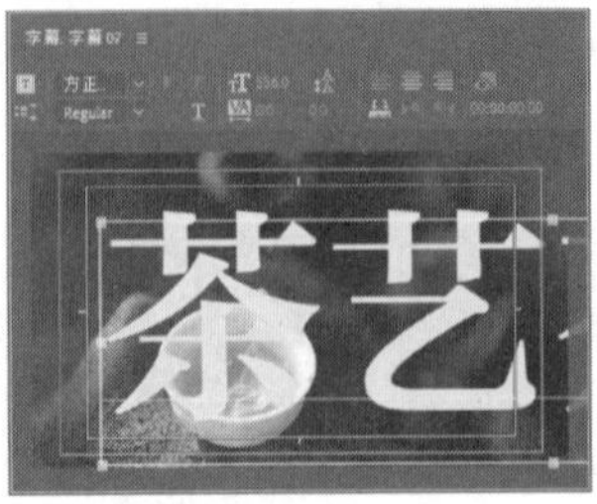

图 6-145

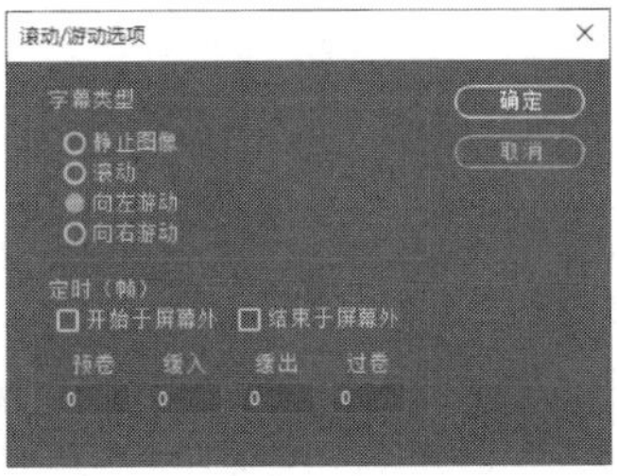

图 6-146

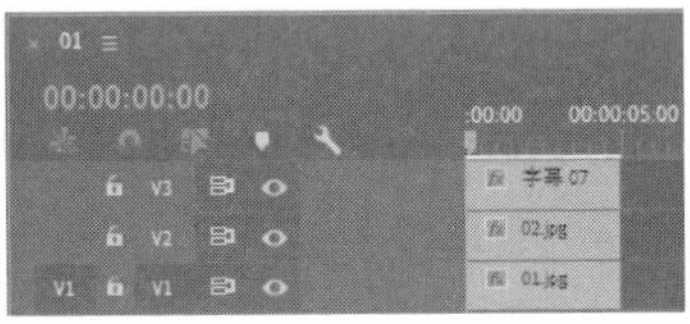

图 6-147

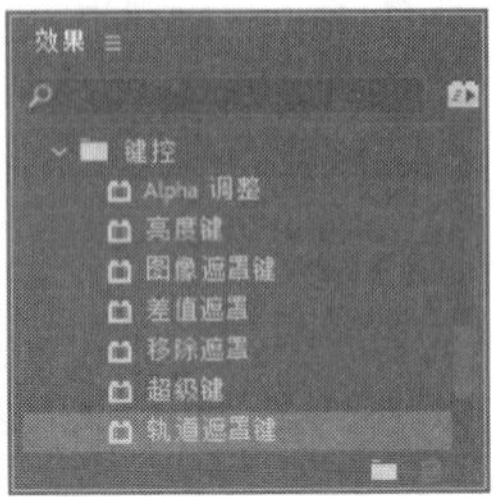

图 6-148

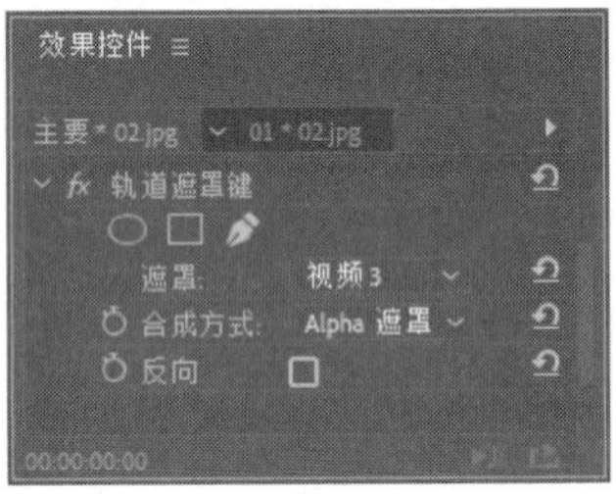

图 6-149

（7）单击“节目”监视器窗口下方的“播放-停止切换”按钮 / ，即可预览字幕的横向游动效果，如图 6-150 和图 6-151 所示。

图 6-150

图 6-151

课堂练习——制作霞浦旅游宣传片片头的消散文字

扫码观看
课堂练习视频

练习知识要点

使用“导入”命令导入素材文件，使用“旧版标题”命令和“字幕”编辑面板添加字幕，使用“旧版标题属性”面板编辑字幕，使用“自动颜色”特效和“快速颜色校正器”特效调整素材颜色，使用“粗糙边缘”特效和“效果控件”面板制作消散文字效果，最终效果如图 6-152 所示。

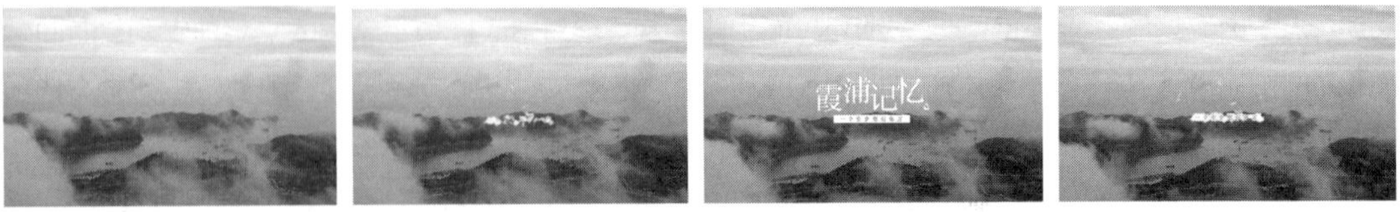

图 6-152

效果所在位置

Ch06/制作霞浦旅游宣传片片头的消散文字/制作霞浦旅游宣传片片头的消散文字. prproj。

课后习题——制作京城故事宣传片片头的模糊文字

习题知识要点

使用“导入”命令导入素材文件，使用“文字工具”添加文字，使用“基本图形”面板编辑文字，使用“快速颜色校正器”特效调整素材颜色，使用“高斯模糊”特效和“效果控件”面板制作模糊文字效果，最终效果如图 6-153 所示。

扫码观看
课后习题视频

图 6-153

效果所在位置

Ch06/制作京城故事宣传片片头的模糊文字/制作京城故事宣传片片头的模糊文字. prproj。

07 第 7 章 添加与调整音频

本章对音频及音频效果的应用与编辑进行讲解，重点讲解音轨混合器、调节音频及添加音频效果等内容。通过对本章内容的学习，读者可以快速掌握 Premiere Pro 2020 的音效制作。

学习目标

- ✧ 了解音频效果。
- ✧ 掌握使用音轨混合器调节音频的方法。
- ✧ 掌握调节音频的技巧。
- ✧ 掌握编辑音频的方法。
- ✧ 了解分离和链接视频与音频的方法。
- ✧ 掌握添加音频效果的技巧。

技能目标

- ✧ 掌握动物世界纪录片音频的调整方法。
- ✧ 掌握都市生活短视频片头音频的合成方法。
- ✧ 掌握动物世界宣传片音频特效的添加方法。

素养目标

- ✧ 培养了解不同声效对视频的情感和氛围产生不同影响的能力。
- ✧ 培养能够掌握在不同时间段添加音效并使其与视频内容相适配的能力。
- ✧ 培养对音效质量准确把控，确保视听效果的能力。

7.1 对音频的基础操作

在 Premiere Pro 2020 中，不仅可以编辑音频素材、添加音效、单声道混音、制作立体声和 5.1 环绕声，还可以使用“时间轴”面板进行音频的合成工作。同时软件还提供了一些针对音频的特殊处理，如声音的摇摆和声音的渐变等。

在 Premiere Pro 2020 中对音频素材进行处理涉及以下操作。

（1）在“时间轴”面板的音频轨道上通过修改关键帧的方式对音频素材进行操作，如图 7-1 所示。

（2）使用菜单中相应的命令来编辑所选的音频素材，如图 7-2 所示。

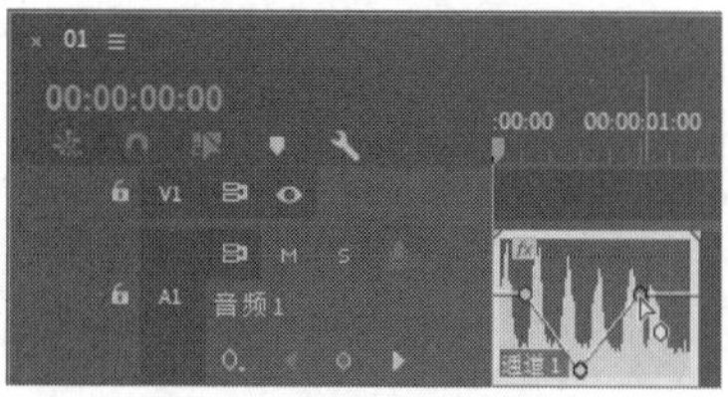

图 7-1

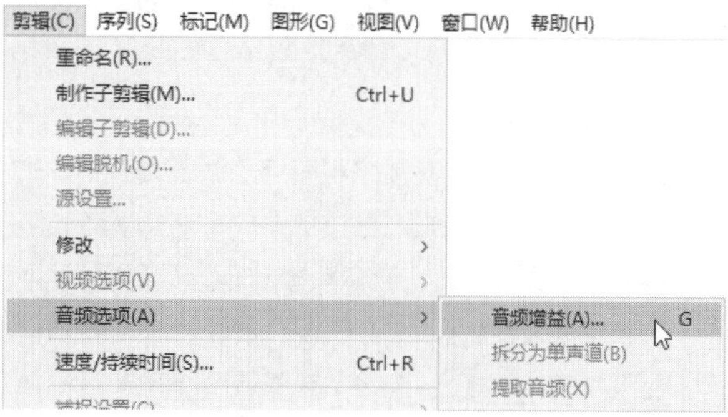

图 7-2

（3）在“效果”面板中展开“音频效果”选项，如图 7-3 所示，可以为音频添加音频效果。

（4）选择“编辑 > 首选项 > 音频”命令，弹出“首选项”对话框，可以对音频素材的使用进行初始设置，如图 7-4 所示。

图 7-3

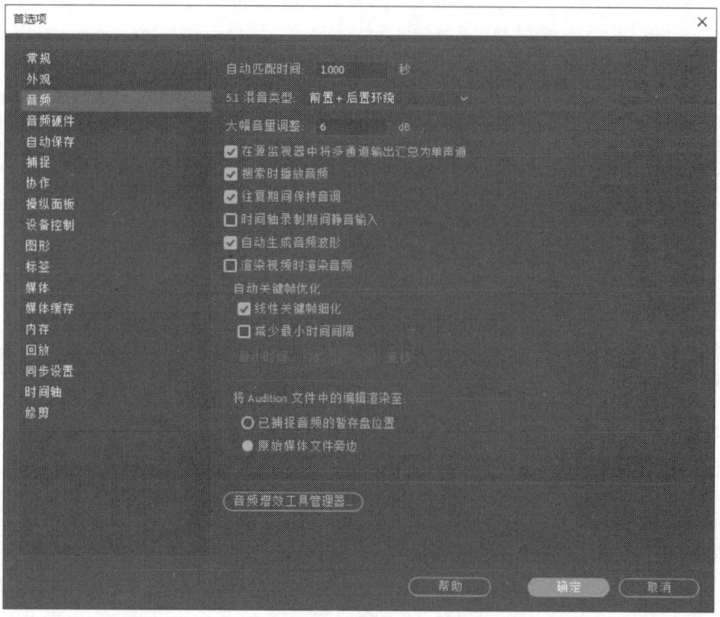

图 7-4

7.2 音轨混合器

Premiere Pro 2020 大大加强了音频处理功能，“音轨混合器”面板可以实时混合“时间轴”面板各轨道中的音频对象，还可以选择相应的音频控制器调节音频，如图 7-5 所示。

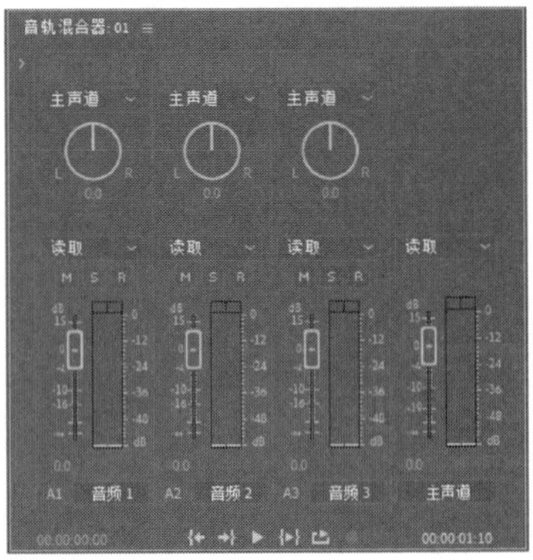

图 7-5

7.2.1 认识音轨混合器

音轨混合器由若干个轨道音频控制器、主音频控制器和播放控制器组成，每个控制器通过控制按钮、调节滑轮或调节滑杆调节音频。

1. 轨道音频控制器

音轨混合器中的轨道音频控制器用于调节其相对轨道上的音频对象，控制器 1 对应“音频 1（A1）”、控制器 2 对应“音频 2（A2）”，依此类推。轨道音频控制器的数目由“时间轴”面板中的音频轨道数目决定，当在“时间轴”面板中添加音频时，“音轨混合器”面板中将自动添加一个轨道音频控制器与其对应。

轨道音频控制器由控制按钮、声道调节滑轮及音量调节滑杆组成。

（1）控制按钮。轨道音频控制器中的控制按钮可以设置音频的调节状态，如图 7-6 所示。

单击“静音轨道”按钮 M，该轨道音频变为静音状态。

单击“独奏轨道”按钮 S，其他未选中此按钮的轨道音频会被自动设置为静音状态。

激活“启用轨道以进行录制”按钮 R，可以利用输入设备将声音录制到目标轨道上。

（2）声道调节滑轮。如果对象为双声道音频，可以使用声道调节滑轮调节播放声道，如图 7-7 所示。向左拖曳滑轮，输出到左声道（L）；向右拖曳滑轮，输出到右声道（R）。

图 7-6

图 7-7

（3）音量调节滑杆。通过音量调节滑杆可以控制当前轨道音频对象的音量，Premiere Pro 2020 以分贝数显示音量，如图 7-8 所示。向上拖曳滑杆上的滑块，可以增大音量；向下拖曳滑杆上的滑块，可以减小音量。下方数值栏中显示当前音量，也可直接在数值栏中输入声音分贝数。播放音频时，面板左侧为音量表，显示音频播放时的音量大小；音量表顶部的小方块显示系统所能处理的音量极限，当小方块显示为红色时，表示该音频音量超过极限，音量过大。

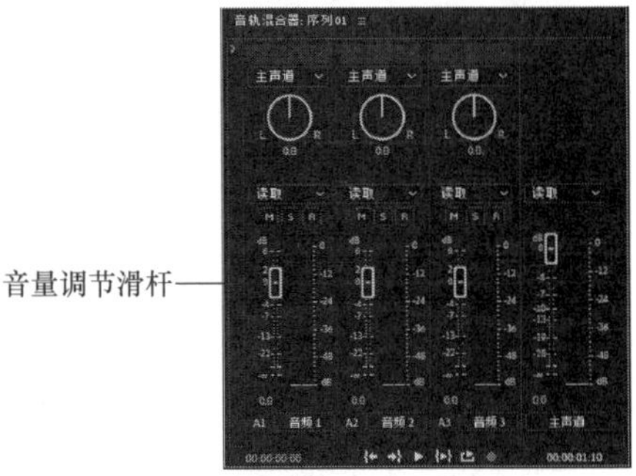

图 7-8

使用主音频控制器可以调节“时间轴”面板中所有轨道上的音频对象。主音频控制器的使用方法与轨道音频控制器相同。

2. 播放控制器

播放控制器用于控制音频播放，如图 7-9 所示。

图 7-9

7.2.2 设置音轨混合器

单击“音轨混合器”面板左上方的 按钮，在弹出的菜单中选择命令对面板进行相关设置，如图 7-10 所示。

（1）显示/隐藏轨道：选择此命令，弹出图 7-11 所示的对话框，可以对“音轨混合器”面板中的轨道进行隐藏或显示设置。

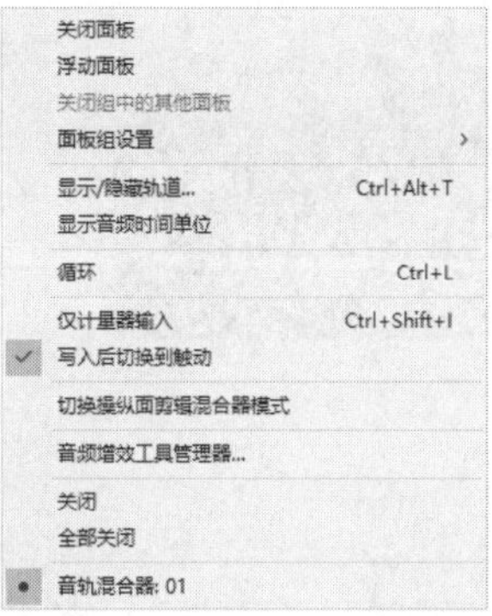

图 7-10

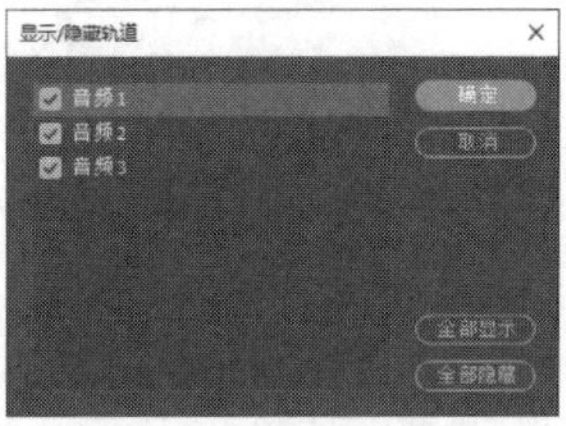

图 7-11

（2）显示音频时间单位：可以使时间标尺以音频单位进行显示。

（3）循环：此命令在被选定的情况下，系统会循环播放音频。

7.3 调节音频

“时间轴”面板的每个音频轨道上都有音频淡化器，用户可通过音频淡化器调节音频素材的电平。音频淡化器初始状态为中低音量，相当于录音机表中的 0 dB。

在 Premiere Pro 2020 中，对音频的调节分为剪辑调节和轨道调节。进行剪辑调节时，音频的改变仅对当前的音频剪辑素材有效，删除剪辑素材后，调节效果就消失了；而轨道调节仅针对当前音频轨道进行调节，所有在当前音频轨道上的音频素材都会在调节范围内受到影响。使用实时记录的时候，只能针对音频轨道进行调节。

在音频轨道左侧单击“显示关键帧” 按钮，在弹出的菜单中选择音频轨道的调节内容，如图 7-12 所示。

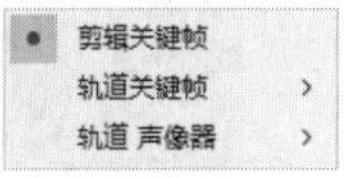

图 7-12

7.3.1 课堂案例——调整动物世界纪录片的音频

微课视频

扫码观看
本案例视频

扩展案例

案例学习目标

学习编辑音频，制作淡入淡出效果的方法。

案例知识要点

使用“导入”命令导入素材文件，使用“效果控件”面板制作音频的淡入淡出效果，最终效果如图 7-13 所示。

图 7-13

效果所在位置

Ch07/调整动物世界纪录片的音频/调整动物世界纪录片的音频. prproj。

（1）启动 Premiere Pro 2020，选择“文件 > 新建 > 项目”命令，弹出“新建项目”对话框，如图 7-14 所示，单击“确定”按钮，新建项目。

（2）选择“文件 > 导入”命令，弹出“导入”对话框，选择本书云盘中的“Ch07/调整动物世界纪录片的音频/素材/01～02”文件，如图 7-15 所示。单击“打开”按钮，将素材文件导入“项目”面板中，如图 7-16 所示。将“项目”面板中的“01”文件拖曳到“时间轴”面板中，生成“01”序列，将“01”文件放置到“视频 1（V1）”轨道中，如图 7-17 所示。

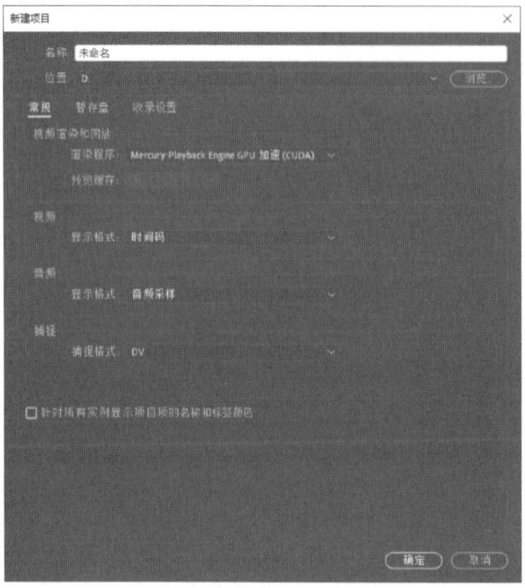

图 7-14

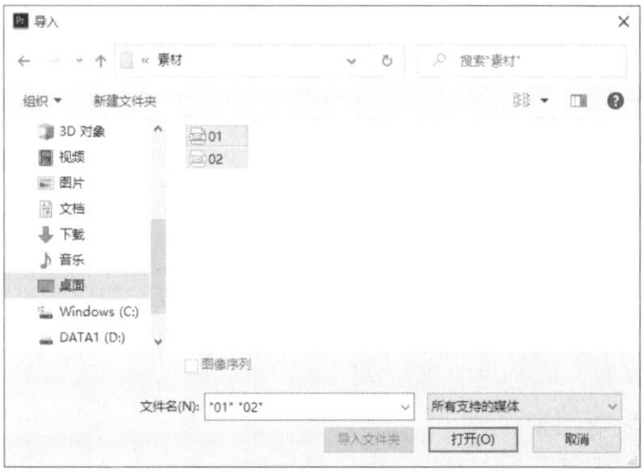

图 7-15

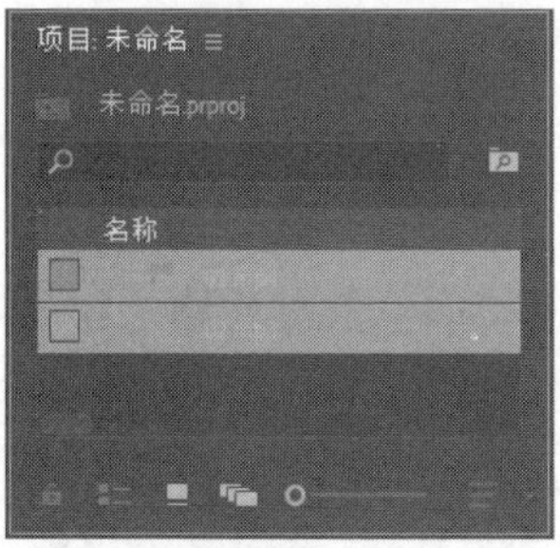

图 7-16

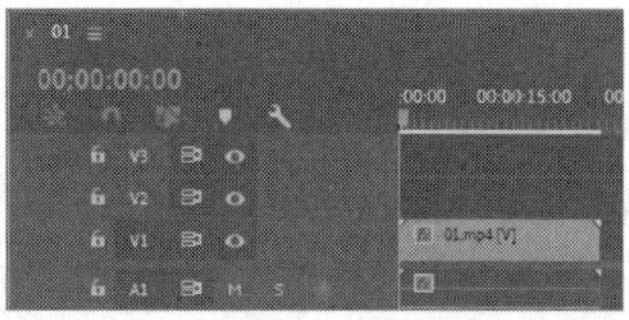

图 7-17

（3）在“项目”面板中，选中“02”文件并将其拖曳到“时间轴”面板的“音频 1（A1）”轨道中，覆盖“01”文件的音频，如图 7-18 所示。将鼠标指针放在“02”文件的结束位置，单击显示编辑点。当鼠标指针呈◀]状时，向左拖曳到“01”文件的结束位置，如图 7-19 所示。

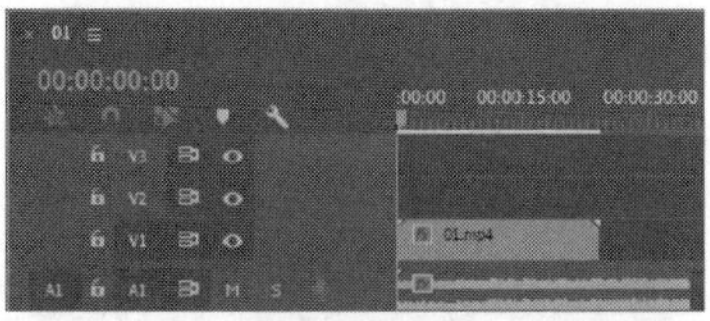

图 7-18

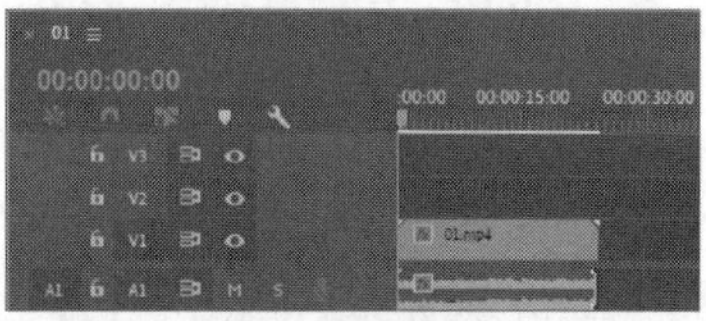

图 7-19

（4）选择“时间轴”面板中的“02”文件。在“效果控件”面板中展开“音量”选项，将“级别”选项设置为-999.0，如图 7-20 所示，记录第 1 个动画关键帧。将时间标签放置在 00:00:00:21 处，将“级别”选项设置为 0.0，如图 7-21 所示，记录第 2 个动画关键帧。

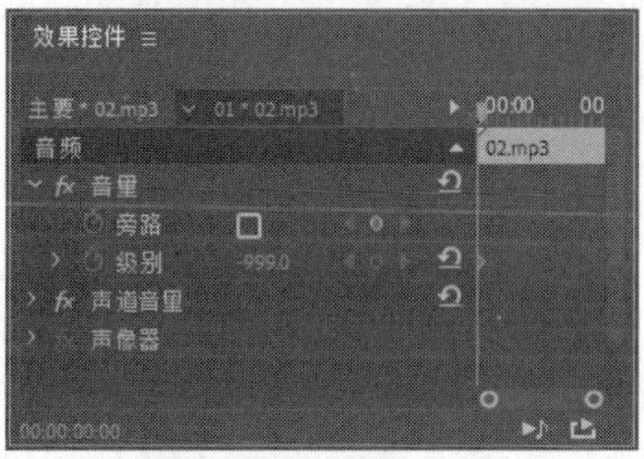

图 7-20

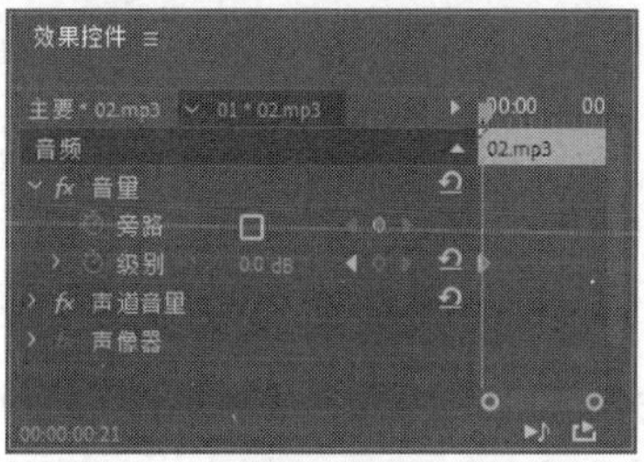

图 7-21

（5）将时间标签放置在 00:00:06:22 处，将“级别”选项设置为 6.0，如图 7-22 所示，记录第 3 个动画关键帧。将时间标签放置在 00:00:15:23 处，将“级别”选项设置为 0.0，如图 7-23 所示，记录第 4 个动画关键帧。

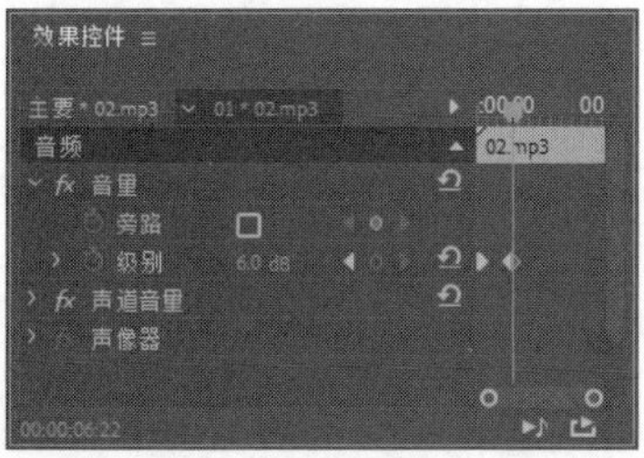

图 7-22

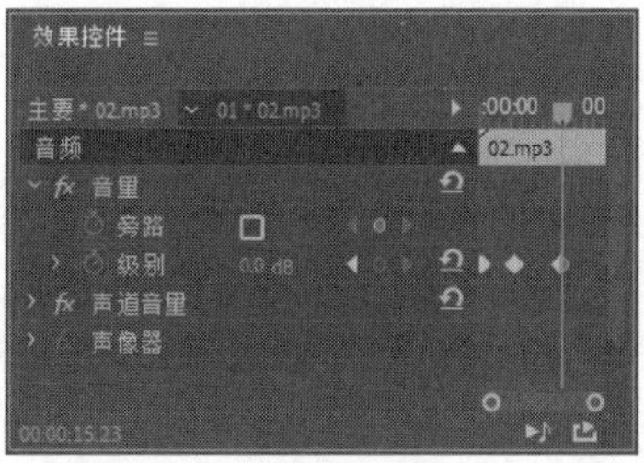

图 7-23

（6）将时间标签放置在 00:00:22:00 处，将“级别”选项设置为 5.7，如图 7-24 所示，记录第 5 个动画关键帧。将时间标签放置在 00:00:24:09 处，将“级别”选项设置为-999.0，如图 7-25 所示，记录第 6 个动画关键帧。动物世界纪录片的音频调整完成。

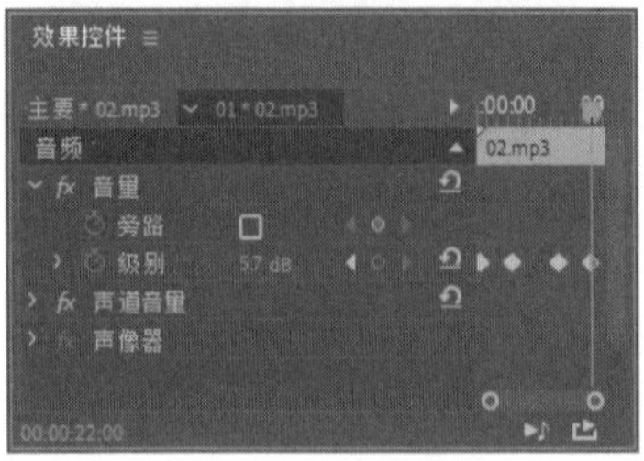

图 7-24

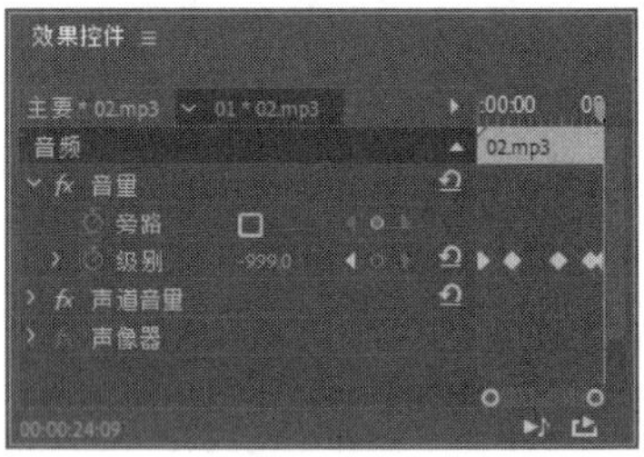

图 7-25

7.3.2 使用“时间轴”面板调节音频

（1）在默认情况下，音频的轨道面板如图 7-26 所示。双击轨道左侧的空白处，展开轨道，如图 7-27 所示。

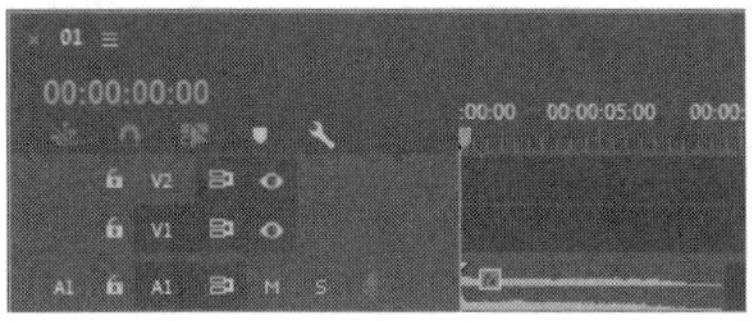

图 7-26

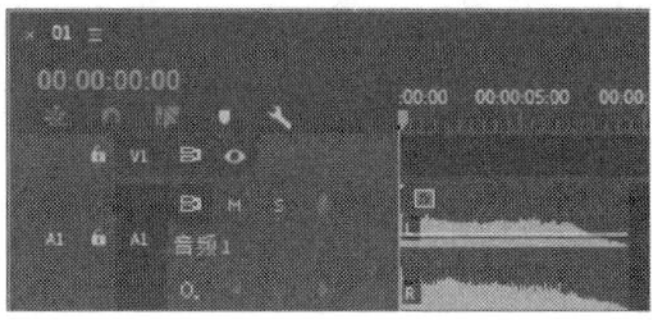

图 7-27

（2）选择“钢笔工具”或“选择工具”，拖曳音频素材（或轨道）上的白线即可调整音量，如图 7-28 所示。

（3）按住 Ctrl 键的同时，将鼠标指针移动到音频淡化器上，鼠标指针将变为带有加号的箭头，单击即可添加关键帧，如图 7-29 所示。

（4）根据需要添加多个关键帧。上下拖曳关键帧，关键帧之间的直线段指示音频素材是淡入还是淡出：递增的直线段表示音频淡入，递减的直线段表示音频淡出，如图 7-30 所示。

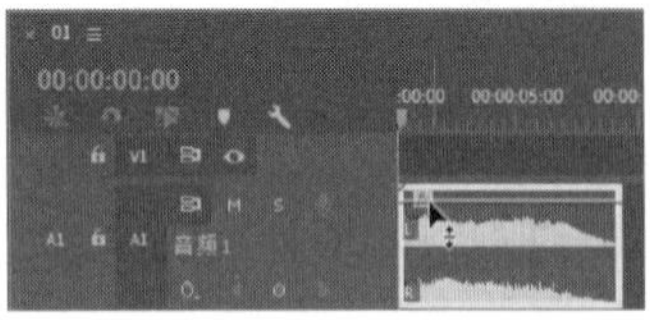

图 7-28

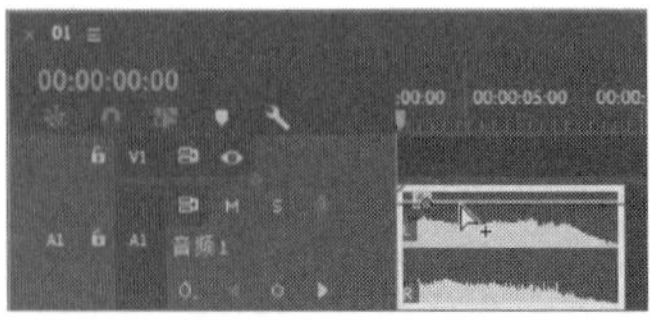

图 7-29

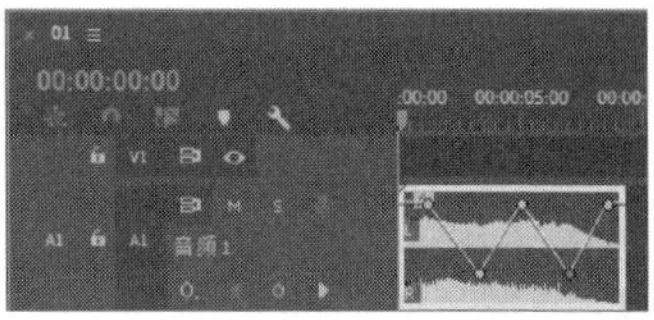

图 7-30

7.3.3 使用“音轨混合器”面板调节音频

使用 Premiere Pro 2020 的“音轨混合器”面板调节音频非常方便，用户可以在播放音频时实时调节音量。

使用“音轨混合器”面板调节音频的具体操作步骤如下。

（1）在“时间轴”面板的音频轨道左侧单击“显示关键帧”按钮，在弹出的菜单中选择“轨道关键帧 > 音量”命令。

（2）在“音轨混合器”面板上方需要进行调节的轨道上单击“读取”下拉列表框，选择“写入”选项，如图 7-31 所示。

（3）单击“播放-停止切换”按钮，“时间轴”面板中的音频素材开始播放。在“音轨混合器”面板中拖曳音量调节滑杆上的滑块进行调节，调节完成后，系统自动记录结果，如图 7-32 所示。

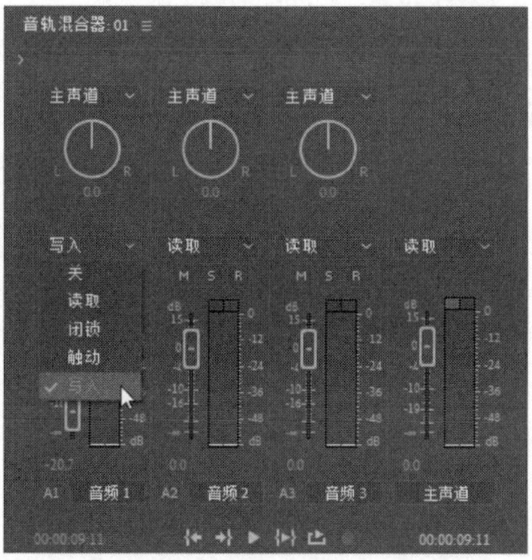

图 7-31

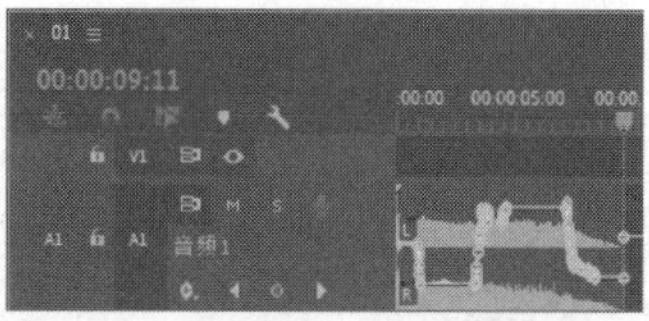

图 7-32

7.4 编辑音频

将需要的音频导入“项目”面板后，可以对音频素材进行编辑。本节介绍对音频素材的编辑处理及相应操作方法。

7.4.1 课堂案例——合成都市生活短视频片头的音频

微课视频

扫码观看
本案例视频

扩展案例

案例学习目标

学习调整音频的声道、播放速度与音调的方法。

案例知识要点

使用“导入”命令导入素材文件，使用“球面化”特效、“线性擦除”特效和“效果控件”面板制作文字动画，使用“速度/持续时间”命令调整音频，使用“平衡”特效调整音频的左右声道，最终效果如图 7-33 所示。

图 7-33

效果所在位置

Ch07/合成都市生活短视频片头的音频/合成都市生活短视频片头的音频. prproj。

1. 调整素材并制作字幕

（1）启动 Premiere Pro 2020，选择“文件 > 新建 > 项目”命令，弹出“新建项目”对话框，如图 7-34 所示，单击“确定”按钮，新建项目。

（2）选择“文件 > 导入”命令，弹出“导入”对话框，选择本书云盘中的“Ch07/合成都市生活短视频片头的音频/素材/01~04”文件，如图 7-35 所示。单击“打开”按钮，将素材文件导入“项目”面板中，如图 7-36 所示。将“项目”面板中的“01”文件拖曳到“时间轴”面板中，生成“01”序列，将“01”文件放置到“视频 1（V1）”轨道中，如图 7-37 所示。

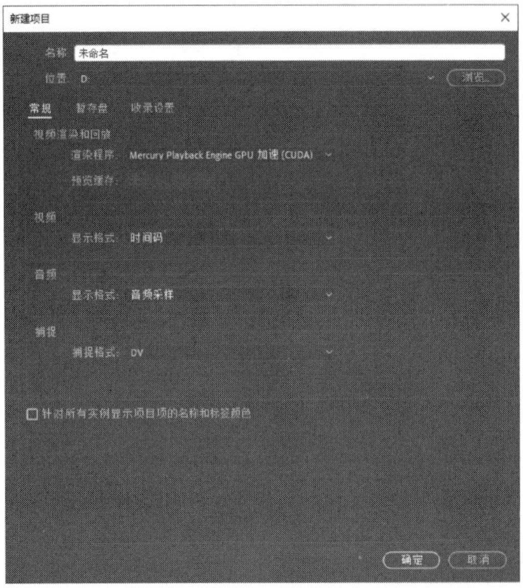

图 7-34

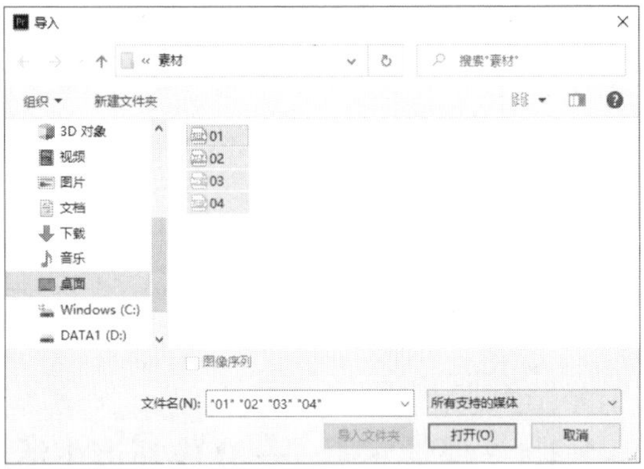

图 7-35

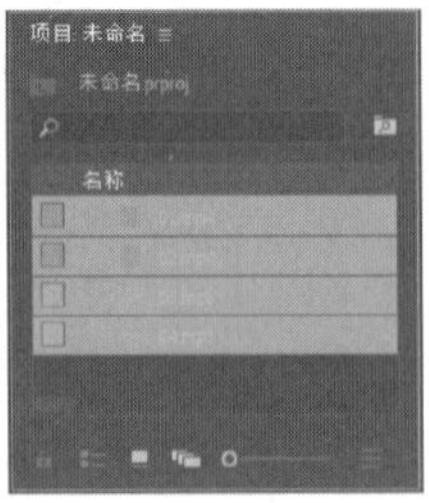

图 7-36

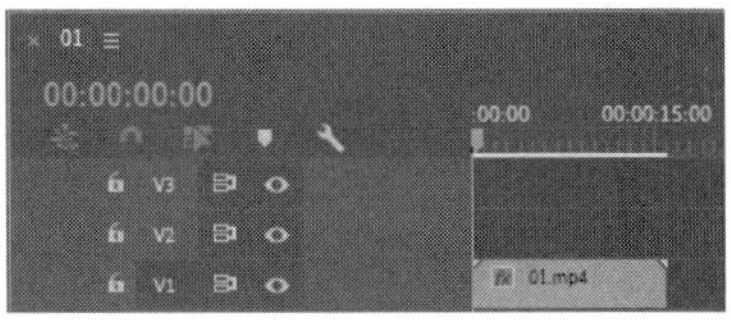

图 7-37

（3）将时间标签放置在 00:00:03:00 处。将鼠标指针放在“01”文件的结束位置，单击显示编辑点。当鼠标指针呈状时，向左拖曳到 00:00:03:00 处，如图 7-38 所示。

（4）双击“项目”面板中的“02”文件，在“源”监视器窗口中打开“02”文件。将时间标签放置在 00:00:07:01 处，按 I 键，创建标记入点。将时间标签放置在 00:00:09:00 处，按 O 键，创建标记出点，如图 7-39 所示。

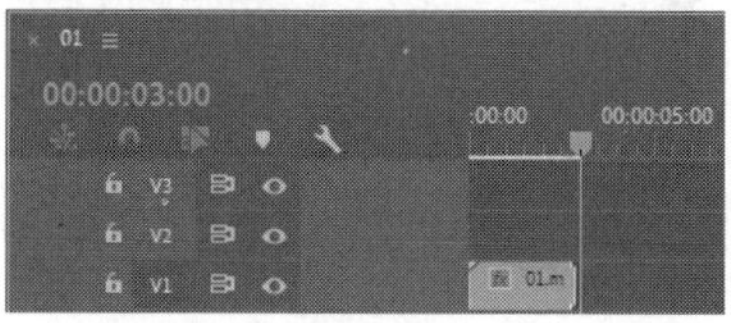

图 7-38

图 7-39

（5）选中“源”监视器窗口中的“02”文件并将其拖曳到“时间轴”面板的“视频 1（V1）”轨道中，如图 7-40 所示。选中“源”监视器窗口，选择“标记 > 清除入点和出点”命令，消除入点和出点，如图 7-41 所示。

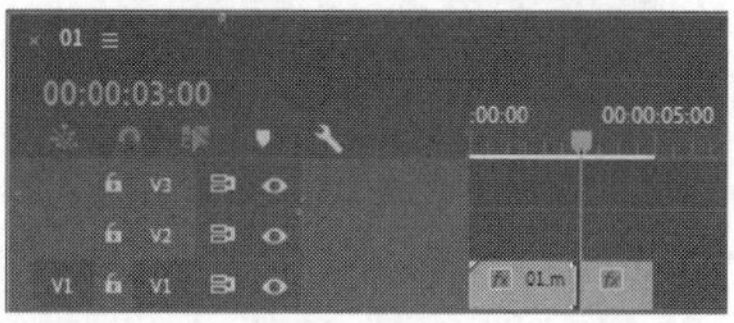

图 7-40

图 7-41

（6）将时间标签放置在 00:00:22:00 处，按 I 键，创建标记入点，如图 7-42 所示。选中“源”监视器窗口中的“02”文件并将其拖曳到“时间轴”面板的“视频 1（V1）”轨道中，如图 7-43 所示。

图 7-42

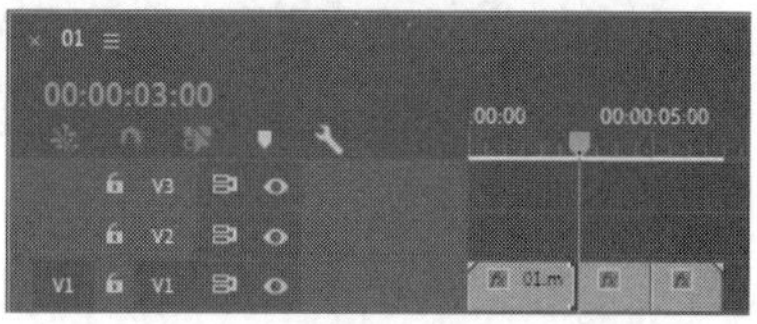

图 7-43

（7）选择“文件 > 新建 > 旧版标题”命令，弹出“新建字幕”对话框，如图 7-44 所示，单击“确定”按钮，弹出“字幕”编辑面板。选择“旧版标题工具”面板中的“文字工具” T ，在“字幕”编辑面板中单击并输入需要的文字，如图 7-45 所示。

（8）在“旧版标题属性”面板中展开“属性”栏，各选项的设置如图 7-46 所示。展开“描边”栏，单击“内描边”右侧的“添加”按钮，将“颜色”选项设置为白色，其他选项的设置如图 7-47 所示。“字幕”编辑面板中的效果如图 7-48 所示。“项目”面板中会生成“字幕 01”文件。

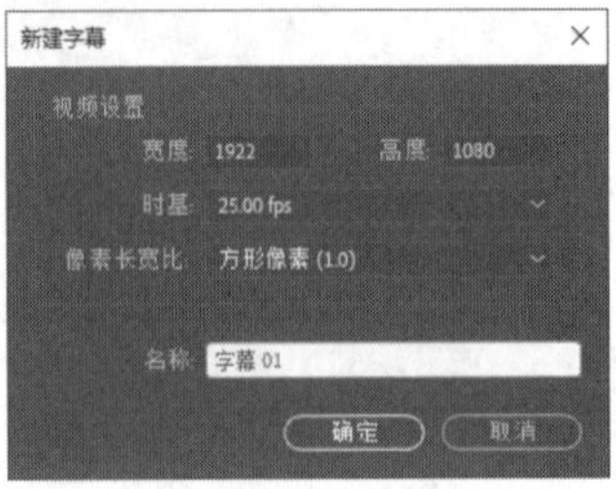

图 7-44

图 7-45

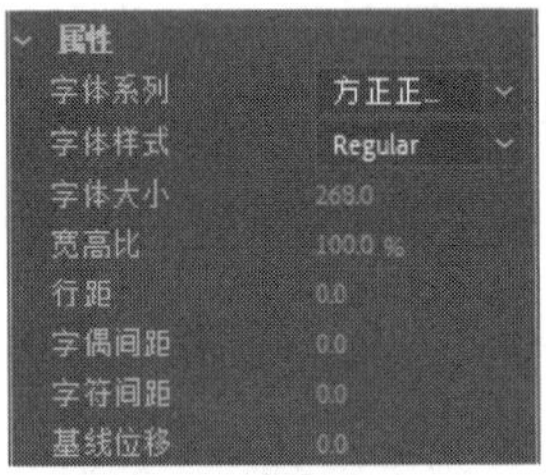

图 7-46

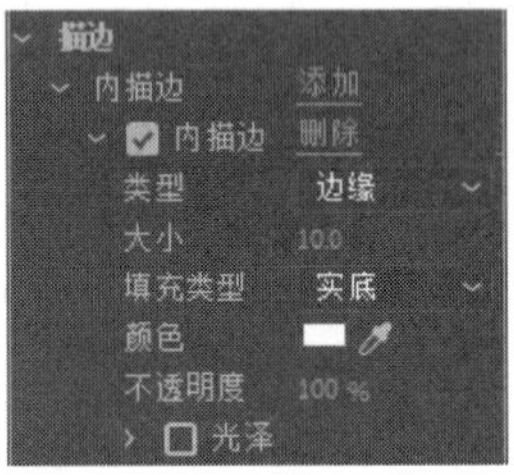

图 7-47

图 7-48

（9）选择“项目”面板中生成的“字幕 01”文件，按 Ctrl+C 组合键，复制文件。按 Ctrl+V 组合键，粘贴文件，并重命名为“字幕 02”，如图 7-49 所示。双击“字幕 02”文件，弹出“字幕”编辑面板，取消“描边”栏的选取状态。展开“填充”栏，将“颜色”选项设置为白色，如图 7-50 所示。“字幕”编辑面板中的效果如图 7-51 所示。

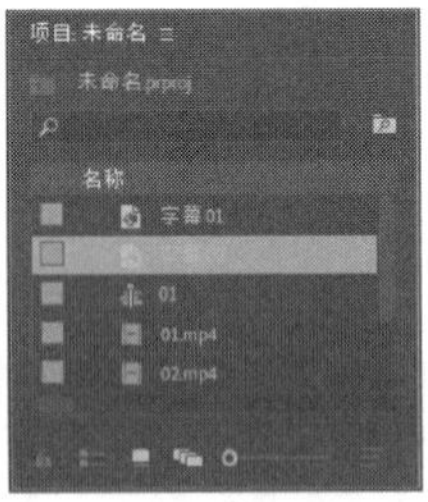

图 7-49

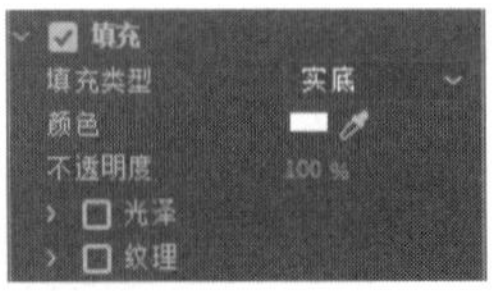

图 7-50

图 7-51

（10）将时间标签放置在 00:00:00:17 处。选择“项目”面板中生成的“字幕 01”文件，将其拖曳到“时间轴”面板的“视频 2（V2）”轨道中，如图 7-52 所示。选择“项目”面板中生成的“字幕 02”文件，将其拖曳到“时间轴”面板的“视频 3（V3）”轨道中，如图 7-53 所示。

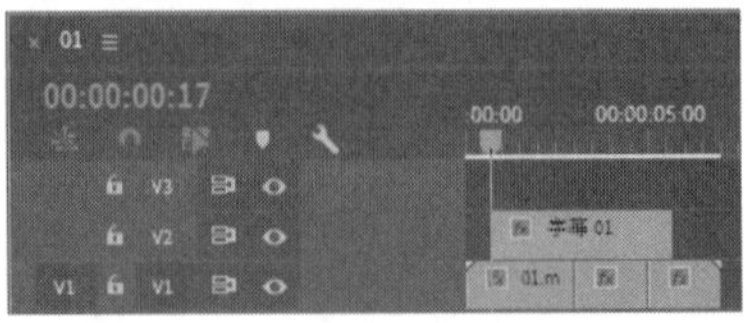

图 7-52

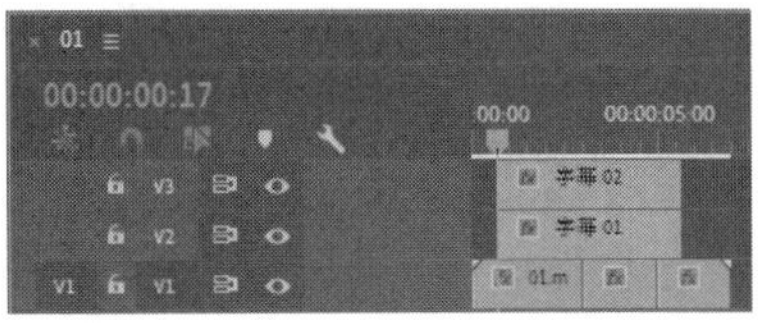

图 7-53

2. 添加视频特效和过渡效果

（1）在“效果”面板中展开“视频效果”分类选项，单击“扭曲”文件夹左侧的按钮将其展开，选中“球面化”特效，如图 7-54 所示。将“球面化”特效拖曳到“时间轴”面板中的“字幕 02”文件上。

（2）在“效果控件”面板中展开“球面化”特效，将“半径”选项设置为 250.0，“球面中心”选项设置为 258.0 和 540.0，单击“球面中心”选项左侧的“切换动画”按钮，如图 7-55 所示，记录第 1 个动画关键帧。

（3）将时间标签放置在 00:00:04:17 处。在“效果控件”面板中将“球面中心”选项设置为 1683.0 和 540.0，如图 7-56 所示，记录第 2 个动画关键帧。

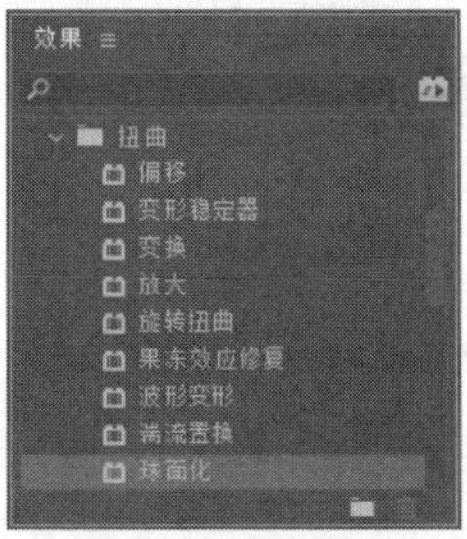

图 7-54

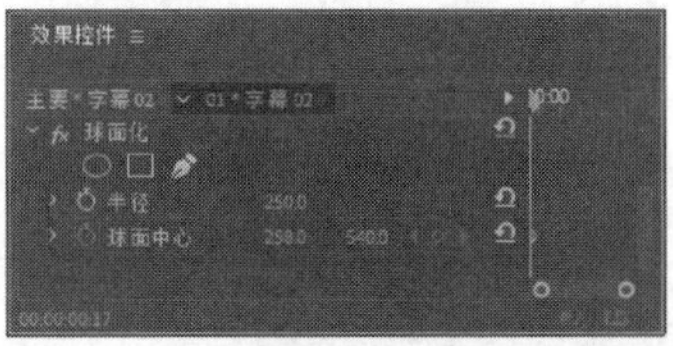

图 7-55

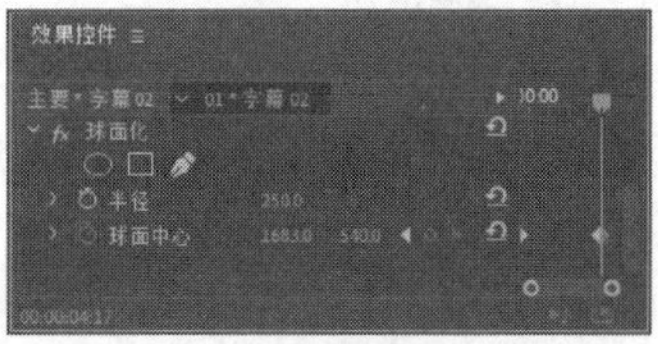

图 7-56

（4）在“效果”面板中单击“过渡”文件夹左侧的按钮将其展开，选中“线性擦除”特效，如图 7-57 所示。将“线性擦除”特效拖曳到“时间轴”面板中的“字幕 02”文件上。

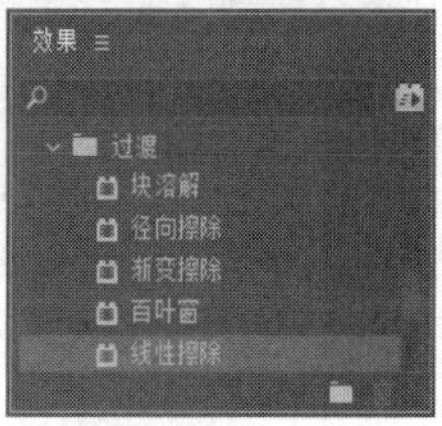

图 7-57

（5）将时间标签放置在 00:00:00:17 处。在“效果控件”面板中展开“线性擦除”特效，将“擦除角度”选项设置为-90.0°，“过渡完成”选项设置为 100%，单击“过渡完成”选项左侧的“切换动画”按钮，如图 7-58 所示，记录第 1 个动画关键帧。将时间标签放置在 00:00:04:17 处。在“效果控件”面板中将“过渡完成”选项设置为 0%，如图 7-59 所示，记录第 2 个动画关键帧。

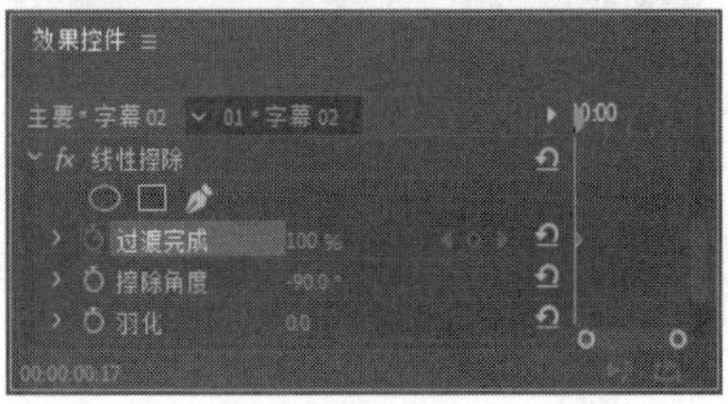

图 7-58

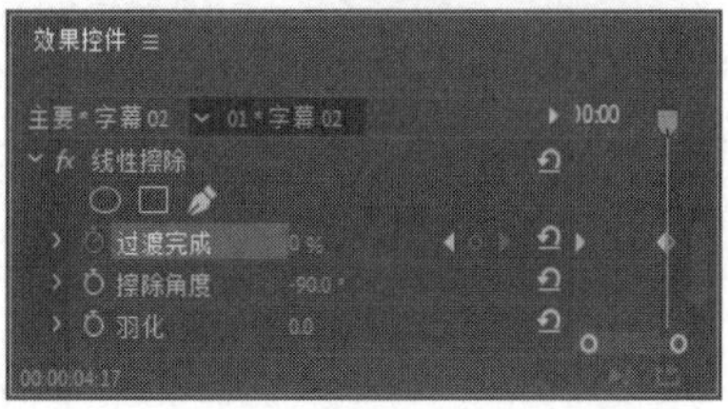

图 7-59

（6）在“效果”面板中展开“视频过渡”分类选项，单击“溶解”文件夹左侧的按钮将其展开，选中“交叉溶解”特效，如图 7-60 所示。将“交叉溶解”特效拖曳到“时间轴”面板中的“01”文件的结束位置和第 1 个“02”文件的开始位置，再将其拖曳到“时间轴”面板中的第 1 个“02”文件的结束位置和第 2 个“02”文件的开始位置，如图 7-61 所示。

图 7-60

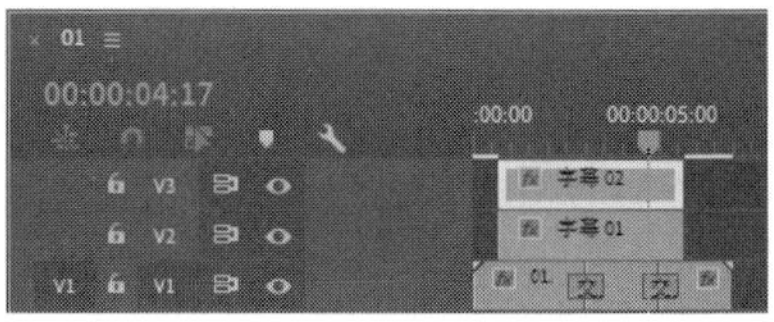

图 7-61

3. 添加并调整音频

（1）选择“项目”面板中的“03”文件，将其拖曳到“时间轴”面板的“音频 1（A1）”轨道中，如图 7-62 所示。选择“时间轴”面板中的“03”文件。选择“剪辑 > 速度/持续时间”命令，弹出“剪辑速度/持续时间”对话框，各选项的设置如图 7-63 所示，单击“确定”按钮。

（2）将鼠标指针放在“03”文件的结束位置，单击显示编辑点。当鼠标指针呈状时，向左拖曳到第 2 个“02”文件的结束位置，如图 7-64 所示。

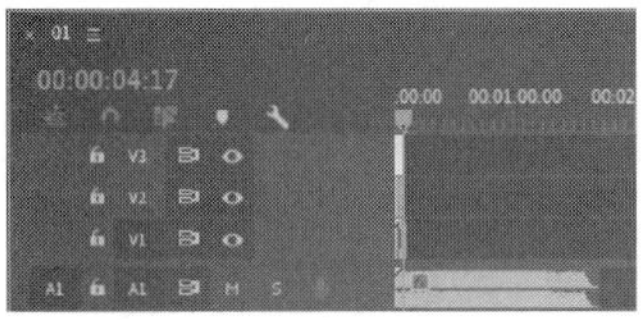

图 7-62

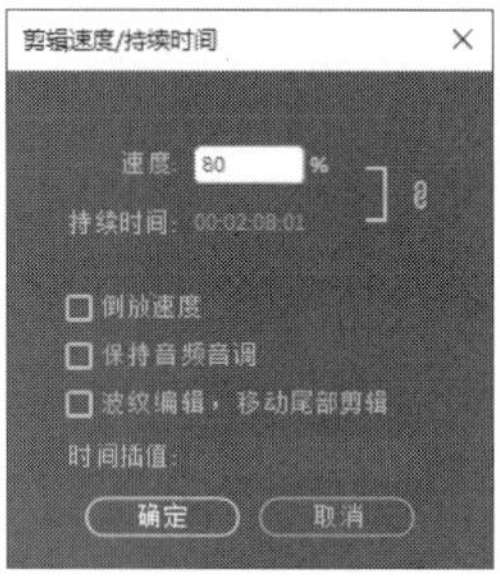

图 7-63

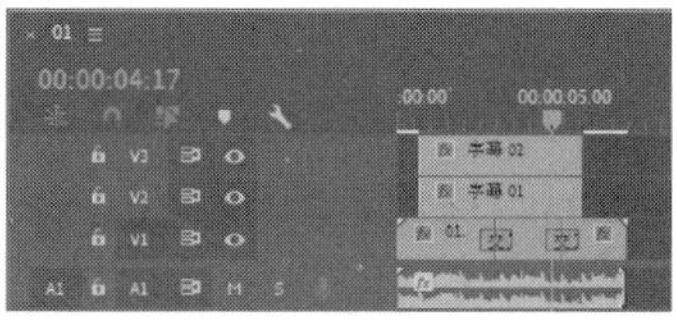

图 7-64

（3）选择“项目”面板中的“04”文件，将其拖曳到“时间轴”面板的“音频 2（A2）”轨道中，如图 7-65 所示。将鼠标指针放在“04”文件的结束位置，单击显示编辑点。当鼠标指针呈状时，向左拖曳到“03”文件的结束位置，如图 7-66 所示。

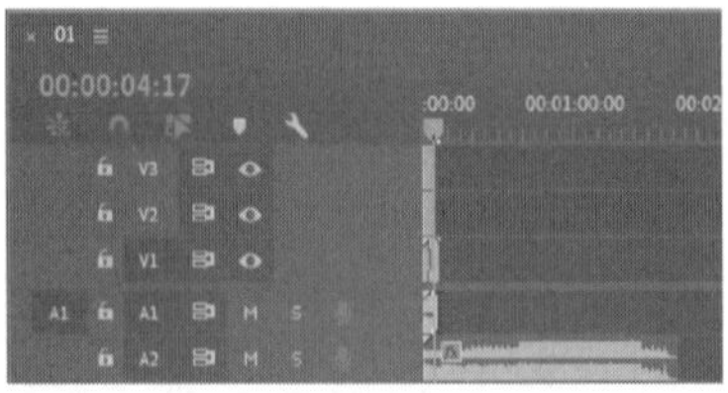

图 7-65

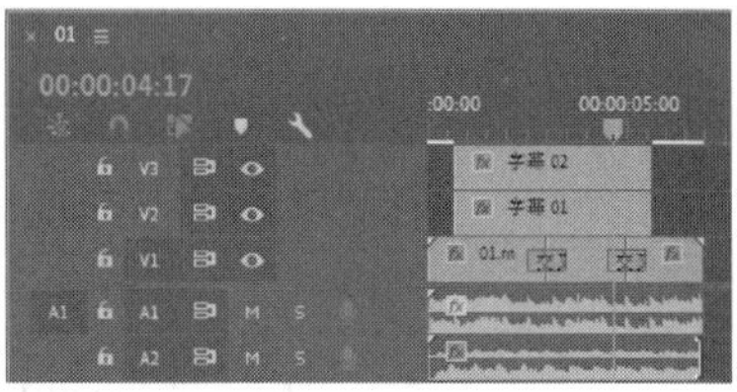

图 7-66

（4）在“效果”面板中展开“音频效果”分类选项，选中“平衡”特效，如图 7-67 所示。将“平衡”特效拖曳到“时间轴”面板中的“03”文件和“04”文件上。

（5）选择“时间轴”面板中的“03”文件。在“效果控件”面板中展开“平衡”特效，将“平衡”选项设置为 50.0，如图 7-68 所示。选择“时间轴”面板中的“04”文件。在“效果控件”面板中展开“平衡”特效，将“平衡”选项设置为-30.0，如图 7-69 所示。都市生活短视频片头的音频合成完成。

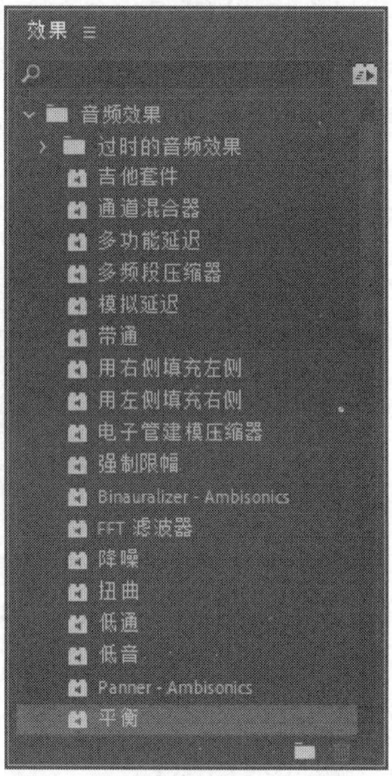

图 7-67

图 7-68

图 7-69

7.4.2　调整音频持续时间和播放速度

与视频素材一样，在应用音频素材时，也可以对其播放速度和持续时间进行调整。具体操作步骤如下。

（1）选中要调整的音频素材。选择“剪辑 > 速度/持续时间”命令，弹出“剪辑速度/持续时间”对话框，对音频素材的播放速度及持续时间进行调整，如图 7-70 所示，单击“确定”按钮。

（2）在“时间轴”面板中直接拖曳音频的边缘，可改变音频轨道上音频素材的长度。也可选择“剃刀工具”，将音频素材多余的部分切除，如图 7-71 所示。

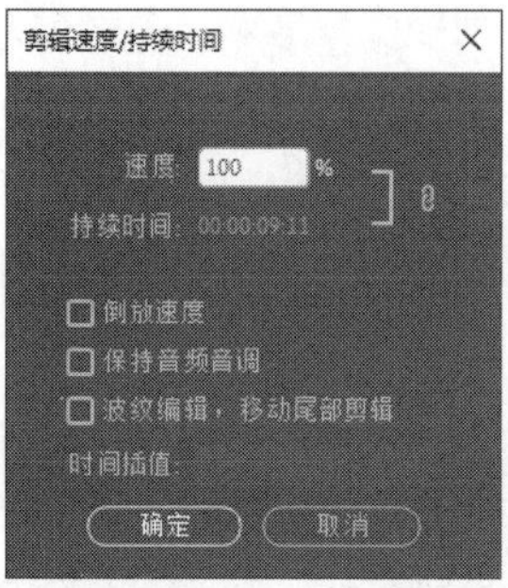

图 7-70

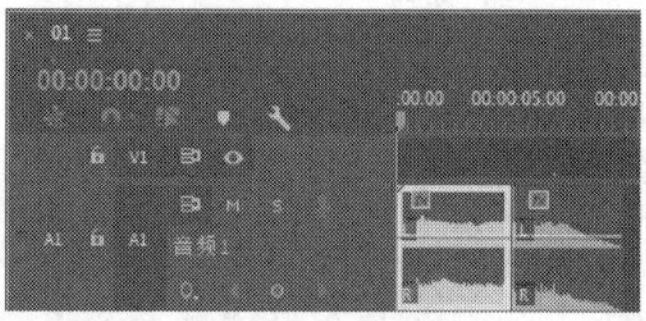

图 7-71

7.4.3　音频增益

音频增益指的是音频信号的音调高低。当一个视频片段同时拥有几个音频素材时，就需要平衡音频素材的增益。如果一个音频素材的音频信号的音调太高或太低，就会严重影响播放时的音频效果。具体操作步骤如下。

（1）选择“时间轴”面板中需要调整的音频素材，如图 7-72 所示。

（2）选择“剪辑 > 音频选项 > 音频增益”命令，弹出“音频增益”对话框，如图 7-73 所示，下方的“峰值振幅”值为软件自动计算的该素材的峰值振幅，可以作为调整增益的参考。

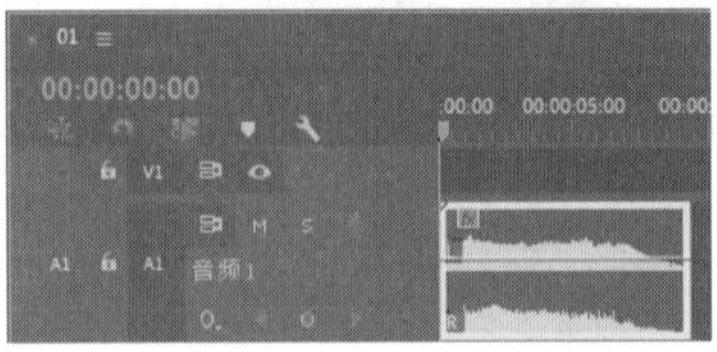

图 7-72

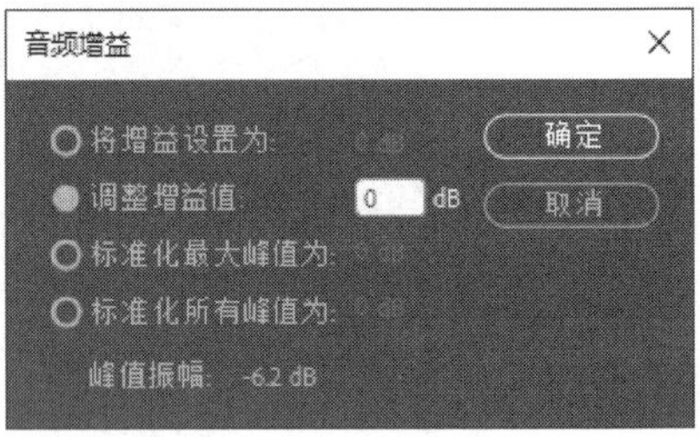

图 7-73

将增益设置为：可以设置增益为特定值。该值始终会更新为当前增益值，未选中时也可显示。

调整增益值：可以调整增益值。“将增益设置为”的值会根据此值自动更新。

标准化最大峰值为：可以设置最大峰值振幅为低于 0.0 dB 的任何值。

标准化所有峰值为：可以设置所有峰值振幅为低于 0.0 dB 的任何值。

（3）完成设置后，可以通过“源”监视器窗口查看处理后的音频波形变化，播放修改后的音频素材，试听音频效果。

7.5 分离和链接视频与音频

在编辑工作中，经常需要将“时间轴”面板中的素材的视频和音频部分分离。用户可以完全分离或者暂时释放链接素材的链接关系并重新设置各部分。

Premiere Pro 2020 中的音频素材和视频素材有两种链接关系：硬链接和软链接。如果链接的视频和音频来自同一个影片文件，则它们是硬链接关系，“项目”面板中只显示一个素材，硬链接是在素材导入 Premiere Pro 2020 之前就建立的，在“时间轴”面板中显示为相同的颜色，如图 7-74 所示。软链接是在“时间轴”面板中建立的链接，用户可以在“时间轴”面板中为音频素材和视频素材建立软链接，软链接类似于硬链接，但链接的素材在“项目”面板中保持着各自的完整性，在“时间轴”面板中显示为不同的颜色，如图 7-75 所示。

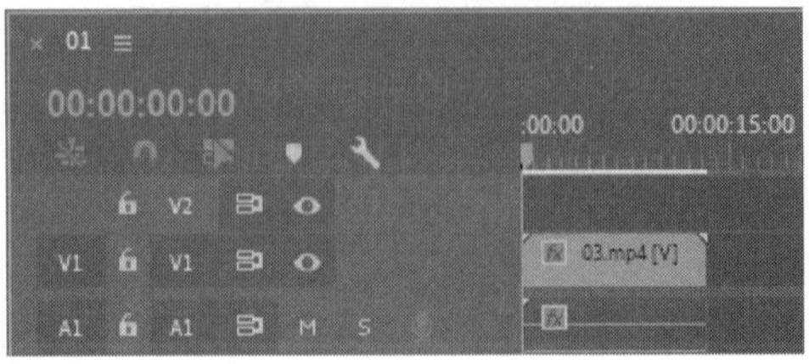

图 7-74

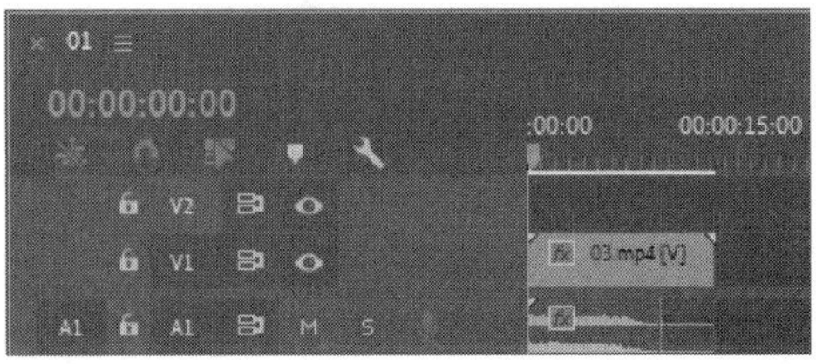

图 7-75

如果要分离链接在一起的视频和音频，可在轨道上选择视频和音频，单击鼠标右键，在弹出的快捷菜单中选择“取消链接”命令，如图 7-76 所示。如果要把分离的视频和音频素材链接在一起作为一个整体进行操作，则只需要框选需要链接的视频和音频，单击鼠标右键，在弹出的快捷菜单中选择“链接”命令，如图 7-77 所示。

链接在一起的素材被分离后，分别移动音频和视频部分使其错位，然后再链接在一起，系统会在片段上标记警告并标示错位的时间，如图 7-78 所示，负值表示向前偏移，正值表示向后偏移。

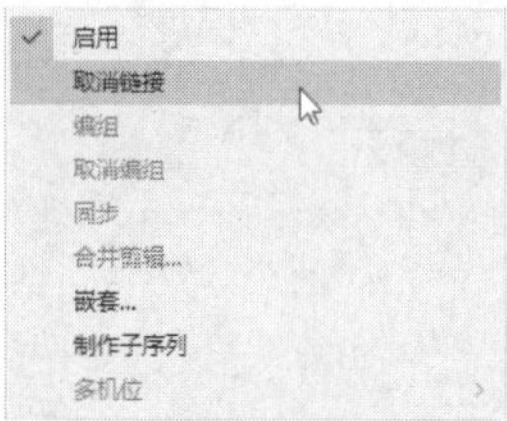

图 7-76

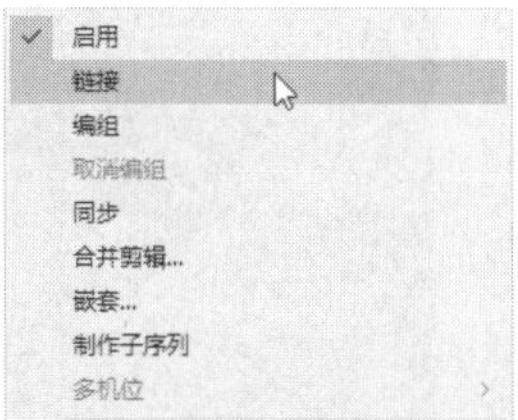

图 7-77

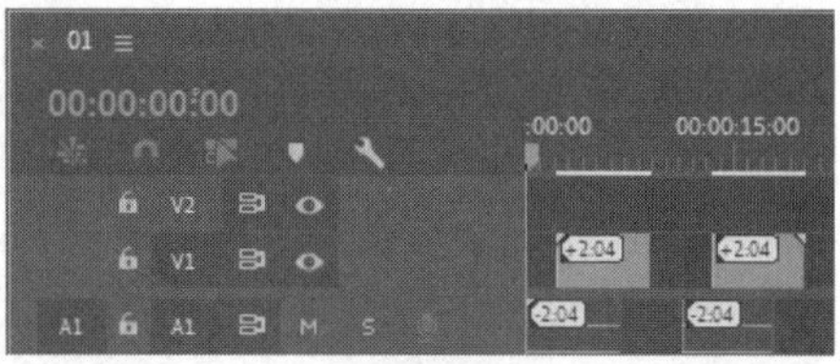

图 7-78

7.6 添加音频效果

Premiere Pro 2020 提供了 68 种以上的音频效果，可以用来产生回声、合声及去除噪音等。

7.6.1 课堂案例——添加动物世界宣传片的音频特效

微课视频

扫码观看
本案例视频

扩展案例

案例学习目标

学习添加音频效果和编辑音频的低音的方法。

案例知识要点

使用“导入”命令导入素材文件，使用“缩放”选项改变视频画面大小，使用“色阶”特效调整视频画面亮度，使用“轨道关键帧”选项制作音频的淡出与淡入效果，使用“低通”特效制作音频低音效果，最终效果如图 7-79 所示。

图 7-79

效果所在位置

Ch07/添加动物世界宣传片的音频特效/添加动物世界宣传片的音频特效.prproj。

（1）启动 Premiere Pro 2020，选择“文件 > 新建 > 项目”命令，弹出“新建项目”对话框，如图 7-80 所示，单击“确定”按钮，新建项目。选择“文件 > 新建 > 序列”命令，弹出“新建序列”对话框，切换至“设置”选项卡，其中各选项的设置如图 7-81 所示，单击“确定”按钮，新建序列。

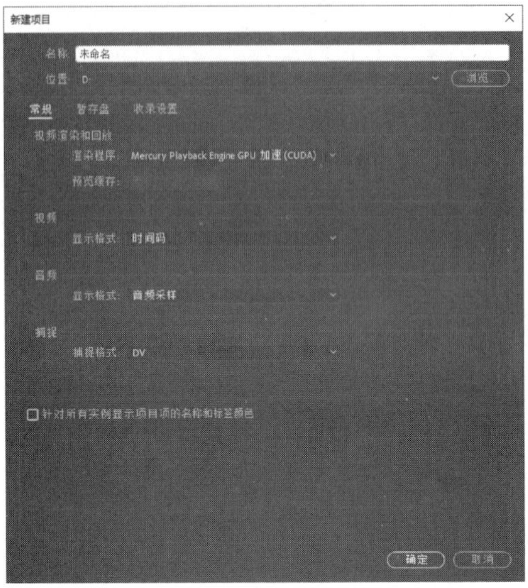

图 7-80

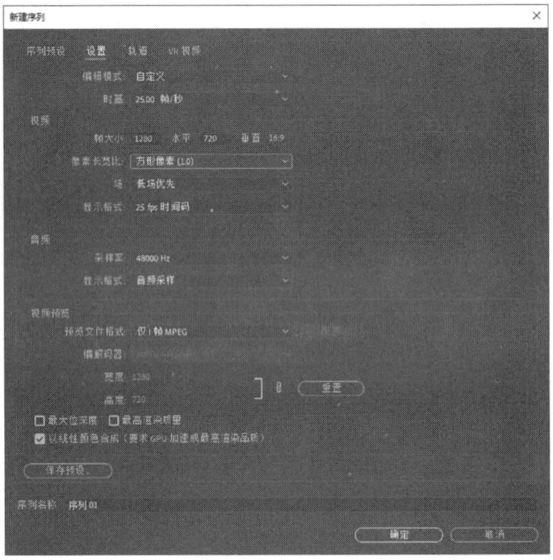

图 7-81

（2）选择“文件 > 导入”命令，弹出“导入”对话框，选择本书云盘中的“Ch07/添加动物世界宣传片的音频特效/素材/01～02”文件，如图 7-82 所示。单击“打开”按钮，将素材文件导入“项目”面板中，如图 7-83 所示。

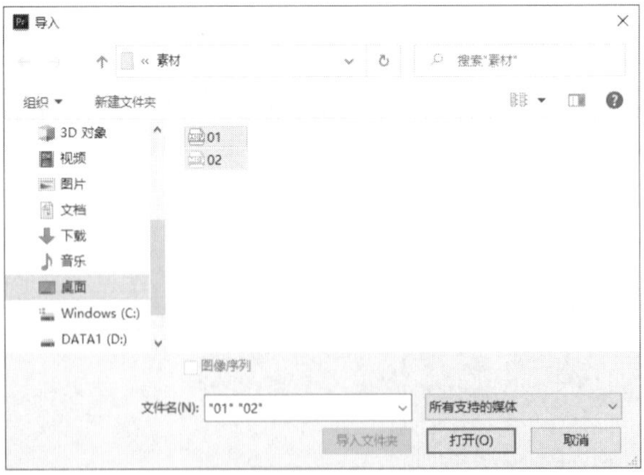

图 7-82

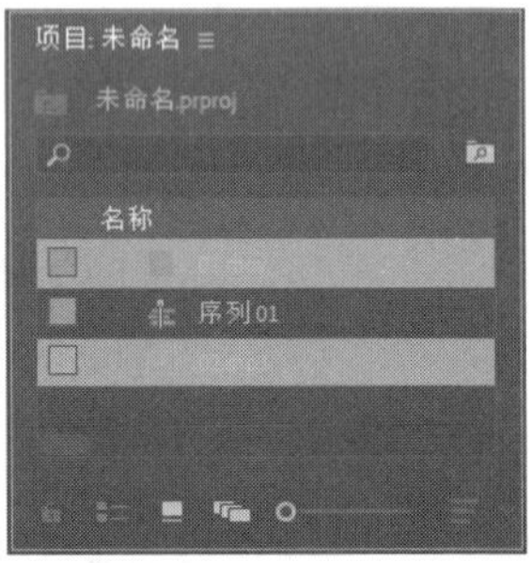

图 7-83

（3）在“项目”面板中，选中“01”文件并将其拖曳到“时间轴”面板的“视频 1（V1）”轨道中，弹出“剪辑不匹配警告”对话框，单击“保持现有设置”按钮，在保持现有序列设置的情况下将“01”文件放置在“视频 1（V1）”轨道中，如图 7-84 所示。选择“时间轴”面板中的“01”文件。在“效果控件”面板中展开“运动”选项，将“位置”选项设置为 640.0 和 438.0，“缩放”选项设置为 163.0，如图 7-85 所示。

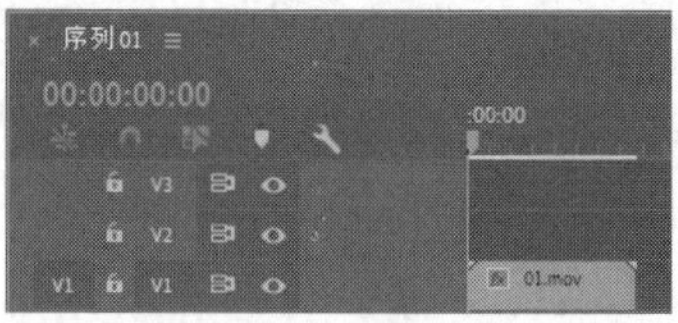

图 7-84

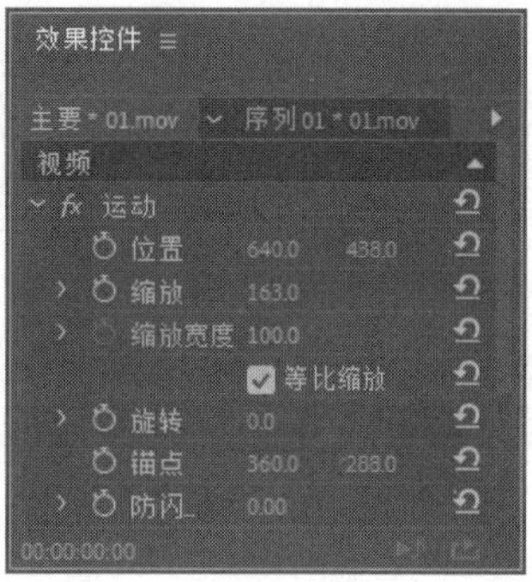

图 7-85

（4）在“效果”面板中展开“视频效果”分类选项，单击“调整”文件夹左侧的按钮将其展开，选中“色阶”特效，如图 7-86 所示，将其拖曳到“时间轴”面板中的“01”文件上。在“效果控件”面板展开“色阶”特效中将“（RGB）输入黑色阶”选项设置为 50，“（RGB）输入白色阶”选项设置为 196，其他选项的设置如图 7-87 所示。

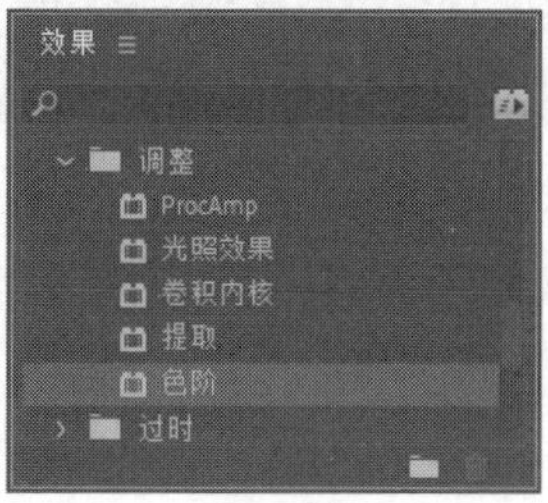

图 7-86

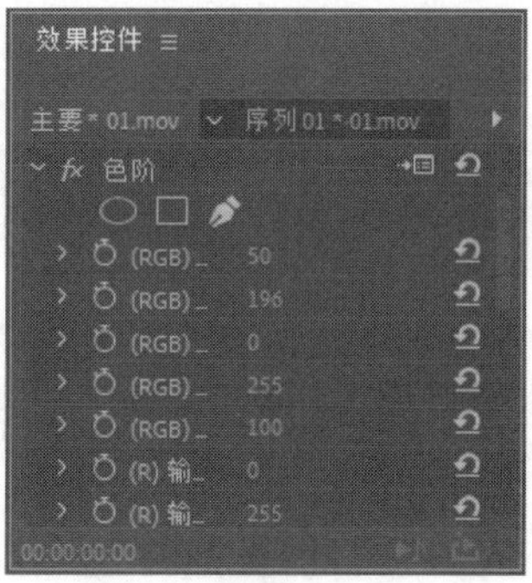

图 7-87

（5）在“项目”面板中选中“02”文件，将其拖曳到“时间轴”面板的“音频 1（A1）”轨道中，如图 7-88 所示。在“音频 1（A1）”轨道上选中“02”文件，将鼠标指针放在“02”文件的结束位置，单击显示编辑点。当鼠标指针呈状时，向左拖曳到“01”文件的结束位置，如图 7-89 所示。

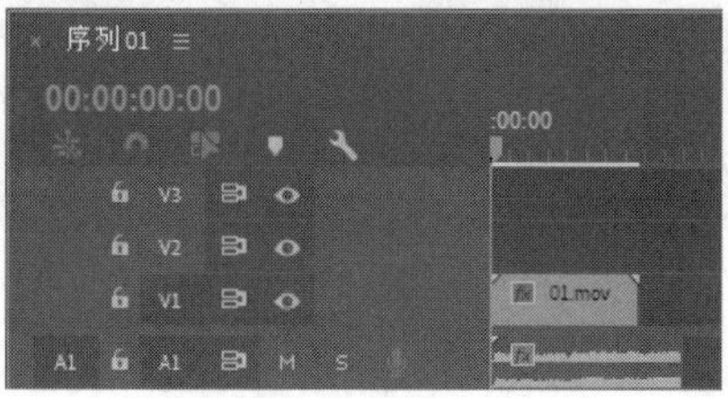

图 7-88

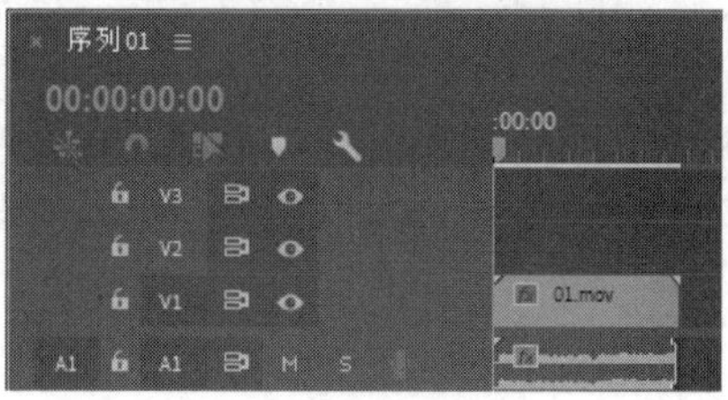

图 7-89

（6）在“时间轴”面板中选中“02”文件。按住 Alt 键的同时，将“02”文件拖曳到“音频 2（A2）”轨道中，复制文件，如图 7-90 所示。在“音频 2（A2）”轨道中的“02”文件上单击鼠标右键，在弹出的快捷菜单中选择“重命名”命令。弹出“重命名剪辑”对话框，其中的设置如图 7-91 所示，单击“确定”按钮。

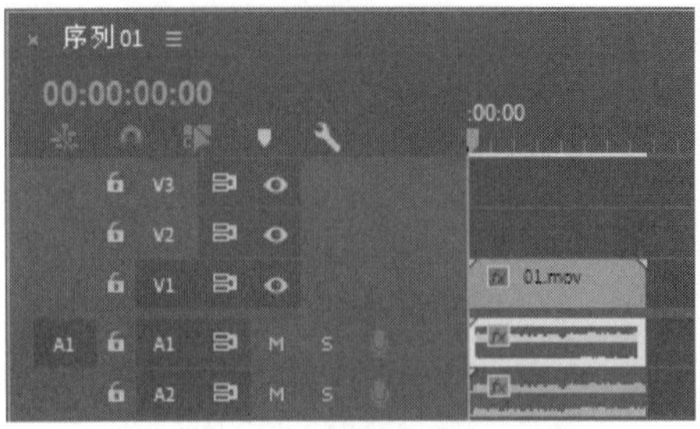

图 7-90

图 7-91

（7）展开“音频 1（A1）”轨道，单击轨道左侧的“显示关键帧”按钮，在弹出的菜单中选择“轨道关键帧 > 音量”命令，如图 7-92 所示。单击“02”文件左侧的“添加-移除关键帧”按钮，添加第 1 个关键帧，在“时间轴”面板中将“02”文件中的关键帧移至底层，如图 7-93 所示。

图 7-92

图 7-93

（8）将时间标签放置在 00:00:01:24 处。单击“音频 1（A1）”轨道中的“02”文件左侧的“添加-移除关键帧”按钮，添加第 2 个关键帧。拖曳“02”文件中的关键帧至顶层，如图 7-94 所示。将时间标签放置在 00:00:05:24 处。单击“音频 1（A1）”轨道中的“02”文件左侧的“添加-移除关键帧”按钮，如图 7-95 所示，添加第 3 个关键帧。

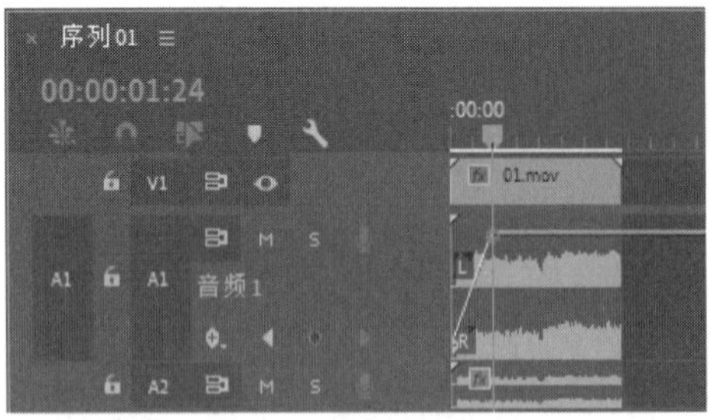

图 7-94

图 7-95

（9）将时间标签放置在 00:00:07:13 处。单击“音频 1（A1）”轨道中的“02”文件左侧的“添加-移除关键帧”按钮，将“02”文件中的关键帧移至底层，如图 7-96 所示，添加第 4 个关键帧。

（10）在“效果”面板中展开“音频效果”分类选项，选中“低通”特效，如图 7-97 所示。将“低通”特效拖曳到“时间轴”面板“音频 2（A2）”轨道中的“低音效果”文件上。在“效果控件”面板中展开“低通”特效，将“屏蔽度”选项设置为 400.0，如图 7-98 所示。

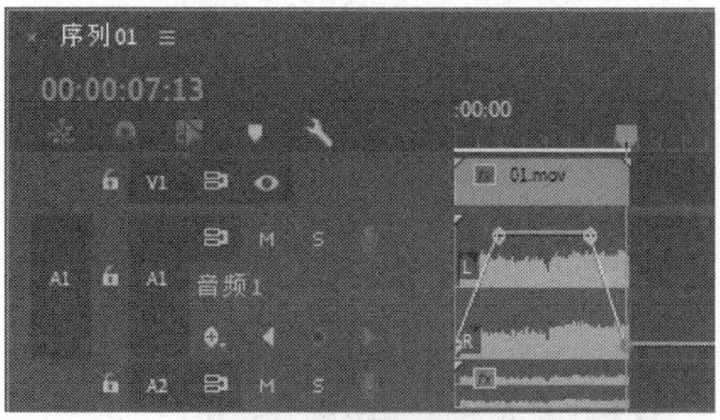

图 7-96

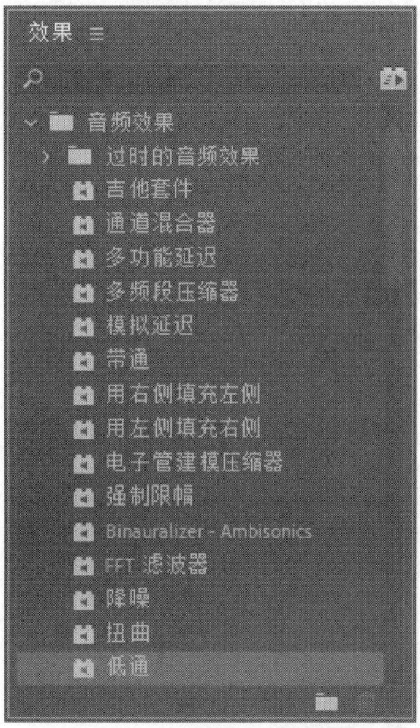

图 7-97

图 7-98

（11）选择“剪辑 > 音频选项 > 音频增益”命令，弹出“音频增益”对话框，各选项的设置如图 7-99 所示，单击“确定”按钮。在“音轨混合器”面板中试听最终音频效果时会看到“音频 2（A2）”轨道的电平显示，如图 7-100 所示。动物世界宣传片的音频特效添加完成。

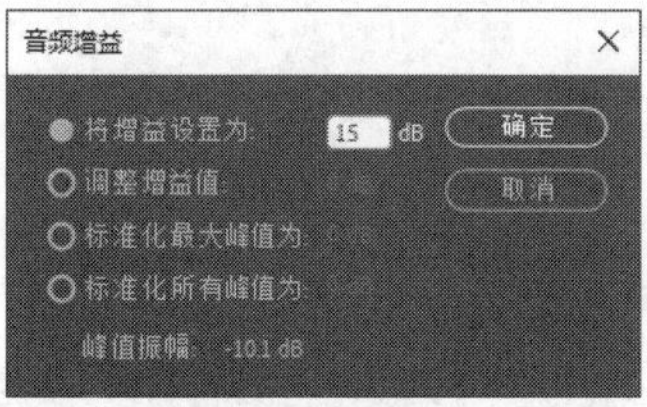

图 7-99

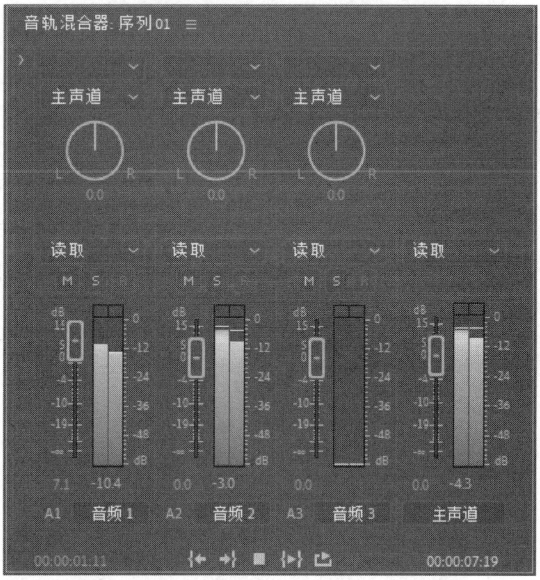

图 7-100

7.6.2 为音频添加效果

音频效果的添加方法与视频效果的添加方法相同，在“效果”面板中展开“音频效果”分类选项，选择音频效果并进行设置即可，如图 7-101 所示。展开“音频过渡”分类选项，选择音频过渡并进行设置，即可设置音频间的过渡效果，如图 7-102 所示。

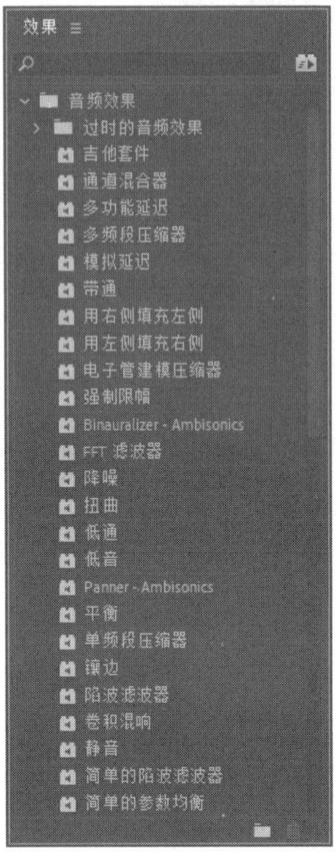

图 7-101

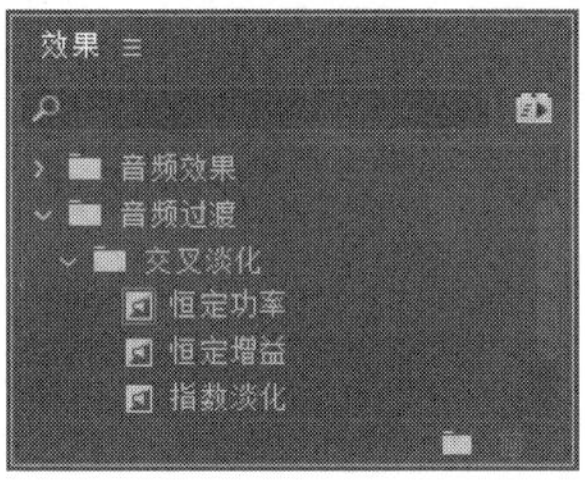

图 7-102

7.6.3 设置轨道效果

除了可以对轨道上的音频素材进行设置，还可以直接为音频轨道添加效果。在“音轨混合器”面板中，单击左上方的“显示/隐藏效果和发送”按钮，展开目标轨道的效果设置栏，单击右侧设置栏上的按钮，弹出音频效果下拉列表，如图 7-103 所示，选择需要使用的音频效果即可。可以在同一个音频轨道上添加多个效果并分别调整，如图 7-104 所示。

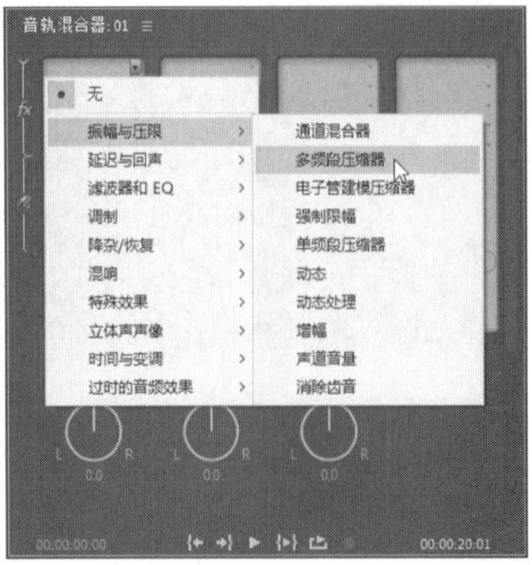

图 7-103

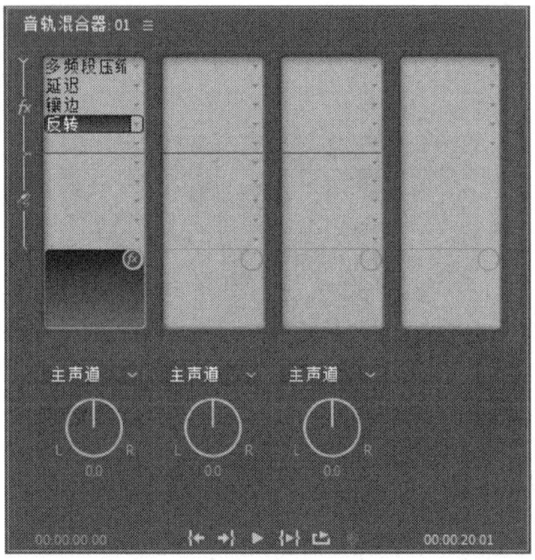

图 7-104

若要调节轨道的音频效果，可以单击鼠标右键，在弹出的快捷菜单中选择“编辑”命令，如图 7-105 所示，在弹出的效果设置对话框中进行更加详细的设置。图 7-106 所示为“镶边”的详细调整对话框。

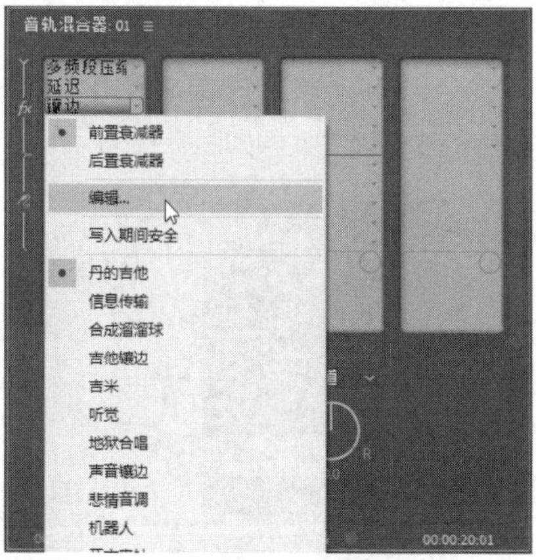

图 7-105

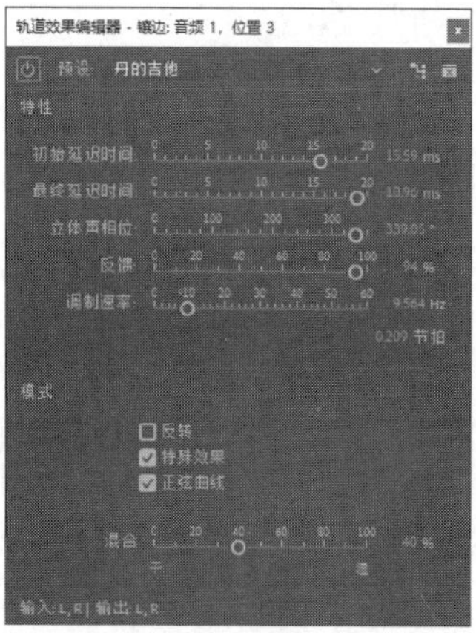

图 7-106

课堂练习——编辑壮丽黄河纪录片的音频

练习知识要点

使用“导入”命令导入素材文件，使用“自动颜色”特效调整素材颜色，使用“投影”特效和“预设”特效制作文字效果，使用“立体声扩展器”特效和“高音”特效为音频添加特效，最终效果如图 7-107 所示。

图 7-107

扫码观看
课堂练习视频

效果所在位置

Ch07/编辑壮丽黄河纪录片的音频/编辑壮丽黄河纪录片的音频. prproj。

课后习题——调整都市生活短视频的音频

习题知识要点

使用“导入”命令导入素材文件，使用“投影”特效和“预设”特效制作文字效果，使用“效果控件”面板调整视频和音频的淡出效果，使用“低通”特效为音频添加特效，最终效果如图 7-108 所示。

图 7-108

扫码观看
课后习题视频

效果所在位置

Ch07/调整都市生活短视频的音频/调整都市生活短视频的音频. prproj。

08 第 8 章 项目的输出

本章主要讲解 Premiere Pro 2020 中与项目最终输出有关的文件格式、影片预演、输出选项的设置及常用格式文件的输出方法。读者通过对本章的学习，可以掌握项目的输出方法和技巧。

学习目标

✧ 掌握与输出有关的文件格式。
✧ 了解影片预演。
✧ 掌握输出选项的设置方法。

技能目标

✧ 掌握影片预演的方法。
✧ 掌握输出常用格式文件的方法。

素养目标

✧ 培养提出问题和解决问题的能力。
✧ 培养有效执行计划灵活改动方案的学习能力。
✧ 培养与他人有效沟通的合作能力。

8.1 与输出有关的文件格式

在 Premiere Pro 2020 中，可以输出多种格式文件，包括视频格式文件、音频格式文件和图像格式文件等，下面进行详细介绍。

8.1.1 视频格式

在 Premiere Pro 2020 中可以输出多种视频格式文件，常用的视频格式有以下几种。

（1）AVI：输出 AVI 格式的视频文件，适合保存高质量的视频文件，但文件较大。

（2）动画 GIF：输出 GIF 动画文件，可以显示视频画面，但不包含音频部分。

（3）QuickTime：输出 MOV 格式的数字电影，用于 Windows 和 macOS 上的视频文件，适合在网上下载。

（4）H.264：输出 MP4 格式的视频文件，适合输出高清视频。

（5）Windows Media：输出 WMV 格式的流媒体文件，适合在网络和移动平台发布。

8.1.2 音频格式

在 Premiere Pro 2020 中可以输出多种音频格式文件，常用的音频格式有以下几种。

（1）WAV：输出 WAV 格式的音频，只输出影片的声音，适合发布在各平台。

（2）AIFF：输出 AIFF 音频，适合发布在剪辑平台。

此外，Premiere Pro 2020 还可以输出 MP3、Windows Media 和 QuickTime 格式的音频。

8.1.3 图像格式

在 Premiere Pro 2020 中可以输出多种图像格式文件，常用的图像格式有 Targa、TIFF 和 BMP 等。

8.2 影片预演

影片预演是视频编辑过程中对编辑效果进行检查的重要手段，它实际上也属于编辑工作的一部分。影片预演分为两种，一种是实时预演，另一种是生成预演，下面分别进行讲解。

8.2.1 影片实时预演

实时预演也称实时预览，即平时所说的预览。进行影片实时预演的具体操作步骤如下。

（1）影片编辑完成后，在“时间轴”面板中将时间标签移动到需要预演的片段的开始位置，如图 8-1 所示。

（2）在“节目”监视器窗口中单击“播放-停止切换”按钮▶/■，预览项目的最终效果，如图 8-2 所示。

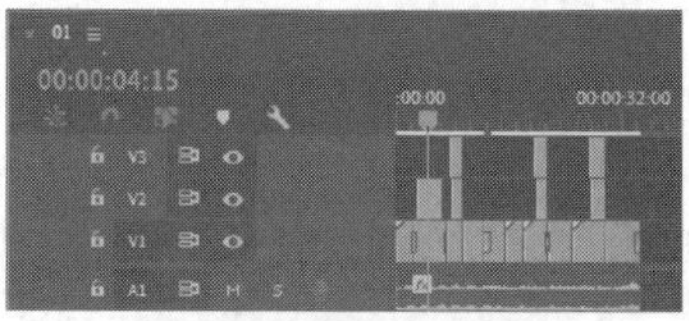

图 8-1

图 8-2

8.2.2 生成影片预演

与影片实时预演不同的是，生成影片预演不是使用显卡对画面进行实时预演，而是计算机的 CPU 对画面进行运算，先生成预演文件，然后再播放。因此，生成影片预演的效果取决于计算机 CPU 的运算能力。生成影片预演播放的画面是平滑的，不会产生停顿或跳跃，所表现出来的画面效果和渲染输出的效果是完全一致的。生成影片预演的具体操作步骤如下。

（1）影片编辑完成以后，在合适的位置标记入点和出点，以确定要生成影片预演的范围，如图 8-3 所示。

（2）选择“序列 > 渲染入点到出点”命令，系统将开始进行渲染，并弹出“渲染”对话框显示渲染进度，如图 8-4 所示。

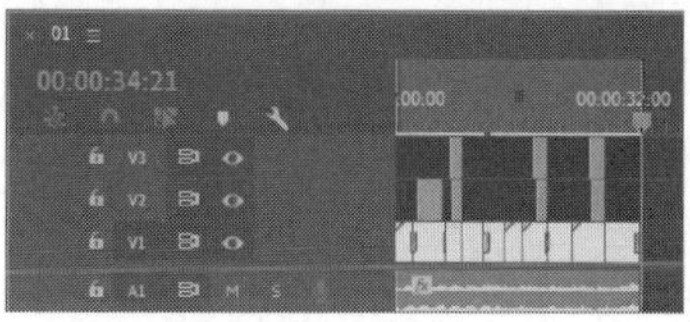

图 8-3

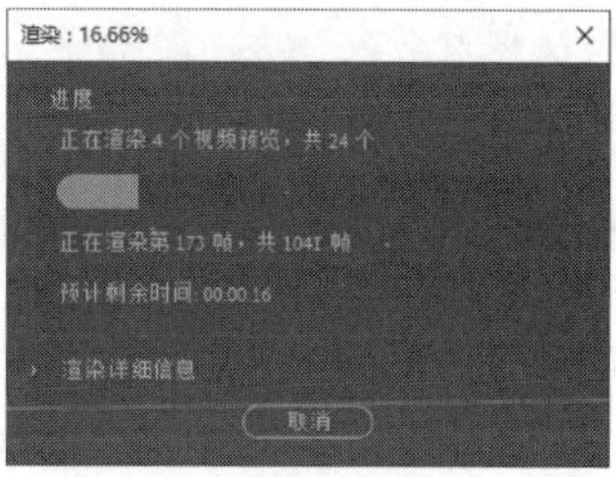

图 8-4

（3）在“渲染”对话框中单击“渲染详细信息”选项左侧的 按钮，可以查看渲染开始时间、已用时间和可用磁盘空间等信息，如图 8-5 所示。

（4）渲染结束后，系统会自动播放该片段，在“时间轴”面板中，预演部分将会显示绿色线条，如图 8-6 所示。

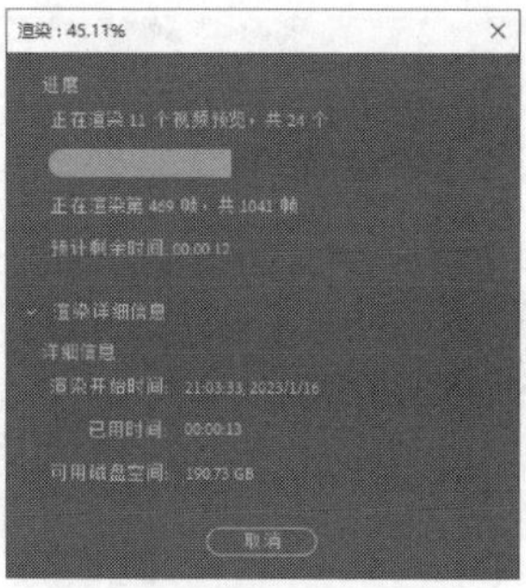

图 8-5

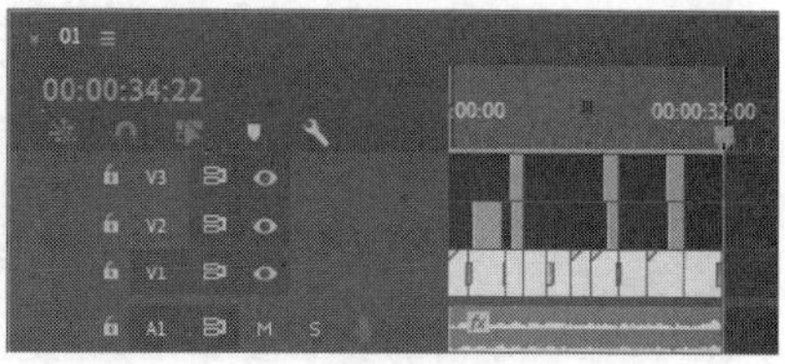

图 8-6

（5）如果用户先设置了预演文件的保存路径，就可以在计算机中找到预演生成的临时文件，如图 8-7 所示。双击这类文件，则可以脱离 Premiere Pro 2020 进行播放，如图 8-8 所示。

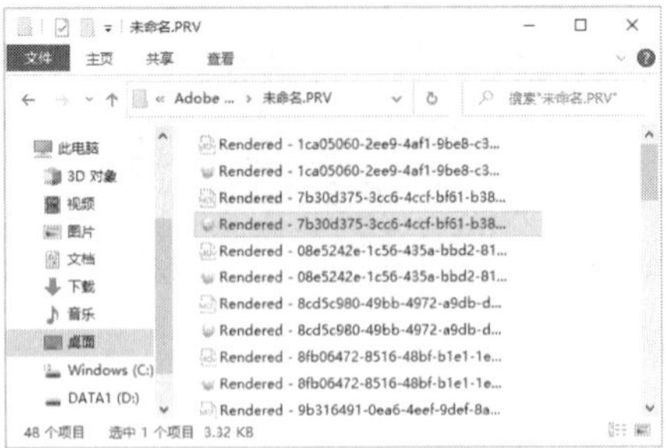

图 8-7

图 8-8

生成的预演文件可以重复使用，用户下一次预演该片段时会自动使用该预演文件。在关闭该项目文件时，如果不进行保存，会自动删除预演生成的临时文件；如果用户在修改预演区域片段后再次预演，就会重新渲染并生成新的预演临时文件。

8.3 输出选项的设置

在 Premiere Pro 2020 中，既可以将影片输出为用于电视机播放的文件，也可以输出为通过网络传输的流媒体格式文件，还可以输出为用于制作 VCD 或 DVD 光盘的 AVI 文件等。但无论使用哪种输出格式，在输出文件之前，都必须合理地设置相关的输出选项，使输出的影片达到理想的效果。

8.3.1 输出选项

影片制作完成后即可输出，在输出影片之前，可以设置一些基本选项，具体操作步骤如下。

（1）在“时间轴”面板中选择需要输出的视频序列，选择“文件 > 导出 > 媒体”命令，在弹出的对话框中进行设置，如图 8-9 所示。

（2）在对话框右侧的选项区域中可设置相关选项。

1. 文件格式

用户可以将要输出的影片设置为不同的格式，以满足不同的需求。在“格式”下拉列表中，可以选择的文件格式如图 8-10 所示。

图 8-9

图 8-10

在 Premiere Pro 2020 中，默认的输出文件格式主要有以下几种。

（1）如果要输出为基于 Windows 操作系统的数字电影，则选择“AVI”选项。

（2）如果要输出为基于 macOS 的数字电影，则选择“QuickTime”选项。

（3）如果要输出为 GIF 动画，则选择“动画 GIF”选项，即输出的文件连续存储了视频的每一帧，这种格式支持在网页上以动画形式显示，但不支持播放声音。若选择“GIF”选项，则只能输出为单帧的静态图片序列。

（4）如果只是输出为 WMA 格式的影片声音文件，则选择“Windows Media”选项。

2. 输出视频

勾选“导出视频”复选框，可输出整个编辑项目的视频部分；若取消勾选，则不能输出视频部分。

3. 输出音频

勾选“导出音频”复选框，可输出整个编辑项目的音频部分；若取消勾选，则不能输出音频部分。

8.3.2 “视频”扩展参数选项卡

在“视频”扩展参数选项卡中，可以为输出的视频设置视频编解码器、质量及尺寸等相关的选项，如图 8-11 所示。

“视频”扩展参数选项卡中主要选项的含义如下。

视频编解码器：通常视频文件的数据量很大，为了减少所占的磁盘空间，在输出时可以对文件进行压缩。在该下拉列表中可选择需要的压缩方式，如图 8-12 所示。

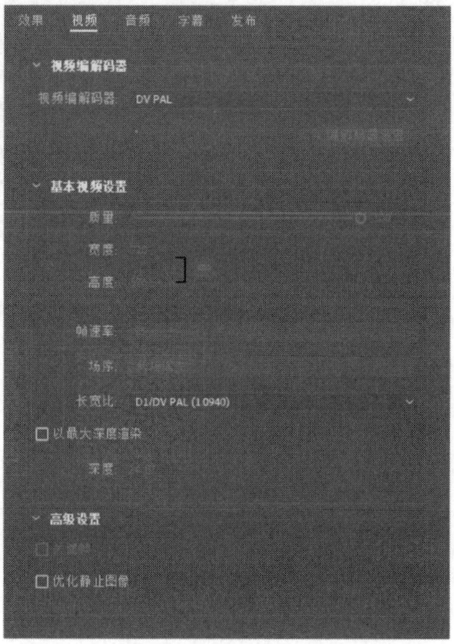

图 8-11

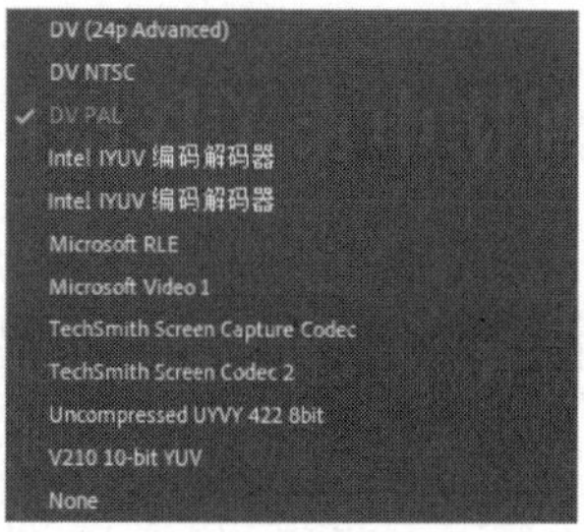

图 8-12

质量：用于设置影片的压缩品质，通过拖曳滑块来设置品质的百分比。

宽度/高度：用于设置影片的尺寸。我国使用 PAL 制式，故选择 720×576。

帧速率：用于设置每秒播放画面的帧数，提高帧速率会使画面播放得更流畅。如果将文件格式设置为 Microsoft Video 1，那么 DV PAL 对应的帧速率是固定的 29.97 和 25；如果将文件格式设置为

AVI，那么帧速率可以为 1 ~ 60。

场序：用于设置影片的场扫描方式，有逐行、高场优先和低场优先 3 种方式。

长宽比：用于设置视频制式的画面比，在下拉列表中选择需要的选项即可，如图 8-13 所示。

以最大深度渲染：勾选此复选框，可以提高视频质量，但会增加编码时间。

图 8-13

关键帧：勾选此复选框，可以指定在导出视频中插入关键帧的频率。

优化静止图像：勾选此复选框，可以将序列中的静止图像渲染为单帧图像，有助于减小导出的视频文件大小。

8.3.3 “音频”扩展参数选项卡

在“音频”扩展参数选项卡中，可以为输出的音频设置压缩方式、采样率及量化指标等相关的选项，如图 8-14 所示。

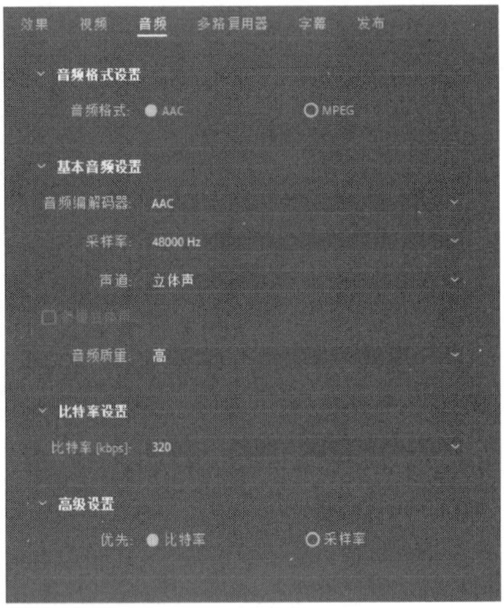

图 8-14

“音频”扩展参数选项卡中主要选项的含义如下。

音频格式：选择音频的输出格式。

音频编解码器：为输出的音频选择合适的压缩方式进行压缩。

采样率：设置输出音频时所使用的采样率。采样率越高，播放质量越好，但所需的磁盘空间更大，占用的处理时间更长。

声道：在下拉列表中可以为音频选择单声道、立体声或 5.1。

音频质量：设置输出音频的质量。

比特率：可以选择音频编码所用的比特率。比特率越高，质量越好。

优先：选中“比特率”单选项，将基于所选的比特率限制采样率；选中“采样率”单选项，将限制指定采样率的比特率。

8.4 输出常用格式文件

Premiere Pro 2020 可以渲染输出多种格式文件，从而使视频剪辑更加方便灵活。本节重点介绍各种常用格式文件渲染输出的方法。

8.4.1 输出单帧图像

在视频编辑过程中，可以将某一帧画面输出，以便给视频制作定格效果。在 Premiere Pro 2020 中输出单帧图像的具体操作步骤如下。

（1）在“时间轴”面板中选择需要输出的序列。选择“文件 > 导出 > 媒体”命令，弹出“导出设置”对话框，在“格式”下拉列表中选择“TIFF”选项，在“输出名称”文本框中输入文件名并设置文件的保存路径，勾选“导出视频”复选框，在“视频”扩展参数选项卡中取消勾选“导出为序列”复选框，其他选项保持默认设置，如图 8-15 所示。

图 8-15

（2）单击“导出”按钮，导出时间标签位置的单帧图像。

8.4.2 输出音频文件

在 Premiere Pro 2020 中可以将影片中的一段声音或影片中的歌曲输出为音频文件。输出音频文件的具体操作步骤如下。

（1）在“时间轴”面板中选择需要输出的序列。选择“文件 > 导出 > 媒体”命令，弹出“导出设置”对话框，在“格式”下拉列表中选择“MP3”选项，在“预设”下拉列表中选择“MP3 128 kbps”选项，在“输出名称”文本框中输入文件名并设置文件的保存路径，勾选“导出音频”复选框，其他选项保持默认设置，如图 8-16 所示。

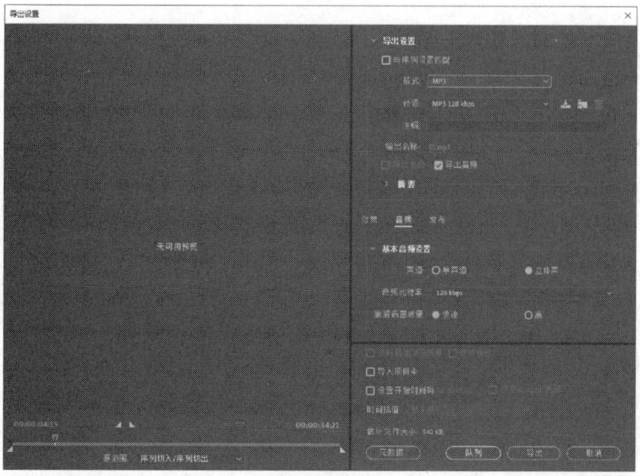

图 8-16

（2）单击“导出”按钮，导出音频。

8.4.3 输出整个影片

输出整个影片是最常用的输出方式。将编辑完成的项目文件以视频格式输出时，可以输出编辑内容的全部或者某一部分，也可以只输出视频内容或者只输出音频内容，一般将全部的视频和音频一起输出。

下面以 AVI 格式为例，介绍输出整个影片的方法，具体操作步骤如下。

（1）在“时间轴”面板中选择需要输出的序列。选择“文件 > 导出 > 媒体”命令，弹出“导出设置”对话框。

（2）在“格式”下拉列表中选择“AVI”选项，在“预设”下拉列表中选择“PAL DV”选项。

（3）在“输出名称”文本框中输入文件名并设置文件的保存路径，勾选“导出视频”复选框和“导出音频”复选框，如图 8-17 所示。

图 8-17

（4）设置完成后，单击“导出”按钮，即可导出 AVI 格式的影片。

8.4.4 输出静态图片序列

在 Premiere Pro 2020 中，可以将视频输出为静态图片序列，也就是说，将视频的每一帧画面都输出为一张静态图片，这一系列图片中的每张图片都具有一个自动编号。这些输出的序列图片可用于 3D 软件中的动态贴图，并且可以移动和存储。

输出静态图片序列的具体操作步骤如下。

（1）影片制作完成后，在“时间轴”面板中设定只输出视频的一部分内容，如图 8-18 所示。

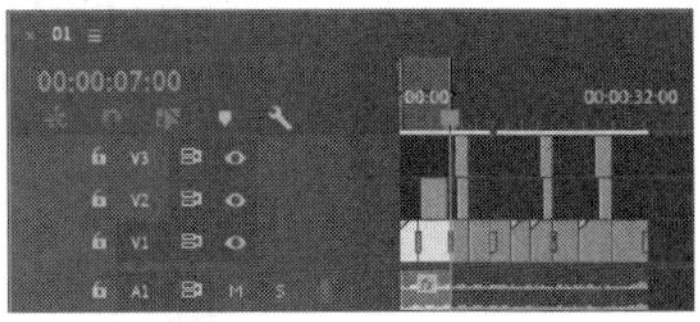

图 8-18

（2）选择“文件 > 导出 > 媒体”命令，弹出“导出设置”对话框，在“格式”下拉列表中选择“TIFF”选项，在“输出名称”文本框中输入文件名并设置文件的保存路径，勾选“导出视频”复选框，在“视频”扩展参数选项卡中勾选“导出为序列”复选框，其他选项保持默认设置，如图 8-19 所示。

图 8-19

（3）单击“导出”按钮，导出静态图片序列文件。

09 第9章 综合设计实训

本章通过5个案例进一步讲解Premiere Pro 2020的功能和应用领域。通过对本章的学习，读者能够快速复习前面所学功能和知识点，从而制作出变化丰富的作品。

学习目标

✧ 掌握软件的基础知识。
✧ 了解Premiere Pro 2020的常用设计领域。
✧ 掌握Premiere Pro 2020在不同设计领域的使用技巧。

技能目标

✧ 掌握武汉城市形象宣传片的制作方法。
✧ 掌握中华美食栏目包装的制作方法。
✧ 掌握智能家电宣传广告的制作方法。
✧ 掌握环保广告宣传片的制作方法。
✧ 掌握传统节日宣传片的制作方法。

素养目标

✧ 培养对信息加工处理并合理使用的能力。
✧ 培养认真倾听的沟通交流能力。
✧ 培养对自己职业发展有明确意识的就业与创业思维。

微课视频

扫码观看
本案例视频

扩展案例

9.1 制作武汉城市形象宣传片

9.1.1 项目背景及要求

1. 客户名称

××广播电视集团。

2. 客户需求

××广播电视集团是一家介绍新闻资讯、影视娱乐、社科动漫、时尚潮流、生活服务等信息的综合性广播电视集团。本例是为该集团制作武汉城市形象宣传片，要求符合宣传主题，体现出城市独特的人文和定位。

3. 设计要求

（1）设计要以城市宣传视频为主导。

（2）设计形式要前后呼应、过渡自然。

（3）画面色彩要丰富，能表现城市特色。

（4）设计内容要多样化，能体现出城市独特的人文和定位。

（5）设计规格：帧大小为 1280h×720V(1.0940)，时基为 25.00 帧/秒，像素长宽比为方形像素(1.0)。

9.1.2 项目创意及制作

1. 设计素材

素材所在位置：本书云盘中的“Ch09/制作武汉城市形象宣传片/素材/01～11”。

2. 效果展示

效果所在位置：本书云盘中的“Ch09/制作武汉城市形象宣传片/制作武汉城市形象宣传片.prproj”。效果如图 9-1 所示。

图 9-1

3．制作要点

使用“导入”命令导入素材文件，使用入点和出点调整素材文件，使用“效果控件”面板编辑素材文件的大小，使用“速度/持续时间”命令调整视频播放速度，使用“效果”面板添加过渡和特效，使用“文字工具”和“基本图形”面板添加介绍文字和图形。

9.2 制作中华美食栏目包装

微课视频

扫码观看本案例视频

扩展案例

9.2.1 项目背景及要求

1．客户名称

大山美食生活网。

2．客户需求

大山美食生活网是因丰富的美食内容与大量饮食资讯深受广大网民喜爱的个人网站。本例是为该网站制作中华美食栏目包装，要求能展现出美食的制作过程，给人健康、美味的感觉和幸福感。

3．设计要求

（1）设计内容以烹饪食材和制作过程为主。

（2）使用简洁的背景，体现出洁净、健康的主题。

（3）设计简单、有趣、易记。

（4）整个设计与生活密切相关，具有特色。

（5）设计规格为 1920h × 1080V(1.0940)，25.00 帧/秒，方形像素(1.0)。

9.2.2 项目创意及制作

1．设计素材

素材所在位置：本书云盘中的“Ch09/制作中华美食栏目包装/素材/01 ~ 13”。

2．效果展示

效果所在位置：本书云盘中的“Ch09/制作中华美食栏目包装/制作中华美食栏目包装.prproj”。效果如图 9-2 所示。

图 9-2

图 9-2（续）

3. 制作要点

使用“导入”命令导入素材文件，使用入点和出点调整素材文件，使用“速度/持续时间”命令调整视频播放速度，使用“效果”面板添加过渡和特效，使用“文字工具”和“基本图形”面板添加介绍文字和图形。

9.3 制作智能家电宣传广告

微课视频

扫码观看
本案例视频

扩展案例

9.3.1 项目背景及要求

1. 客户名称

伊万电器公司。

2. 客户需求

伊万电器因其简洁卓越的品牌形象、不断创新的公司理念和竭诚高效的服务质量而出名。新年之际，该公司要推出新款智能家电，要求制作宣传广告，用于平台宣传及推广，设计以系列家电为主要内容，能表现出丰富的产品类型及高品质的品牌特色。

3. 设计要求

（1）广告内容以实物为主。

（2）色调要鲜艳明亮，给人热闹喜庆的视觉感受。

（3）整体设计要富有寓意且紧扣主题。

（4）设计风格具有特色，能够引起人们的注意及订购的兴趣。

（5）设计规格为 1280h × 720V(1.0940)，25.00 帧/秒，方形像素(1.0)。

9.3.2 项目创意及制作

1. 设计素材

素材所在位置：本书云盘中的“Ch09/制作智能家电宣传广告/素材/01～05”。

2. 效果展示

效果所在位置：本书云盘中的“Ch09/制作智能家电宣传广告/制作智能家电宣传广告.prproj”。效果如图 9-3 所示。

图 9-3

3. 制作要点

使用“导入”命令导入素材文件，使用“旋转扭曲”特效制作背景的扭曲效果，使用“基本图形”面板添加文本，使用“效果控件”面板制作缩放与不透明度效果，使用“划出”特效制作文字划出效果。

9.4 制作环保广告宣传片

微课视频

扫码观看本案例视频　　扩展案例

9.4.1 项目背景及要求

1. 客户名称

星旅电视台。

2. 客户需求

星旅电视台是一家旅游电视台，强调专业旅游频道特征与综合满足观众娱乐需求的节目特征之间的高度统一，以旅游资讯为主线，时尚、娱乐并重。为了配合电视台宣传环保的大力行动，需要制作环保广告宣传片，要求符合环保主题，体现出低碳、节能的绿色生活。

3. 设计要求

（1）设计风格要求直观醒目、引人深思。

（2）设计形式要独特且充满创意。

（3）表现形式层次分明，活泼不呆板。

（4）设计具有发动性，能够引导人们保护环境。

（5）设计规格为 1280h × 720V(1.0940)，25.00 帧/秒，方形像素(1.0)。

9.4.2 项目创意及制作

1. 设计素材

素材所在位置：本书云盘中的“Ch09/制作环保广告宣传片/素材/01～02”。

2. 效果展示

效果所在位置：本书云盘中的“Ch09/制作环保广告宣传片/制作环保广告宣传片.prproj”。效果如图 9-4 所示。

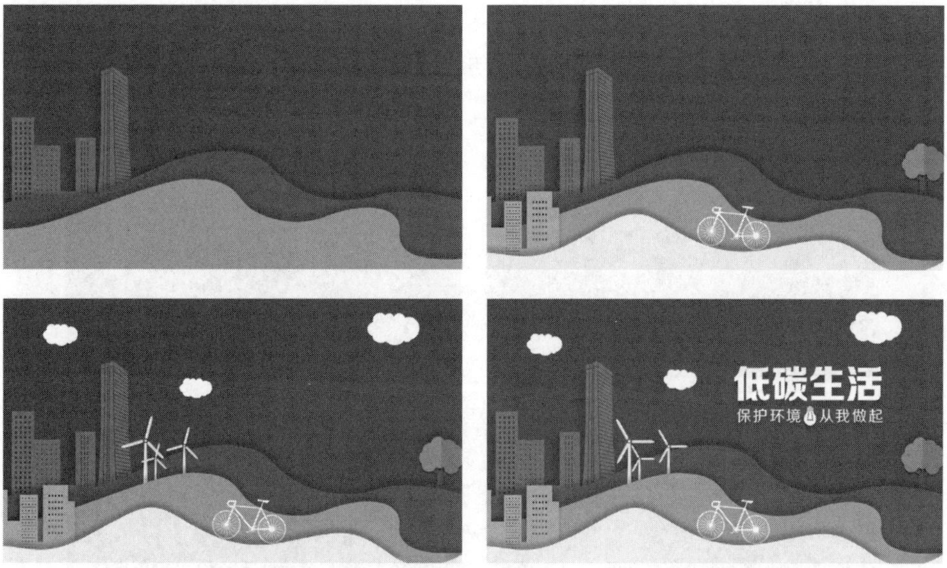

图 9-4

3. 制作要点

使用“导入”命令导入素材文件，使用编辑点调整素材，使用“投影”特效为素材添加投影，使用“效果控件”面板制作风车动画和云动画。

9.5 制作传统节日宣传片

微课视频

扫码观看
本案例视频

扩展案例

9.5.1 项目背景及要求

1. 客户名称

传统文化教育网站。

2. 客户需求

传统文化教育网站是一个对我国的传统节日、风俗习惯和传统技艺等特色文化进行宣传、保护，并将其发扬光大的文化教育网站。要求进行传统节日宣传片的制作，设计要展现节日特色，符合大众审美。

3. 设计要求

（1）设计要以节日的主要元素为主导。

（2）设计形式要新颖，能引起人们的关注。

（3）画面色彩要对比强烈，体现出喜庆的氛围。

（4）设计排版合理，能够凸显宣传的重点。

（5）设计规格为 1280h × 720V(1.0940)，25.00 帧/秒，方形像素(1.0)。

9.5.2 项目创意及制作

1. 设计素材

素材所在位置：本书云盘中的“Ch09/制作传统节日宣传片/素材/01 ~ 02”。

2. 效果展示

效果所在位置：本书云盘中的“Ch09/制作传统节日宣传片/制作传统节日宣传片.prproj”。效果如图 9-5 所示。

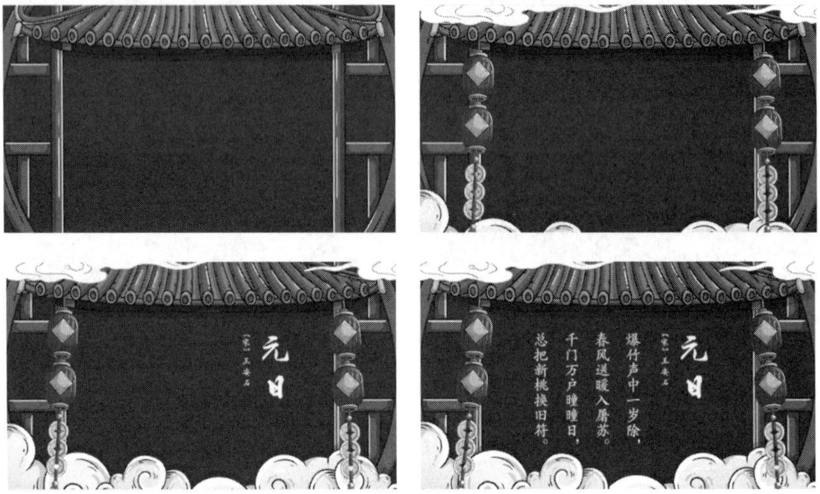

图 9-5

3. 制作要点

使用“导入”命令导入素材文件，使用编辑点调整素材，使用“投影”特效为素材添加投影，使用“效果控件”面板调整素材的位置，制作旋转和不透明度的动画，使用“不透明度”的蒙版制作文字动画。

9.6 课堂练习 1——设计绮春园纪录片

微课视频

扫码观看
本案例视频

9.6.1 项目背景及要求

1. 客户名称

绮春园印迹。

2. 客户需求

绮春园是一座有着悠久的历史和文化底蕴的园林，现需要制作一部能够反映绮春园历史沿革、建筑格局以及景观特色的园林文化纪录片。纪录片要求以纪实为主，带领观众逐步领略绮春园的韵味。

3. 设计要求

（1）画面要虚实结合。

（2）内容以园内不同景观为主。

（3）使用低明度的色调烘托出古典优雅的氛围。

（4）要求整个设计具有特色，让人印象深刻。

（5）设计规格为 1280h × 720V(1.0940)，25.00 帧/秒，方形像素(1.0)。

9.6.2 项目创意及制作

1. 设计素材

素材所在位置：本书云盘中的“Ch09/设计绮春园纪录片/素材/01～03”。

2. 效果展示

效果所在位置：本书云盘中的“Ch09/设计绮春园纪录片/设计绮春园纪录片.prproj”。效果如图 9-6 所示。

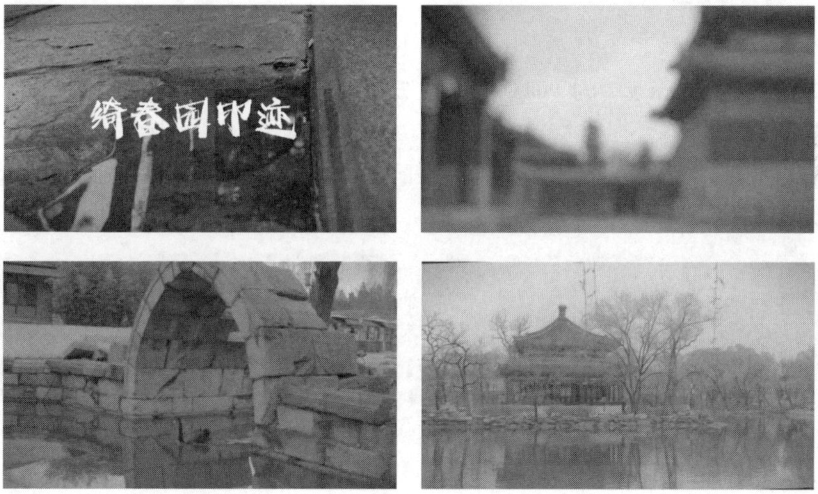

图 9-6

3. 制作要点

使用“导入”命令导入素材文件，使用“剃刀工具”切割素材，使用“Lumetri 颜色”特效和“自动颜色”特效调整素材颜色，使用“效果控件”面板制作文字动画，使用“效果”面板添加素材间的过渡效果。

9.7 课堂练习 2——设计校园生活宣传片

微课视频

扫码观看
本案例视频

9.7.1 项目背景及要求

1. 客户名称

致远中学网站。

2. 客户需求

致远中学网站是一个为提供学校教学、管理以及校园内外对接等多项服务而建立的网络平台，具有校园宣传、教育教学资源共享、信息交流和协同合作等多项功能，致力于为学生、家长及老师提供良好的服务。现要求进行校园生活宣传片的制作，设计要符合中学生的喜好，以学生的视角展现出青春满满的校园生活。

3. 设计要求

（1）设计要以校园建筑和环境为主要元素。

（2）设计要求体现出现代化、年轻化的特点。

（3）画面色调要能够展现出少年朝气蓬勃的特点。

（4）设计要营造出欢快的氛围，能够引起学生的好奇及兴趣。

（5）设计规格为 1280h×720V(1.0940)，25.00 帧/秒，方形像素(1.0)。

9.7.2 项目创意及制作

1. 设计素材

素材所在位置：本书云盘中的“Ch09/设计校园生活宣传片/素材/01～07”。

2. 效果展示

效果所在位置：本书云盘中的“Ch09/设计校园生活宣传片/设计校园生活宣传片.prproj”。效果如图 9-7 所示。

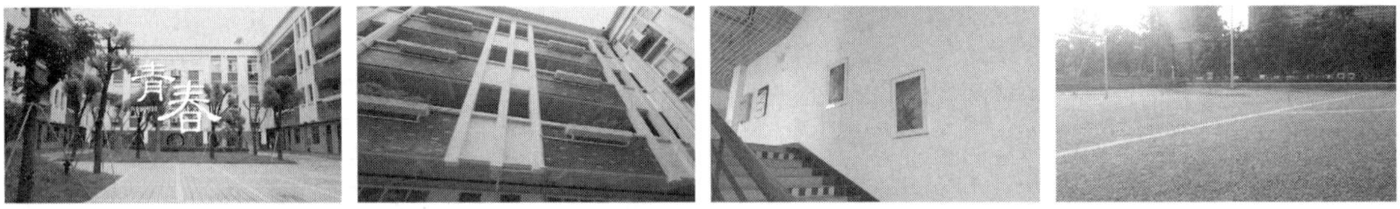

图 9-7

3. 制作要点

使用“导入”命令导入素材文件，使用入点、出点和编辑点调整素材文件，使用“速度/持续时间”命令调整视频播放速度，使用“效果”面板为素材添加色阶、快速颜色校正器 RGB 曲线、投影、快速模糊特效，使用“旧版标题”命令添加宣传文字。

9.8 课后习题 1——设计汽车宣传广告

微课视频

扫码观看
本案例视频

9.8.1 项目背景及要求

1. 客户名称

疾风 4S 店。

2. 客户需求

疾风 4S 店是一家集汽车销售、维修与养护于一体的汽车 4S 店，因其优质的汽车产品和严谨的服务态度而出名。目前要制作汽车宣传广告，要求以简洁直观的表现手法体现出产品的特色。

3. 设计要求

（1）要求使用深色的背景营造出静谧的氛围，起到衬托产品的作用。

（2）宣传主体要醒目突出，能合理地融入设计，增强画面的整体感和空间感。

（3）文字设计要能起到均衡画面的效果。

（4）整个设计要简洁直观，同时能体现出产品质感。

（5）设计规格为 1280h×720V(1.0940)，25.00 帧/秒，方形像素(1.0)。

9.8.2 项目创意及制作

1. 设计素材

素材所在位置：本书云盘中的“Ch09/设计汽车宣传广告/素材/01～08”。

2. 效果展示

效果所在位置：本书云盘中的“Ch09/设计汽车宣传广告/设计汽车宣传广告.prproj”。效果如图 9-8 所示。

图 9-8

3. 制作要点

使用“导入”命令导入素材文件，使用“效果控件”面板编辑素材文件并制作动画，使用“效果”面板添加素材之间的过渡效果。

9.9 课后习题 2——设计旅行节目片头

微课视频

扫码观看
本案例视频

9.9.1 项目背景及要求

1. 客户名称

悦山旅游电视台。

2. 客户需求

悦山旅游电视台是一家旅游电视台，它介绍时尚旅游资讯、提供实用的旅行计划等。现要为该电视台设计旅行节目片头，要求符合节目主题，体现出丰富多样的旅游景色和舒适安全的旅游环境。

3．设计要求

（1）设计要以风景元素为主。

（2）设计形式要简洁，能表现片头特色。

（3）画面色彩要真实、形象，给人自然舒适之感。

（4）设计风格醒目直观，能够让人产生向往之情。

（5）设计规格为 1280h × 720V(1.0940)，25.00 帧/秒，方形像素(1.0)。

9.9.2 项目创意及制作

1．设计素材

素材所在位置：本书云盘中的“Ch09/设计旅行节目片头/素材/01～07”。

2．效果展示

效果所在位置：本书云盘中的“Ch09/设计旅行节目片头/设计旅行节目片头.prproj”。效果如图 9-9 所示。

图 9-9

3．制作要点

使用“导入”命令导入素材文件，使用“效果控件”面板调整素材文件的大小并制作动画，使用“颜色平衡”特效、“高斯模糊”特效和“色阶”特效为素材文件制作效果，使用“基本图形”面板添加文字和图形。